U0214854

新疆西准噶尔金铜钼成矿作用

申 萍 潘鸿迪 周涛发 袁 峰 沈远超 王居里等 著

科学出版社

北 京

内 容 简 介

新疆西准噶尔地区具有完整的俯冲增生演化历史，蕴含着丰富的矿产资源，是我国重要的金属矿床集中区。本书研究了成矿带构造演化、成矿事件及成矿作用，提出西准噶尔自北向南的萨吾尔、谢米斯台－沙尔布提和巴尔鲁克－达拉布特等三条成矿带分别可与哈萨克斯坦北、中、南成矿带对接，新疆西准噶尔具有形成大型－超大型矿床的前景。通过哈图－包古图大型矿集区成矿流体和成矿系统研究，建立了哈图－包古图金－铜－钼矿集区还原流体成矿模式，预测了巴尔鲁克为一钼－铜－金大型矿集区。进行了典型矿床解剖，查明了矿床成矿机理，建立了包古图还原性斑岩铜矿成矿模式、苏云河斑岩钼矿成矿模式、哈图造山带型金矿成矿模式和阔尔真阔腊斑岩－浅成低温热液金铜矿成矿模式等。对全区成矿远景进行了预测，并总结了综合技术方法及验证的结果。

本书可供矿床学、找矿勘查、矿山地质等方面的科研及技术人员、高校相关专业师生参考。

图书在版编目（CIP）数据

新疆西准噶尔金铜钼成矿作用 / 申萍等著 . —北京：科学出版社，2017.4
ISBN 978-7-03-052282-5

Ⅰ.①新…　Ⅱ.①申…　Ⅲ.①准噶尔盆地－多金属矿床－成矿作用－研究　Ⅳ.① P618.201

中国版本图书馆 CIP 数据核字（2017）第 053060 号

责任编辑：王　运 / 责任校对：何艳萍
责任印制：肖　兴 / 封面设计：铭轩堂

科 学 出 版 社 出版
北京东黄城根北街16号
邮政编码：100717
http://www.sciencep.com
中国科学院印刷厂 印刷
科学出版社发行　各地新华书店经销

*

2017年4月第 一 版　开本：787×1092　1/16
2017年4月第一次印刷　印张：17 1/2
字数：415 000

定价：178.00元
（如有印装质量问题，我社负责调换）

前　　言

新疆西准噶尔地区是中亚成矿域的重要组成部分,具有完整的俯冲增生演化历史,蕴含着丰富的矿产资源,以金矿著称。近几年,该地区找矿勘探取得重大突破,相继发现了包古图、苏云河、石屋、宏远等一批斑岩型铜、钼矿床以及洪古勒楞等铜多金属矿床,使西准噶尔成为新疆主要的金、铜、钼集中地区,受到人们高度关注。

新疆西准噶尔地区发育的铜、钼、金矿床具有成带分布、分段集中的特点,构成了多个成矿带和大型矿集区,这些成矿带与毗邻的哈萨克斯坦包含超大型金属矿床的成矿带如何对接;西准噶尔地区大型矿集区成矿动力学背景、成矿系统如何;西准噶尔地区发育斑岩型铜、钼矿床,造山带型金矿床,浅成低温热液型金矿床和火山岩型铜多金属矿床等,与世界同类矿床相比,这些矿床的成矿流体独特,以富甲烷的还原流体为主,其成矿机理、矿床成因及成矿模式具有怎样的特殊性,这些都是西准噶尔地区找矿勘探面临的重大地质问题。基于此,我们开展了西准噶尔地区构造演化与成矿事件、矿集区成矿流体和成矿系统、典型矿床解剖及成矿预测等方面的研究。取得了以下成果:

（1）在研究西准噶尔成矿带构造演化、成矿事件及成矿作用的基础上,将西准噶尔自北向南划分为三个成矿带,经对比研究,提出了我国新疆西准噶尔与邻区哈萨克斯坦成矿带的对接方案,哈萨克斯坦和新疆西准噶尔均可分为北、中、南三条成矿带,确定了西准噶尔的三条成矿带是哈萨克斯坦相应三条成矿带的东延部分,西准噶尔具有形成大型－超大型矿床的前景。

（2）开展了哈图－包古图大型矿集区构造背景与演化、成矿流体和成矿作用研究,查明了石炭纪俯冲和二叠纪碰撞的成矿构造背景,厘定了矿集区含甲烷还原流体的成矿系统,建立了哈图－包古图金－铜－钼矿集区还原流体成矿模式;预测了巴尔鲁克为一钼－铜－金大型矿集区。

（3）进行了典型矿床解剖,首次确立了包古图铜矿为还原性斑岩铜矿,建立了富甲烷流体成矿的还原性斑岩铜矿成矿模式;建立了苏云河含甲烷流体成矿的斑岩钼矿成矿模式、哈图富甲烷流体成矿的造山带型金矿成矿模式和阔尔真阔腊斑岩－浅成低温热液金（铜）矿成矿模式等。

（4）确定了多维分形化探数据处理及异常提取＋近红外蚀变矿物分析矿化识别＋遥感异常提取的铜金综合找矿方法技术组合,并成功进行了实践。运用双源大地电磁测深技术开展了成矿预测,建立了隐伏矿体定位预测的六种地球物理－地质找矿模型。

　　本专著是集成"十二五"国家科技支撑计划项目课题"环巴尔喀什 – 西准噶尔成矿带矿产资源预测和靶区评价"、"十一五"国家科技支撑计划项目专题"西准噶尔塔尔巴哈台 – 巴尔鲁克一带斑岩型铜（钼金）矿成矿条件研究和大型矿床靶区评价技术与应用研究"和NSFC- 新疆联合重点基金项目"新疆西准噶尔与邻区巴尔喀什典型矿集区 Cu-Au-Mo-W 成矿机制对比研究"的主要科研成果撰写而成。分工如下：第 1 章由申萍撰写；第 2、3、4 章由申萍和潘鸿迪撰写；第 5 章由申萍、潘鸿迪、周涛发、袁峰、王居里、沈远超、李昌昊等撰写（申萍和潘鸿迪 5.1 节，申萍和李昌昊 5.2.1 小节，周涛发和袁峰 5.2.2、5.2.3 小节、王居里 5.2.4 小节、申萍、沈远超和潘鸿迪 5.2.5、5.2.6 小节）；第 6 章由申萍、曹冲、钟世华和鄢瑜宏撰写（申萍、曹冲和钟世华 6.1 节，申萍和鄢瑜宏 6.2 节）；第 7 章由周涛发、袁峰、申萍、潘鸿迪撰写（申萍和潘鸿迪 7.1 节，袁峰和周涛发 7.2、7.4 节，袁峰和申萍 7.3 节）；第 8 章由袁峰、周涛发、申萍和沈远超撰写（袁峰和周涛发 8.1 节，申萍和沈远超 8.2 节）。最后由申萍统一修改并定稿。除了上述作者外，中国科学院地质与地球物理研究所的刘铁兵副研究员、朱和平高级工程师、郑佳浩博士后、冯浩轩和苑鸿庆博士、孟磊、代华五、关维娜、孙金恒和李晶硕士也参加了部分工作。

　　在课题和专题实施过程中，中国科学院、中国科学院地质与地球物理研究所和新疆维吾尔自治区人民政府国家三〇五项目办公室有关领导给予了大力的支持和帮助；中国科学院地质与地球物理研究所翟明国院士给予了很多指导和帮助；新疆维吾尔自治区地质矿产开发局、新疆有色地质勘查局、中国科学院新疆矿产资源研究中心、新疆资源与生态环境研究中心、新疆有色金属工业集团金铬矿业有限责任公司、新疆和布克赛尔县国土资源局等单位的领导和技术人员给予了大力支持和帮助，在此一并表示衷心的感谢。本研究得到了国家科技支撑计划课题和 NSFC- 新疆联合重点基金项目（编号：2011BAB06B01，U1303293，2006BAB07B01）的资助。

目　　录

第1章　西准噶尔成矿带

中亚成矿域发育许多大型、超大型金属矿床，具有与环太平洋和特提斯成矿域同等重要的地位（涂光炽，1999）。新疆西准噶尔地处中亚成矿域腹地，具有完整的俯冲增生演化历史，蕴含着丰富的矿产资源，以金矿著称，包括哈图、阔尔真阔腊、布尔克斯岱、阔个沙也等大、中型金矿床（沈远超和金成伟，1993），也发育有白杨河超大型铍－铀矿床和萨尔托海大型铬矿床等（王谋等，2012；Zhou et al.，2001）。近几年，西准噶尔地区找矿勘探取得重大突破，相继发现了包古图、苏云河、石屋、宏远和罕哲尕能等一批斑岩型铜、钼矿床（张锐等，2006；郭正林等，2010；李永军等，2012）以及洪古勒楞等铜多金属矿床（Shen et al.，2015a），西准噶尔成为新疆主要的金、铜、钼集中地区，受到了人们的高度关注。目前已查明的主要金属储量为 Au > 100t、Cu > 80×10^4t、Mo > 70×10^4t、铬铁矿 > 230×10^4t，此外还有许多铍、铀矿等（沈远超和金成伟，1993；Zhou et al.，2001；张锐等，2006；李永军等，2012；王谋等，2012；袁峰等，2015；申萍等，2015a，b；Shen et al.，2015a；图1.1）。这些矿床具有成带分布、分段集中的特点，构成了西准噶尔几个重要的成矿带和大型矿集区。

1.1　区域地质概况

新疆西准噶尔地区位于阿尔泰山以南、天山以北，西部与哈萨克斯坦毗邻，东部延入准噶尔盆地（图1.1），包括东西长约400km、南北宽约500km地区。地理坐标：东经 $82°15' \sim 87°10'$，北纬 $45°00' \sim 47°40'$。西准噶尔地区发育多条山脉和丘陵，北部发育呈东西向展布的萨吾尔山、塔尔巴哈台山、谢米斯台山和沙尔布提山；南部发育呈北东向展布的巴尔鲁克山和达拉布特河两岸的丘陵（图1.1）。西准噶尔地区构造线主要呈近东西向和北东向延伸（图1.1），谢米斯台断裂以北发育近东西向构造，谢米斯台断裂以南为北东向构造，这些构造对区内地层、岩浆岩及矿化类型起着重要的控制作用。

1.1.1　地层和构造

1. 地层

西准噶尔地区发育古生代火山岩和火山碎屑沉积岩等，以晚古生代最为发育（沈远超

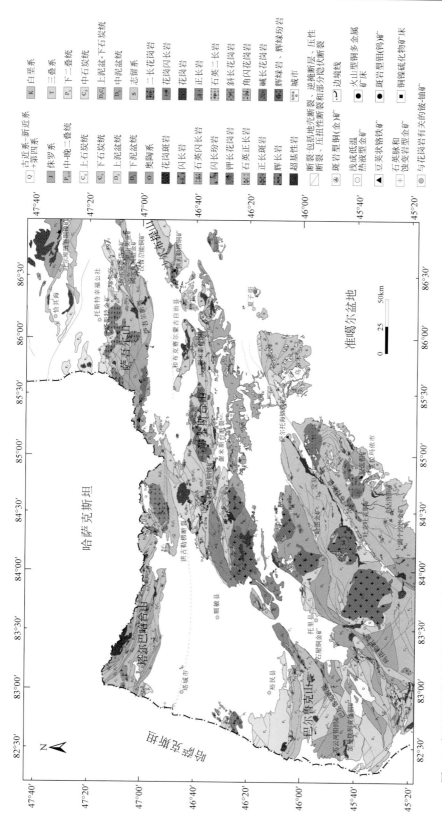

图 1.1　新疆西准噶尔地质图和矿床分布图（据新疆地质局区域地质测量大队，1971，1974，1979，1980；新疆维吾尔自治区地质局，1971，1975；新疆维吾尔自治区地质矿产局，1986；中国地质大学（武汉）地质调查研究院，2011；中国地质调查局，2013a,b；地质调查研究院，2013a,b，以及笔者等资料编制）

和金成伟，1993；新疆维吾尔自治区地质矿产局，1993），主要分布在萨吾尔山、塔尔巴哈台山、谢米斯台山、沙尔布提山、巴尔鲁克山和达拉布特河两岸的丘陵地区。

西准噶尔北部的萨吾尔山发育晚古生代地层，包括中泥盆统萨吾尔山组、下石炭统黑山头组、上石炭统吉木乃组、下二叠统哈尔加乌组和卡拉岗组。萨吾尔山组为一套中基性火山岩－火山碎屑岩等钙碱性火山岩；其上不整合的黑山头组为一套安山质火山岩－火山碎屑岩；吉木乃组仅分布在吉木乃县东南部，由河流相砂砾岩及陆相火山岩组成；哈尔加乌组和卡拉岗组主要分布在吉木乃县及萨吾尔山一带，为一套陆相中酸性火山岩，夹少量的火山碎屑岩，出现双峰式火山喷发（Zhou et al.，2008；周涛发等，2015；袁峰等，2015）。

塔尔巴哈台山发育晚古生代地层，包括上泥盆统－下石炭统塔尔巴哈台组、下石炭统黑山头组、姜巴斯套组和那林卡拉组。广泛发育的塔尔巴哈台组为一套海相浊积岩、火山碎屑岩及复理石沉积组合；黑山头组分布于塔尔巴哈台山南坡，为一套中基性火山岩－火山碎屑岩夹少量碳酸盐岩；姜巴斯套组和那林卡拉组主要分布在塔城北部，为一套滨浅海－海陆交互相火山碎屑岩组合。

谢米斯台山广泛发育的原来属于中泥盆统呼吉尔斯特组火山岩地层，据我们研究，实际上应属于上志留统，我们获得的流纹岩和安山岩 5 个样品的 SIMS 锆石 U-Pb 年龄分别为 422.5 ± 1.9Ma、419.9 ± 3.3Ma、411.2 ± 2.9Ma、418.2 ± 2.8Ma、419.9 ± 3.9Ma（申萍等，2010；Shen et al.，2012a）。龚一鸣和纵瑞文（2015）将呼吉尔斯特组命名为谢米斯台组；在谢米斯台山南北两侧出露的中泥盆统呼吉尔斯特组与上泥盆统朱鲁木特组均为陆相磨拉石或类磨拉石沉积组合，局部夹少量的火山岩及碳酸盐岩；上泥盆统－下石炭统洪古勒楞组仅局部出露，为一套碳酸盐岩、碎屑岩、火山碎屑岩组合；黑山头组分布在谢米斯台山南、北坡，为一套中基性火山岩及火山碎屑岩。

沙尔布提山发育奥陶系至泥盆系地层，包括中奥陶统布鲁克其组、上奥陶统布龙果尔组、下志留统布龙组、中志留统沙尔布尔组、上志留统克克雄库都克组、下泥盆统和布克赛尔组、上泥盆统－下石炭统洪古勒楞组。布鲁克其组为一套火山岩、火山碎屑岩及碳酸盐岩；龙果尔组为一套粗火山碎屑岩夹硅质岩及灰岩透镜体；布龙组为一套含笔石的页岩；沙尔布尔组为一套火山碎屑岩夹碳酸盐岩；克克雄库都克组为一套富含火山物质的复理石沉积组合；和布克赛尔组为钙质碎屑岩、碎屑岩及碳酸盐岩；洪古勒楞组为一套碳酸盐岩夹碎屑岩组合（新疆地矿局，1993）。

西准噶尔南部的巴尔鲁克山广泛发育泥盆－石炭系地层，自下而上依次为库鲁木迪组、巴尔鲁克组、铁列克得组和卡拉干的组。库鲁木迪组为一套下粗上细的火山碎屑岩，局部夹有少量碎屑岩、硅质岩及中酸性火山岩；巴尔鲁克组为一套较细的火山碎屑岩，硅质含量较高，并夹有灰岩透镜体；铁列克得组岩性组合为灰绿色正常碎屑岩夹火山碎屑岩及碳酸盐岩透镜体；卡拉干的组是一套海陆交互相碎屑岩建造（新疆地矿局，1993）。

达拉布特河两岸地区发育石炭纪巨厚的火山碎屑质浊积岩，包括太勒古拉组、包古图组和希贝库拉斯组，其地层层序存在争议，大多数学者认为，该地区地层自下而上分别为希贝库拉斯组、包古图组、太勒古拉组（丁培榛和姚守民，1985；吴乃元，1991；蔡土赐，

1999；纵瑞文等，2014；龚一鸣和纵瑞文，2015）；一些学者的划分意见与第一种完全相反（吴浩若和潘正莆，1991；沈远超和金成伟，1993），并认为这三个组组成的整个岩系指示了海盆逐渐闭合或者沉积区逐渐接近陆缘的过程；李永军等（2010）则提出自下而上的层序为包古图组、希贝库拉斯组和太勒古拉组，并认为希贝库拉斯组角度不整合覆于包古图组之上。对于太勒古拉组，徐新等（2006）在原认为的太勒古拉组内识别出多处蛇绿混杂岩，目前认为太勒古拉组为一套下粗上细的火山碎屑岩，上部硅质含量较高，并夹有硅质岩及少量中基性火山岩（纵瑞文等，2014）；包古图组以层理发育的细火山碎屑沉积岩为特征，局部夹少量粗火山碎屑岩及灰岩透镜体；希贝库拉斯组为一套颗粒较粗的火山碎屑岩，夹极少量细火山碎屑岩，层理不发育。

2. 构造

西准噶尔地区主要由一系列的古生代增生杂岩带和岩浆弧构成（沈远超和金成伟，1993；韩宝福等，2006；Xiao et al.，2008；Zhang et al.，2011），其主要构造特征为近东西向和北东向断裂非常发育，近东西向构造包括萨吾尔断裂、塔尔巴哈台断裂、洪古勒楞断裂和谢米斯台断裂，位于谢米斯台断裂以北地区；北东向构造包括达拉布特断裂、哈图断裂、玛依勒断裂和巴尔鲁克断裂（图1.1），位于谢米斯台断裂以南地区。

西准噶尔北部的萨吾尔地区总体构造格架为一走向近东西的复背斜和断裂，主要褶皱轴及断裂在平面上呈向南凸出之弧形；区域断裂构造以萨吾尔弧型断裂及喀拉陶勒盖弧型断裂为主，向西两者汇合后延伸到哈萨克斯坦境内。谢米斯台－沙尔布尔地区北界为洪古勒楞断裂，南界为谢米斯台断裂，向西延伸到哈萨克斯坦境内。

在西准噶尔南部的巴尔鲁克一带，火山活动非常强烈，火山机构发育，形成火山盆地，该火山盆地是在早古生代褶皱基底上发育起来的晚古生代石炭－三叠纪火山盆地（新疆维吾尔自治区地质矿产局，1993）。在达拉布特地区，左旋走滑断裂系发育，它们基本上平行于准噶尔地块的西缘，北东向断裂由东向西顺次为克乌断裂、达拉布特断裂、哈图断裂、玛依勒断裂，各个断裂的次级断裂也很发育，区域断裂及其次级断裂分别控制着花岗岩类的形成和分布。

1.1.2 蛇绿岩和岩浆岩

1. 蛇绿岩

西准噶尔地区断裂构造控制着该区域花岗岩和蛇绿岩的分布（图1.1）。

在西准噶尔北部地区，蛇绿混杂岩主要包括库吉拜、洪古勒楞－和布克赛尔、谢米斯台蛇绿混杂岩；在西准噶尔南部地区，蛇绿混杂岩带主要包括唐巴勒、玛依勒、达拉布特及克拉玛依蛇绿混杂岩带。这些蛇绿混杂岩带的组成相似，主要为蛇纹岩、蛇纹石化方辉橄榄岩、二辉橄榄岩、纯橄岩、铬铁矿、辉石岩、辉长岩、辉绿岩、玄武岩、硅质岩及斜长花岗岩。

塔尔巴哈台的库吉拜蛇绿混杂岩带中的蚀变辉长岩中锆石 SHRIMP U–Pb 年龄为 478.3 ± 3.3Ma（朱永峰和徐新，2006）。洪古勒楞蛇绿混杂岩带的辉长岩中锆石 SHRIMP U–Pb 年龄为 472 ± 8.4Ma（张元元和郭召杰，2010）、LA-ICP-MS U–Pb 年龄为 497.2 ± 4.2Ma（舍建忠等，2016）。库吉拜、洪古勒楞蛇绿混杂岩均形成于早奥陶世。赵磊等（2013）在谢米斯台山南坡发现了一套蛇绿混杂岩（查干陶勒盖蛇绿岩），辉长岩的 LA-ICP-MS 锆石 U–Pb 定年结果为 517 ± 3Ma 和 519 ± 3Ma，为早寒武世。库吉拜蛇绿岩、洪古勒楞蛇绿岩和查干陶勒盖蛇绿岩，向西与哈萨克斯坦的扎乌厄尔 – 塔金蛇绿岩带和西塔尔巴哈台蛇绿岩带相连。表明新疆西准噶尔北部地区和邻区哈萨克斯坦北部地区在早古生代发生过俯冲消减作用。

唐巴勒蛇绿混杂岩位于西准噶尔的南部边缘，近东西向延伸，向西与哈萨克斯坦的依特木伦迪岩带相连。唐巴勒蛇绿混杂岩中辉长岩中获得锆石 U–Pb 年龄为 531 ± 15Ma（Jian et al.，2005），表明该区在早古生代发生过俯冲消减作用（肖序常等，1991；张弛等，1995）。玛依勒蛇绿混杂岩位于外巴尔喀什陆块和准噶尔陆块之间，由于受后期构造的挤压和肢解，辉长岩中获得锆石 U–Pb 年龄为 415Ma（Jian et al.，2005）和 572.2 ± 9.2Ma（杨高学等，2013），形成于俯冲带。达拉布特蛇绿混杂岩带沿达拉布特断裂呈串珠状分布，以萨尔托海蛇绿混杂岩为代表；辜平阳等（2009）报道了达拉布特蛇绿岩中辉长岩锆石 LA-ICP-MS 年龄 391.1 ± 6.8Ma；在玄武岩及辉长岩中获得锆石 U–Pb 年龄分别为 375 ± 2Ma 和 368 ± 11Ma（Yang et al.，2012）；萨尔托海蛇绿混杂带中含石榴子石变质基性岩，可能形成于俯冲带或与俯冲带相关的海沟中（Zhang et al.，2011；Yang et al.，2012）。克拉玛依蛇绿混杂岩发育在达尔布特断裂的东南侧，以白碱滩段为代表。徐新等（2006）在辉石岩中采用锆石 SHRIMP 定年，获得年龄分别为 414.4 ± 8.6Ma 和 332 ± 14Ma。何国琦等（2007）在蛇绿构造混杂岩带硅质岩岩块中获得确切的中奥陶世晚期牙形石。朱永峰等（2007）在克拉玛依西南山区枕状玄武岩中获得锆石 SHRIMP 年龄为 517Ma。克拉玛依蛇绿混杂岩形成于俯冲带（Yang et al.，2013），可能和达拉布特是同一条蛇绿混杂岩带，只是后期左行断层错开至目前两条带（Choulet et al.，2012），它是一个多时期、多阶段和多成因岩石的混杂体（朱永峰等，2008）。

2. 岩浆岩

西准噶尔侵入岩广泛发育，从超基性岩至酸性岩均有出露，以中酸性侵入岩为主，其出露面积约占侵入岩总面积的 80% 以上；中酸性侵入体既有岩基和岩株，也有岩枝和岩脉，岩石类型包括闪长岩、石英闪长岩、花岗闪长岩、二长花岗岩和碱性花岗岩等。根据 SIMS、SHRIMP 和 LA-ICP-MS 锆石 U–Pb 定年结果（苏玉平等，2006；Zhou et al.，2008；Chen et al.，2010；Yang et al.，2012，2013；Shen et al.，2012a，b），西准噶尔地区发育三期侵入岩（Zhou et al.，2008；Chen et al.，2010）：①晚志留世 – 早泥盆世（422 ～ 405Ma）花岗质岩石，主要出现在谢米斯台山，包括钾长花岗岩、闪长岩；②早石炭世（346～321Ma）花岗质岩石，出现在塔尔巴哈台山和萨吾尔山，包括花岗闪长岩、闪长岩、二长花岗岩和钾长花岗岩；③晚石炭世－中二叠世（319～263Ma）花岗质岩石，包括闪长岩、石英闪长岩、二长花岗岩、碱长花岗岩，以岩基或独立岩株产出，广泛分布于西准噶尔地区。

西准噶尔地区的大多数斑岩型铜矿、斑岩型钼矿、与中酸性岩体有关的金矿、与花岗岩有关的铍－铀矿等，均与晚石炭世－早二叠世花岗质岩石有关，集中出现在西准噶尔南部地区，如包古图铜矿床、苏云河钼矿床、宏远钼矿床、石屋铜金矿点、阔个沙也金矿床等，少量出现在西准噶尔北部地区，如塔斯特金矿床等（图1.1）。西准噶尔地区的铜矿化中，有少量与晚志留世－早泥盆世（422～405Ma）花岗质岩石有关，主要分布在西准噶尔北部的谢米斯台山，如谢米斯台铜矿点等，少量与早石炭世（346～321Ma）花岗质岩石有关，出现在萨吾尔山，如罕哲尕能铜金矿点等。

1.2 主要成矿带

1.2.1 成矿带的划分方案

新疆西准噶尔地区从北向南可以划分出3个成矿带：萨吾尔成矿带、谢米斯台－沙尔布提成矿带和巴尔鲁克－达拉布特成矿带，前两者以洪古勒楞断裂为界，后两者以谢米斯台断裂为界。各成矿带中包含多个成矿亚带，其划分方案和分布图分别见表1.1和图1.2。

表 1.1　新疆西准噶尔成矿带和成矿亚带的划分方案

成矿带	成矿亚带	主要矿床和矿点
萨吾尔成矿带	恰其海成矿亚带	吐尔库班套铜镍矿点、那林卡拉铜矿点
	萨吾尔成矿亚带	阔尔真阔腊金矿床、布尔克斯岱金矿床、塔斯特金矿床、黑山头金矿点、罕哲尕能铜金矿点、科克托别铜铁矿点
谢米斯台－沙尔布提成矿带	塔尔巴哈台成矿亚带	卡姆斯特铜矿点、塔塑克铜金矿化点
	谢米斯台成矿亚带	白杨河铍－铀矿床、谢米斯台（也称为莫阿特）铜矿点、布拉特铜矿点
	沙尔布提成矿亚带	洪古勒楞（也称为阿尔木强）铜多金属矿床、巴汗铜矿点
巴尔鲁克－达拉布特成矿带	巴尔鲁克成矿亚带	苏云河钼矿床、加曼铁列克德铜矿点、石屋铜金矿点
	达拉布特成矿亚带	哈图金矿床、齐求Ⅱ金矿床、宝贝金矿点、阔个沙也（也称为包古图）金矿床、包古图铜矿床、吐克吐克铜钼矿点、宏远铜钼矿床、萨尔托海铬矿床

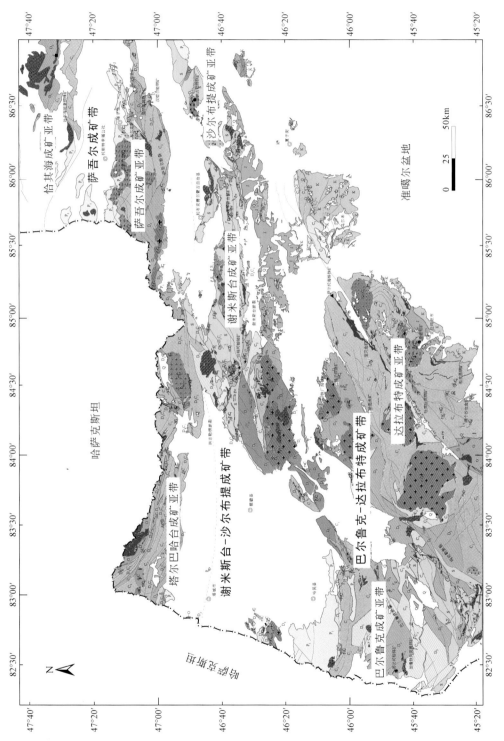

图 1.2　新疆西准噶尔地区成矿单元分布图(资料来源和图例同图1.1)

1.2.2 萨吾尔成矿带

萨吾尔成矿带西起中国－哈萨克斯坦边界，东止于乌伦古湖西岸，全长 150km，北部以额尔齐斯断裂为界与阿尔泰成矿带相邻，南部以洪古勒楞断裂带为界与谢米斯台－沙尔布提成矿带相邻（图 1.3）。在萨吾尔成矿带西南缘新发现了志留纪火山岩（张达玉等，2015），该成矿带可能是在早古生代褶皱带上发育起来的晚古生代构造－岩浆岩带。萨吾尔成矿带包括两个亚带：北部的恰其海成矿亚带和南部的萨吾尔成矿亚带（图 1.3），以萨吾尔成矿亚带为主。

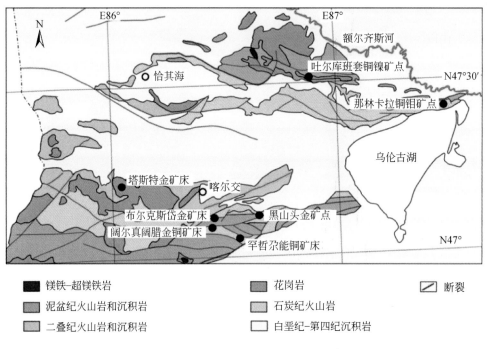

图 1.3 萨吾尔成矿带地质图及矿床分布简图（据袁峰等，2015）

1. 恰其海成矿亚带

恰其海成矿亚带主要出露泥盆系和石炭系地层，中泥盆统蕴都喀腊组位于该成矿亚带的北部，包括蕴都喀腊组上、下亚组，上亚组为泥质板岩、薄层硅质岩与泥质岩互层、石英粉砂岩、砂岩及灰岩透镜体，下亚组为英安岩、石英粗面岩、凝灰岩及英安角砾岩。下石炭统那林卡拉组和吉木乃组出露于该成矿亚带的南部，那林卡拉组为一套海相、海陆交互相含煤复理石建造，吉木乃组为砂岩、晶屑凝灰岩夹安山岩和玄武岩薄层（新疆地质矿产局，1993；袁峰等，2015）。区内侵入岩较发育，以中酸性岩为主，有少量镁铁－超镁铁岩分布。

　　恰其海成矿亚带发育与泥盆纪镁铁–超镁铁岩体有关的矿点，即吐尔库班套铜镍矿点和那林卡拉铜矿点等（袁峰等，2015）。吐尔库班套铜镍矿点出露岩体由橄榄岩、辉石岩、辉长岩和闪长岩组成，铜镍矿化主要见于辉长岩相中，其次为橄榄岩相，矿化类型为熔离型、接触带型、裂隙型（郭正林，2009；赵晓健，2012）。那林卡拉铜矿点发育那林卡拉杂岩体，该杂岩体由中粗粒含橄辉长岩、辉长岩、闪长岩、花岗闪长玢岩组成，侵位于中石炭统恰其海组中性火山岩及火山碎屑岩中，铜矿化产于恰其海组中性火山岩及火山碎屑岩中，花岗闪长斑岩体局部含铜矿化和钼矿化，大多呈脉状分布于石英脉中，钼品位最高达 0.11%（杜兴旺，2011）。

2. 萨吾尔成矿亚带

　　萨吾尔成矿亚带主要出露泥盆系至二叠系的地层，分布于萨吾尔山东段的中泥盆统萨吾尔山组，由陆源碎屑岩、安山质晶屑凝灰岩、角砾熔岩夹安山玢岩、粉砂岩、灰岩组成，发育有中泥盆统标准珊瑚以及植物化石。上泥盆统塔尔巴哈台组出露于萨吾尔山南缘及东段，为岛弧型火山复理石建造，上亚组为一套浅海相碎屑岩、火山碎屑岩夹少量火山岩，下亚组为一套火山岩夹有少量火山碎屑岩。下石炭统黑山头组仅见于萨吾尔山东段，主要由凝灰质砂岩、含碳泥质粉砂岩、玄武岩、安山岩、安山质角砾熔岩夹少量硅质粉砂岩透镜体组成，含有大量的早石炭世珊瑚和腕足类化石。区内褶皱构造主要为萨吾尔复式向斜和哈拉巴依复式背斜。主要断裂为萨吾尔大断裂。区内侵入岩较发育，以中酸性岩为主，加里东及海西中期侵入岩分布于萨吾尔山附近岩浆弧上，石炭纪中酸性岩从早到晚具有从钙碱性往碱性过渡的特征，发育双峰式火山岩和 A 型花岗岩（周涛发等，2006b，c；谭绿贵等，2007；Zhou et al.，2008）。

　　萨吾尔成矿亚带发育与石炭纪中基性火山岩有关的金矿床和与石炭纪中酸性侵入岩有关的铜金矿点，前者包括阔尔真阔腊金矿床、布尔克斯岱金矿床、塔斯特金矿床、黑山头金矿点等，后者包括罕哲孬能铜（金）矿点、科克托别铜铁矿点等（沈远超和金成伟，1993；申萍等，2005；Shen et al.，2008；郭正林等，2010；袁峰等，2015）。阔尔真阔腊金矿床浅部金矿化赋存于早石炭世安山岩中，与石英–绢云母化蚀变有关；深部铜矿化与闪长岩密切相关，发育钾硅酸盐化蚀变。矿石结构构造以细脉浸染状和脉状为主，阔尔真阔腊矿床具有深部铜矿化、浅部金矿化的分布特征（袁峰等，2015）。罕哲孬能铜矿点的铜矿化分布于早石炭世花岗闪长岩体中东部，矿区热液蚀变发育，由外向内依次为：黄铁矿–碳酸盐化带、青磐岩化带、泥化–绢云母化–黄铁矿化带、钾化–泥化–（磁）黄铁矿化、钾化–硅化–黄铁矿化，铜品位为 0.11%～5.49%，由浅向深，铜矿化由脉状逐渐向浸染状过渡，矿石矿物组合也由黄铜矿–黄铁矿组合向黄铜矿–磁黄铁矿过渡（郭正林等，2010）。

1.2.3 谢米斯台 - 沙尔布提成矿带

谢米斯台 - 沙尔布提成矿带位于萨吾尔成矿带南部，西起中国 - 哈萨克斯坦边界，东止于沙尔布提山东部，全长约 400km（图 1.4）。在塔尔巴哈台山和沙尔布提山均发育有奥陶纪 - 志留纪火山岩，最近研究表明，谢米斯台山发育晚志留世火山岩（Shen et al., 2012a）和晚志留世 - 早泥盆世花岗岩（Chen et al., 2010），因此，谢米斯台 - 沙尔布提成矿带形成于早古生代构造 - 岩浆岩带中。谢米斯台 - 沙尔布提成矿带包括三个亚带：西部的塔尔巴哈台成矿亚带、中部的谢米斯台成矿亚带和东部的沙尔布提成矿亚带（图 1.4）。

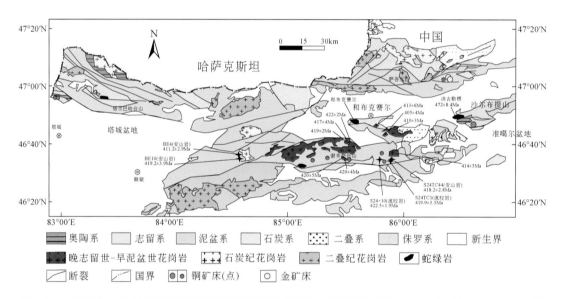

图 1.4 谢米斯台 - 沙尔布提成矿带地质图和矿床分布简图（据新疆地矿局，1993 和 Chen et al., 2010 资料修编）

火山岩年龄数据源于 Shen et al., 2012a；侵入岩年龄数据源于 Chen et al., 2010

1. 塔尔巴哈台成矿亚带

塔尔巴哈台成矿亚带出露奥陶系 - 石炭系地层，由北向南依次为奥陶系大柳沟组、上泥盆统和布克赛尔组、塔尔巴哈台组、下石炭统黑山头组的火山碎屑岩，局部地区有志留系地层出露。总体上，奥陶纪发育玄武岩 - 安山岩 - 英安岩及火山碎屑岩，奥陶纪 - 志留纪发育磨拉石建造。构造以北西西向断裂为主，受洪古勒楞深大断裂控制。侵入岩发育，主要为奥陶纪 - 石炭纪的中酸性侵入岩。

塔尔巴哈台成矿亚带目前仅发现一些铜金矿点，如卡姆斯特铜矿点、塔塑克铜金矿化点等。卡姆斯特铜矿点铜矿化赋存于安山岩中，孔雀石主要以脉状分布于蚀变安山岩中；塔塑克铜金矿化点的铜金矿化赋存在早石炭世辉石闪长岩中（周涛发等，2015），辉石闪长岩主要发生黑云母化、磁铁矿化、绿帘石化、绿泥石化，孔雀石以及硫化物（黄铜矿）主要以网脉状分布于蚀变岩石中。

2. 谢米斯台成矿亚带

谢米斯台山主要发育一套晚志留世的火山 - 次火山岩，火山岩具安山岩 - 英安岩 - 流纹岩组合，发育熔岩和火山碎屑岩，熔岩主要是玄武岩、安山岩（角砾安山岩）、英安岩、流纹岩（角砾流纹岩）和霏细岩（角砾霏细岩）等，其中安山岩、流纹岩和霏细岩是本区主要的岩石类型，英安岩和玄武岩仅在局部地段产出；火山碎屑岩包括安山质火山角砾岩、流纹质火山角砾岩和晶屑玻屑凝灰岩等。这些志留系地层被泥盆纪和石炭纪花岗岩侵入。

谢米斯台成矿亚带发育大型铍 - 铀矿，如白杨河（王谋等，2010）、与火山 - 次火山岩有关的铜矿点，如谢米斯台、布拉特（申萍等，2010；王居里等，2013a，2014）。白杨河铍 - 铀矿是亚洲最大的铍 - 铀矿，该矿床形成与白杨河花岗斑岩密切相关，白杨河花岗斑岩侵位到泥盆系中 - 酸性火山岩、火山碎屑岩中，矿体主要出现在花岗斑岩与围岩的接触带上，矿体呈层状展布，主要含 Be 矿物为硅铍石，主要含 U 矿物为沥青铀矿，矿体与赤铁矿化、萤石化关系密切，形成规模大且富的铍 - 铀矿的根本原因为多期热液活动和多阶段叠加矿化（王谋等，2010）。谢米斯台铜矿点（也称为莫阿特铜矿点）赋存于流纹岩中，铜矿化形成受火山机构断裂系和区域北东向断裂构造叠加控制，在火山机构深部可能存在次火山岩及相应的矿化，即火山岩型铜矿化的深部可能存在斑岩型铜矿化（申萍等，2010）。布拉特铜矿点发育火山岩型和斑岩型两类铜矿化，火山岩型自然铜矿化主要发育于蚀变玄武岩及其中的晚期热液脉中（王居里等，2013a）；斑岩型矿化主要发育于英安斑岩和流纹斑岩中，斑岩型矿化明显受到区域构造、岩性及其蚀变控制。区内北东向断裂与近东西向断裂交汇部位控制着含矿次火山岩的分布，铜矿化与强烈绿帘石化、绿泥石化、硅化、碳酸盐化等关系密切（王居里等，2014）。

3. 沙尔布提成矿亚带

沙尔布提成矿亚带出露奥陶系 - 泥盆系地层，中奥陶统布鲁克其组发育铁镁质火山岩和沉积岩，火山岩包括下部连续的玄武岩、安山岩和含安山质凝灰岩夹角砾安山岩，上部的安山岩和含杂砂岩夹安山质凝灰岩；沉积岩包括凝灰岩和泥质灰岩。中志留统沙尔布尔组为灰岩、砂岩和火山碎屑岩等；上志留统克克雄库都克组为凝灰质粉砂岩和凝灰质砂岩，中泥盆统呼吉尔斯特组为凝灰质砾岩和凝灰质砂岩夹碳质页岩。区内主要为近东西向和北北西向断裂。区内侵入岩主要为巴汗乌拉基性 - 超基性岩体。

沙尔布提成矿亚带发育洪古勒楞铜多金属矿床（Shen et al.，2013）和巴汗铜矿化点（袁峰等，2015）。洪古勒楞铜多金属矿床是近几年新发现的，矿区发育中志留统沙尔布尔组铁镁质火山岩，矿化赋存于玄武岩、安山岩和火山角砾岩中。矿区内断裂主要为北东向和近南北向断裂，控制矿体的分布。围岩蚀变主要为绿帘石化、绿泥石化、黄铁矿化、碳酸盐化、硅化等。矿石类型有杏仁状、浸染状、脉状、块状。金属矿物组合主要为黄铜矿、黄铁矿和少量斑铜矿、辉铜矿和闪锌矿。巴汗铜矿化点地表可见明显的孔雀石化，赋矿地层为中志留统沙尔布尔组中基性火山岩，围岩蚀变有绿泥石化、绿帘石化、硅化。孔雀石主要赋存在石英－绿帘石脉中。

1.2.4　巴尔鲁克－达拉布特成矿带

巴尔鲁克－达拉布特成矿带位于谢米斯台－沙尔布提成矿带南部，西起中国－哈萨克斯坦边界，东止于准噶尔盆地，全长约 400km（图 1.2）。巴尔鲁克－达拉布特成矿带包括两个亚带：西部的巴尔鲁克成矿亚带和东部的达拉布特成矿亚带（图 1.2）。

1. 巴尔鲁克成矿亚带

巴尔鲁克成矿亚带发育一套泥盆纪－早石炭世的火山－沉积地层（图 1.5），自下而上依次为库鲁木迪组、巴尔鲁克组、铁列克得组。库鲁木迪组为凝灰质砂岩、凝灰岩、霏细岩；巴尔鲁克组为泥岩、凝灰质粉砂岩、凝灰岩、砂砾岩、霏细岩；铁列克得组下部为陆相碎屑岩建造，出现集块熔岩和凝灰熔岩及凝灰岩，上部为海陆交互相火山碎屑－陆源碎屑岩建造。这些泥盆系和下石炭统地层被晚石炭世－早二叠世中酸性岩

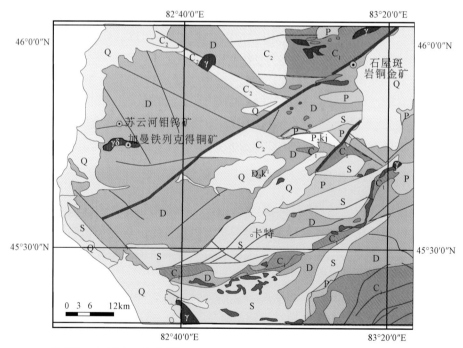

图 1.5　巴尔鲁克成矿亚带地质图及矿床分布简图（据新疆地矿局，1993 资料修改）

体侵入。

巴尔鲁克成矿亚带发育大型苏云河斑岩钼矿床、加曼铁列克德和石屋等斑岩铜矿点（图1.5）。苏云河钼矿床与二叠纪花岗岩、花岗斑岩、花岗闪长斑岩和二长花岗斑岩有关。围岩蚀变包括钾化、绿泥石－白云母化和黄铁绢英岩化，矿化与绿泥石－白云母化和黄铁绢英岩化密切相关。矿体主要为脉状和透镜状，与围岩没有明显界限。矿化以脉状、网脉状为主，有少量浸染状矿化。加曼铁列克德和石屋斑岩铜矿与晚石炭世闪长岩和闪长玢岩有关，矿化以脉状、网脉状为主，有少量浸染状矿化。

2. 达拉布特成矿亚带

达拉布特成矿亚带广泛发育石炭系地层（图1.6），包括太勒古拉组、包古图组和希贝库拉斯组（沈远超和金成伟，1993）。太勒古拉组为一套中基性火山岩－火山碎屑岩，岩性主要为玄武岩、红色碧玉岩和硅质岩及凝灰岩和层凝灰岩；包古图组主要为凝灰质粉砂岩、细砂岩、粉砂质泥岩、凝灰岩；希贝库拉斯组主要为含砾凝灰质杂砂岩。这些石炭系地层被晚石炭世－早二叠世花岗岩基和中酸性小岩体侵入。

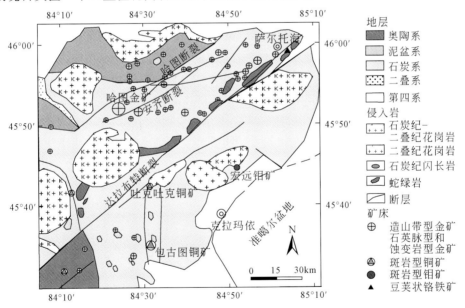

图 1.6　达拉布特成矿亚带地质图及矿床分布简图（沈远超和金成伟，1993；Shen et al.，2009）

达拉布特成矿亚带发育造山带型金矿床（哈图、齐求Ⅱ等）、与中性侵入岩有关的石英脉型金矿床（阔个沙也）、斑岩型铜矿床（包古图、吐克吐克）、斑岩型钼矿床（宏远）和豆荚状铬矿床（萨尔托海）等（沈远超和金成伟，1993；申萍等，2010，2015a，b；Shen et al.，2013；安芳等，2014）（图1.5）。包古图斑岩型铜矿床已探明储量 63×10^4 t Cu、18t Mo、14t Au（张锐等，2006）。含矿岩体为闪长岩和闪长玢岩，蚀变组合主要为早期的钾化、外围的青磐岩化和晚期的绢英岩化（申萍等，2009；Shen et al.，2010a，b）。

与大多数斑岩铜矿不同,该矿床发育磁黄铁矿、钛铁矿和富 CH_4 流体(Shen et al., 2010a, b),2010 年,我们首次将其确定为还原性斑岩型铜矿床,详见第 5 章。包古图地区发育很多石英脉型金矿床,其中,阔个沙也金矿床(也称为包古图金矿床)是最大的,该矿床赋存在下石炭统包古图组凝灰岩地层中,与闪长岩有关,北北东向断裂控制着含 Au 石英脉和闪长岩的分布,被近东西向的断裂切穿。该地区发育含 Sb 矿物,自然 As 和 Sb 存在于黄铜矿、磁黄铁矿以及方解石中(安芳等,2014)。哈图地区发育许多造山带型金矿床(Shen et al., 2016a),其中,哈图金矿床是最大的,目前已探明储量 56t 金(肖飞等,2010),哈图 Au 矿化以石英脉和蚀变岩形式赋存于石炭纪火山岩和沉积岩中,矿体分布受韧性剪切构造控制,矿体中存在少量硫化物(< 3%~ 5%),主要为黄铁矿、毒砂,其次为磁黄铁矿、黄铜矿和黝铜矿。热液蚀变具有碳酸盐 – 绢云母 – 绿泥石 – 硫化物蚀变组合。多数石英中的流体包裹体富含 CO_2,并有少量 CH_4。

泥盆纪豆荚状铬铁矿发育在达拉布特蛇绿岩带中,包括 14 个矿床,共计 563 个矿体,探明矿石储量 $229.3 \times 10^4 t$(Zhou et al., 2001),其中萨尔托海是该地区最大的铬铁矿床,也是中国第二大铬铁矿床。达拉布特蛇绿岩带主要由地幔橄榄岩和基性熔岩组成。萨尔托海矿床位于达拉布特蛇绿岩带东侧,是典型的与蛇绿岩有关的高 Al 豆荚状铬铁矿(Zhou et al., 2001)。矿体赋存于斜辉橄榄岩中,但常被纯橄岩包裹。铬铁矿体主要为板状和似透镜状,但有时也以脉状、裂隙充填等形式出现。矿体为块状、浸染状或者它们的过渡阶段。围岩蚀变以蛇纹石化为主(Zhou et al., 2001;谭娟娟和朱永峰,2010)。

1.3　矿床类型和成矿时代

1.3.1　矿床类型

根据西准噶尔地区三个成矿带的成矿特点,我们认为,该地区至少发育 9 种矿床类型:

(1)斑岩型铜矿床:矿床形成与中性岩体和中酸性岩体有关,发育浸染状和脉状矿化及有关的蚀变,如包古图铜矿床、吐克吐克铜钼矿点、石屋铜金矿点、加曼铁列克德铜矿点、罕哲尕能铜金矿点等;

(2)斑岩型钼矿床:矿床形成与花岗岩体有关,发育脉状和少量浸染状矿化及有关的蚀变,如苏云河钼矿床、宏远钼矿床等;

(3)造山带型金矿床:矿床形成与韧性剪切构造有关,如哈图金矿床、齐求Ⅱ金矿床等;

(4)斑岩 – 浅成低温热液型金(铜)矿床:矿床形成与火山机构及其中发育的中基性火山岩和闪长岩体有关,如阔尔真阔腊金(铜)矿床;

(5)与花岗岩体有关的铍 – 铀矿床:矿床形成与花岗岩有关,如白杨河铍 – 铀矿床;

(6)豆荚状铬铁矿床:矿床形成与蛇绿岩有关,如萨尔托海铬铁矿床;

（7）石英脉型和蚀变岩型金矿床：矿床形成与断裂构造及岩体有关，如阔个沙也、塔斯特和黑山头等金矿床；

（8）火山岩型铜多金属矿床：矿床形成与中基性火山岩有关，如洪古勒楞铜矿床；

（9）岩浆熔离型铜镍硫化物矿床：矿床形成与基性–超基性岩体有关，如吐尔库班套铜镍矿点。

1.3.2　成矿时代和成矿系统

1. 成矿时代

我们总结了上述主要矿床含矿岩体的锆石 U–Pb 年龄、全岩 Rb-Sr 年龄，矿石辉钼矿 Re-Os 年龄以及流体包裹体 ^{40}Ar–^{39}Ar、Rb-Sr 年龄，结果见表 1.2 所示。

表 1.2　西准噶尔主要矿床成岩和成矿年龄

成矿带 / 矿床	成因类型和矿种	定年样品	定年方法	年龄 /Ma	数据来源
萨吾尔成矿带					
吐尔库班套	岩浆熔离型铜镍矿点	辉长岩	LA-ICP-MS	370.3 ± 5.8	本书
		辉长岩	LA-ICP-MS	395.6 ± 5.9	郭正林，2009
那林卡拉	斑岩型铜钼矿点	辉石闪长岩 花岗闪长玢岩	SHRIMP LA-ICP-MS	293.1 ± 1.8 ～ 313.6 ± 3.1	本书
阔尔真阔腊	斑岩型 – 浅成低温热液型金铜矿	玄武质安山岩	LA-ICP-MS	339.4 ± 4.8	邓宇峰等，2015
		闪长岩	LA-ICP-MS	346.6 ± 4.9	袁峰等，2015
		含金石英流体包裹体	^{40}Ar–^{39}Ar 坪年龄	332 ± 22	Shen et al.，2007, 2008
布尔克斯台	蚀变岩型金矿	安山岩	LA-ICP-MS	354.1 ± 2.7	袁峰等，2015
罕哲尕能	斑岩型铜（金）矿点	似斑状二长岩 二长花岗斑岩	LA-ICP-MS	345.3 ± 8.3 ～ 334.9 ± 7.3	郭正林等，2010
塔斯特	蚀变岩型金矿点	闪长岩	LA-ICP-MS	353.7 ± 3.1	本书
黑山头	蚀变岩型金矿点	闪长岩	LA-ICP-MS	351.1 ± 3.2	本书
谢米斯台 – 沙尔布提成矿带					
白杨河	花岗岩有关的 Be-U	花岗岩	LA-ICP-MS	313.4 ± 2.3	Zhang and Zhang，2014
谢米斯台	火山岩型 / 斑岩型铜矿点	安山岩和流纹岩	SIMS U-Pb	422.5 ± 1.9 ～ 418.2 ± 2.8	Shen et al.，2012a
布拉特	火山岩型 / 斑岩型铜矿点	英安斑岩和流纹斑岩	LA-ICP-MS	434.9 ± 2.3 ～ 423 ± 1.8	本书
洪古勒楞	火山岩型铜多金属矿床	安山岩	LA-ICP-MS	426.5 ± 5.0	本书

续表

成矿带/矿床	成因类型和矿种	定年样品	定年方法	年龄/Ma	数据来源
巴汗	火山岩型铜矿点	玄武安山岩	LA-ICPMS	411.7±5.7	本书
巴尔鲁克-达拉布特成矿带					
苏云河	斑岩型钼矿	花岗岩	SIMS U-Pb	298.4±1.9～295.3±3	Shen et al.，2017
		花岗闪长斑岩	SIMS U-Pb	294.7±2.1～293.7±2.3	Shen et al.，2017
		辉钼矿	Re-Os	300.7±4.1～295±4.1	Shen et al.，2013b；钟世华等，2015
石屋	斑岩型铜矿点	石英闪长玢岩英云闪长斑岩	SIMS U-Pb	310.4±2.3～310.1±2.4	Li et al.，2016
加曼铁列克德	斑岩型铜矿点	闪长岩	SHRIMP	313.0±2.2	Shen et al.，2013a
		闪长玢岩	SHRIMP	312.3±2.2	Shen et al.，2013a
萨尔托海	豆荚状铬铁矿	辉长岩	LA-ICP-MS	391±7	辜平阳等，2009
包古图	斑岩型铜矿	闪长岩和闪长玢岩	SIMS U-Pb	313.0±2.2～312.3±2.2	Shen et al.，2012b
		辉钼矿	Re-Os 等时线	310±3.6～312.4±1.8	宋会侠等，2007；Shen et al.，2012
阔个沙也	石英脉型金矿	闪长岩	SHRIMP U-Pb	309.9±1.9	唐功建等，2009
		含金石英脉	Rb-Sr 等时限	311±10	李华芹等，2000
宏远	斑岩型钼铜矿	花岗岩	LA-ICP-MS U-Pb	302	李永军等，2012
			Re-Os 等时线	294.6	李永军等，2012
			Re-Os 等时线	314	鄢瑜宏等，2014
哈图	造山带型金矿	凝灰岩	SIMS U-Pb	324.0±2.8～324.9±3.4	Shen et al.，2013c
		含金石英脉	Rb-Sr 等时线	290±5	李华芹等，2000
齐求Ⅱ	造山带型金矿	含金石英脉	Rb-Sr 等时线	289±29	李华芹等，2000

由表可见，西准噶尔成矿作用发育在古生代，集中在晚古生代，且晚石炭世和早二叠世成矿作用达到高峰。

2. 成矿系统

根据西准噶尔地区三个成矿带成矿构造背景、成矿时代和成矿作用特点，我们认为，西准噶尔地区至少发育9种成矿系统：①泥盆纪岛弧岩浆熔离型铜镍硫化物成矿系统；②早石炭世岛弧斑岩-浅成低温热液型铜-金成矿系统；③志留纪岛弧火山岩型铜多金属成矿系统；④志留纪岛弧斑岩型铜成矿系统；⑤晚石炭世弧后盆地铍-铀成矿系统；⑥泥盆纪弧后盆地豆荚状铬铁矿成矿系统；⑦晚石炭世岛弧斑岩型铜和石英脉型金成矿系统；⑧晚石炭世-早二叠世碰撞环境造山带型金成矿系统；⑨早二叠世碰撞环境斑岩钼成矿系统。

在萨吾尔成矿带，主要发育泥盆纪岩浆熔离型铜镍硫化物矿床（如吐尔库班套）、早石炭世斑岩 – 浅成低温热液金（铜）矿床（如阔尔真阔腊）、斑岩型铜（金）矿床（如罕哲尕能）和构造破碎蚀变岩型金矿床（如布尔克斯岱）等，这些矿床形成于泥盆纪 – 早石炭世岛弧环境，由此构成了萨吾尔成矿带①泥盆纪岛弧岩浆熔离型铜镍硫化物成矿系统、②早石炭世岛弧斑岩 – 浅成低温热液型铜 – 金成矿系统。

在谢米斯台 – 沙尔布提成矿带，主要发育火山岩型铜多金属矿床（如洪古勒楞）、火山 – 次火山岩型或斑岩型铜矿（如谢米斯台、布拉特）和与花岗岩有关的铍 – 铀矿床（如白杨河）等，其中，铜矿床形成于志留纪岛弧环境，铍 – 铀矿床形成于晚石炭世弧后盆地，由此构成了谢米斯台 – 沙尔布提成矿带③志留纪岛弧火山岩型铜多金属成矿系统、④志留纪岛弧斑岩型铜成矿系统、⑤晚石炭世弧后盆地铍 – 铀成矿系统。

在巴尔鲁克 – 达拉布特成矿带，主要发育斑岩型铜矿床（如包古图、加曼铁列克德、石屋、吐克吐克等）、斑岩型钼矿床（苏云河、宏远）、造山带型金矿床（如哈图、齐求 Ⅱ 等）、石英脉型金矿床（如阔个沙也）和与蛇绿岩有关的豆荚状铬铁矿（萨尔托海）。泥盆纪豆荚状铬铁矿形成于弧后盆地，晚石炭世斑岩铜矿床和石英脉型金矿床形成于岛弧环境、晚石炭世 – 早二叠世斑岩钼矿和造山带型金矿形成于碰撞环境，由此构成了巴尔鲁克 – 达拉布特成矿带⑥泥盆纪弧后盆地豆荚状铬铁矿成矿系统、⑦晚石炭世岛弧斑岩型铜和石英脉型金成矿系统、⑧晚石炭世 – 早二叠世碰撞环境造山带型金成矿系统和⑨早二叠世碰撞环境斑岩钼成矿系统。

1.3.3　成矿事件

在矿床类型和成矿系统研究的基础上，我们认为西准噶尔地区发育五期成矿事件：①志留纪与火山岩有关的铜成矿事件；②泥盆纪与基性 – 超基性岩有关的铬 – 铜 – 镍成矿事件；③早石炭世与火山喷发 – 岩浆侵入有关的金 – 铜成矿事件；④晚石炭世与岩体有关的金 – 铜 – 钼 – 铍 – 铀成矿事件；⑤早二叠世与韧性剪切构造以及与花岗岩有关的金 – 钼成矿事件。其中，晚石炭世和早二叠世成矿事件是西准噶尔地区最重要的成矿事件。

（1）志留纪与火山岩有关的铜成矿事件。该成矿事件集中发育于西准噶尔北部的谢米斯台 – 沙尔布提成矿带。晚志留世岩浆活动强烈，形成与火山喷发和岩浆侵入活动有关的铜矿床，如谢米斯台山的谢米斯台和布拉特铜矿点，沙尔布提山的洪古勒楞铜矿床和巴汗铜矿点等。

（2）泥盆纪与基性 – 超基性岩有关的铬 – 铜 – 镍成矿事件。该成矿事件发育于西准噶尔北部的恰其海成矿亚带和西准噶尔南部的达拉布特成矿亚带。在恰其海成矿亚带发育泥盆纪镁铁 – 超镁铁岩体及其铜镍矿化，如吐尔库班套铜镍矿点；在达拉布特成矿亚带，蛇绿混杂岩带沿达拉布特断裂呈串珠状分布，其中发育豆荚状铬铁矿，如萨尔托海铬铁矿。

（3）早石炭世与火山喷发 – 岩浆侵入有关的金 – 铜成矿事件。该成矿事件集中发育于西准噶尔北部的萨吾尔成矿带。该成矿带早石炭世中基性火山喷发和中酸性岩浆侵入活动强烈，形成斑岩 – 浅成低温热液型金（铜）矿床，如阔尔真阔腊，也形成和中酸性岩浆侵入活动有关的斑岩型铜金矿点（如罕哲尕能）和构造破碎蚀变岩型金矿点（如塔斯特、黑山头）等。

（4）晚石炭世与中酸性岩体有关的金 – 铜 – 钼 – 铍 – 铀成矿事件。该成矿事件在西准噶尔地区广泛发育，在恰其海成矿亚带，发育斑岩型铜钼矿点，如那林卡拉；在谢米斯台成矿亚带，发育与花岗岩有关的铍 – 铀矿床，如白杨河；在巴尔鲁克 – 达拉布特成矿带，发育石英脉型金矿床（如阔个沙也）和斑岩铜矿床（如包古图、吐克吐克、石屋、加曼铁列克德等）。

（5）早二叠世与花岗岩有关的金 – 钼成矿事件。该成矿事件集中发育于西准噶尔南部的巴尔鲁克 – 达拉布特成矿带，早二叠世的花岗岩侵入形成斑岩型钼矿床，如苏云河等，早二叠世的韧性剪切构造和花岗岩侵入，形成造山带型金矿床，如哈图、齐求Ⅱ等。

第 2 章 西准噶尔构造演化与成矿事件

前已述及，西准噶尔地区成矿事件包括：①志留纪铜成矿事件；②泥盆纪铜－镍－铬成矿事件；③早石炭世金－铜成矿事件；④晚石炭世金－铜－钼成矿事件；⑤早二叠世金－钼成矿事件。本章将按照这个顺序进行阐述。

2.1 志留纪构造与铜成矿事件

志留纪铜多金属成矿事件集中发育于西准噶尔北部的谢米斯台－沙尔布提成矿带，形成与火山活动有关的铜矿床。

2.1.1 谢米斯台成矿亚带构造与铜成矿事件

作者在谢米斯台东段发现了 S24 号铜矿点，并将其命名为谢米斯台铜矿点（申萍等，2010a），后来也有人称之为莫阿特铜矿点。该铜矿形成与火山－次火山活动有关，属于火山岩型铜矿，深部可能存在斑岩型矿化（申萍等，2010a）；随后，王居里等在谢米斯台东段发现了火山岩中的自然铜矿化（王居里等，2013a）。

我们完成了谢米斯台中段 20km^2 范围的 1：10000 火山岩构造－岩相填图工作（图2.1），结果表明，谢米斯台中段地区发育火山杂岩体，原来属于中泥盆统呼吉尔斯特组的火山岩地层，实际上属于晚志留世（Shen et al.，2012a）。铜矿化主要与晚志留世火山机构有关。

谢米斯台中段发育火山岩和次火山岩，火山岩属于安山岩－流纹岩系列，包括安山岩、流纹岩和少量的英安岩；火山碎屑岩包括安山质火山角砾岩、流纹质火山角砾岩和少量的晶屑玻屑凝灰岩等；次火山岩包括霏细岩和花岗斑岩等。

我们选择了谢米斯台中段流纹岩（S24A+10、S24TC1）和安山岩（S24TC44）以及谢米斯台西段的安山岩（BE4、BE10），进行了锆石 SIMS U-Pb 定年测定，采样位置见图 1.4 所示，测量结果见图 2.2。5 个样品的 SIMS 锆石 U-Pb 年龄分别为 422.5±1.9Ma、419.9±3.3Ma、411.2±2.9Ma、418.2±2.8Ma、419.9±3.9Ma（Shen et al.，2012a）。随后，我们对位于谢米斯台铜矿点东部的布拉特铜矿区的含矿英安斑岩和流纹斑岩，进行了锆

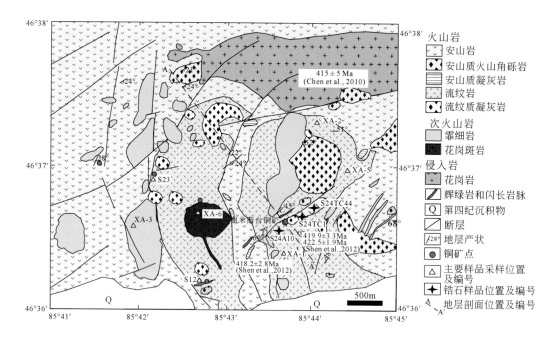

图 2.1　谢米斯台中段地区火山岩岩相 – 构造简图（Shen et al., 2012a）

石 U–Pb 定年测定，结果表明，含矿英安斑岩和流纹斑岩分别形成于 434.9 ± 2.3Ma 和 423 ± 1.8Ma（王居里等，2014）。因此，谢米斯台地区发育的中泥盆统呼吉尔斯特组火山岩实际上属于志留纪。

火山岩和次火山岩的主量和微量元素分析（孟磊等，2010；Shen et al., 2012a）表明，谢米斯台中段发育的岩石组合为一套高钾钙碱系列 – 钾玄岩系列的安山岩 – 流纹岩组合。在稀土元素球粒陨石标准化图解（图 2.3）中，安山岩稀土配分模式呈缓倾斜右倾型分布，Eu 异常不明显；流纹岩具有明显的右倾型分布形式，具有 Eu 异常。相对于 E–MORB（图 2.3），大多数火山岩微量元素富集大离子亲石元素 LILE、亏损高场强元素 HFSE，具有明显的 Nb 负异常。这些特征与岛弧火山岩接近。

在此基础上，我们进行了全岩 Sr–Nd–Pb 同位素分析。由于谢米斯台中段地区火山岩和次火山岩系同一时期火山作用产物，故使用该地区流纹岩的 SIMS 年龄（420Ma，Shen et al., 2012a）来推算其（$^{87}Sr/^{86}Sr$）$_i$、（$^{143}Nd/^{144}Nd$）$_i$ 和 $\varepsilon_{Nd}(t)$，其相关的 Sm–Nd 同位素分析结果列于表 2.1。

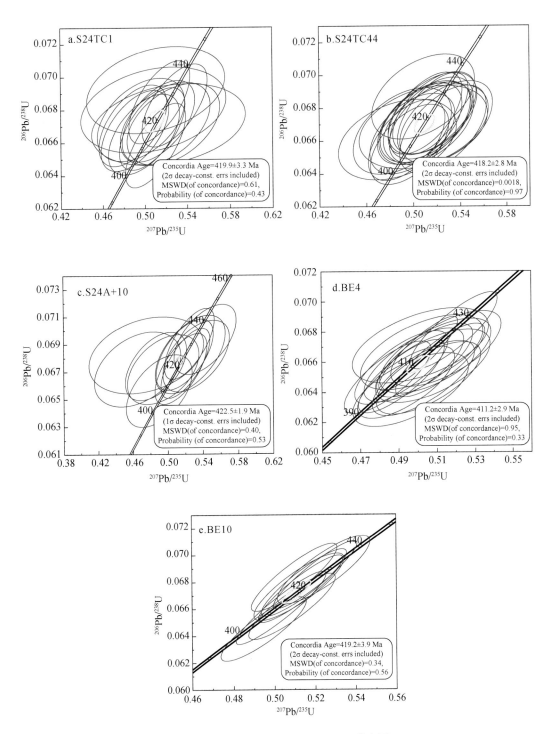

图 2.2　谢米斯台火山岩 SIMS U–Pb 谐和图

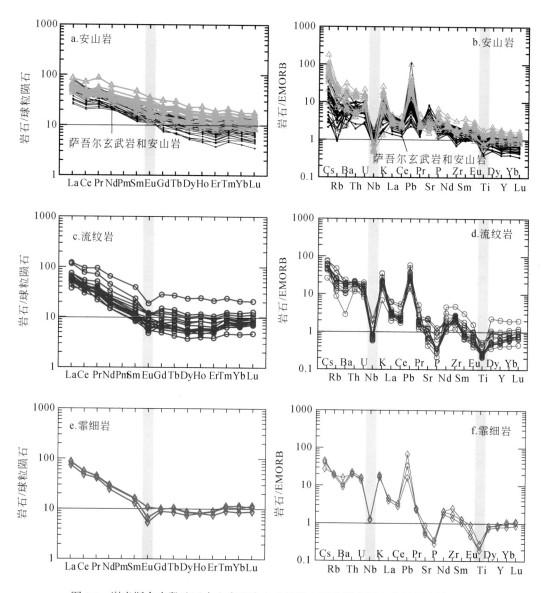

图 2.3　谢米斯台中段地区火山岩和次火山岩稀土配分模式图和微量元素蛛网图

表 2.1　谢米斯台中段火山岩 Sr–Nd–Pb 同位素组成

样号	S24–5	XA–1	XA–5	XA–2	S24–1	S12+51	XA–3
Rock	A	R	R	R	R	R	F
Rb		81.8	59.6	127.6			
Sr		364	302.2	203.7			
$^{87}Rb/^{86}Sr$		0.6502	0.5708	1.8146			
$(^{87}Sr/^{86}Sr)_m$		0.708251	0.70787	0.714635			
$2\sigma/10^{-6}$		15	14	10			

续表

样号	S24-5	XA-1	XA-5	XA-2	S24-1	S12+51	XA-3
$(^{87}Sr/^{86}Sr)_i$		0.704362	0.704456	0.70378			
Sm	3.42	2.9	2.97	1.98	1.62	4.83	2.58
Nd	16.93	14.36	13.72	10.93	8.26	23.01	14.47
$^{147}Sm/^{144}Nd$	0.122383	0.1223	0.1309	0.1097	0.1184	0.127224	0.1078
$(^{143}Nd/^{144}Nd)_m$	0.512686	0.512718	0.512733	0.512654	0.512648	0.512704	0.512671
$2\sigma/10^{-6}$	13	17	14	14	15	15	15
$(^{143}Nd/^{144}Nd)_i$	0.512349	0.512382	0.512373	0.512352	0.512322	0.512354	0.512374
$\varepsilon_{Nd}(t)$	4.9	5.6	5.4	5.0	4.4	5.0	5.4
T_{DM}	775	721	768	727	803	786	690
$f_{Sm/Nd}$	−0.38	−0.38	−0.33	−0.44	−0.40	−0.35	−0.45
U		3.23	1.97	3.13	3.03		2.4
Th		10.3	6.9	11.8	12.2		12.1
Pb		14.8	13.6	21.8	25.3		9.6
$(^{206}Pb/^{204}Pb)_m$		18.912 ± 21	18.615 ± 9	18.674 ± 8	18.435 ± 10		19.409 ± 8
$(^{207}Pb/^{204}Pb)_m$		15.602 ± 25	15.535 ± 9	15.588 ± 8	15.570 ± 9		15.605 ± 8
$(^{208}Pb/^{204}Pb)_m$		38.766 ± 33	38.361 ± 9	38.657 ± 9	38.412 ± 10		39.213 ± 8
$(^{206}Pb/^{204}Pb)_i$		17.820	17.898	17.961	17.843		17.778
$(^{207}Pb/^{204}Pb)_i$		15.541	15.491	15.547	15.537		15.539
$(^{208}Pb/^{204}Pb)_i$		37.674	37.569	37.809	37.663		37.684

注：$^{87}Sr/^{86}Sr$ 值采用 $^{86}Sr/^{88}Sr=0.1194$ 标准化，$^{143}Nd/^{144}Nd$ 值采用 $^{146}Nd/^{144}Nd=0.7219$ 标准化。$\varepsilon_{Nd}(t)=[\{(^{143}Nd/^{144}Nd)i/(^{143}Nd/^{144}Nd)_{CHUR}(t)\}-1]10^4$，$(^{143}Nd/^{144}Nd)_{CHUR}(t)=(^{143}Nd/^{144}Nd)_{CHUR}(t)-(^{147}Sm/^{144}Nd)_{CHUR}\times(e^{\lambda t}-1)$，其中，$(^{143}Nd/^{144}Nd)_{CHUR}(t)=0.512638$，$(^{147}Sm/^{144}Nd)_{CHUR}=0.1967$。火山岩的初始值采用 420Ma 进行计算。$T_{DM}=(1/\lambda)\ln\{1+[(^{143}Nd/^{144}Nd)_m-0.51315]/[(^{147}Sm/^{144}Nd)_m-0.2137](0.51315 和 0.2137 据 Miller and O'Nions，1985)。$f_{Sm/Nd}=[(^{147}Sm/^{144}Nd)_s/(^{147}Sm/^{144}Nd)_{CHUR}]-1$，s 代表样品。

资料来源：Shen et al.，2012a

　　该地区岩石具有高的正 $\varepsilon_{Nd}(t)$ 值（+4.6～+6.6）。在 $\varepsilon_{Nd}(t)$–$(^{87}Sr/^{86}Sr)_i$ 图（图2.4a）中，谢米斯台中段地区火山岩和次火山岩样品接近于地幔。在 $(^{143}Nd/^{144}Nd)_i$–$(^{87}Sr/^{86}Sr)_i$ 图（图2.4b）中，样品落在 N-MORB 与 EM Ⅰ 之间混合线附近，洋中脊玄武岩占 50%～60%、Ⅰ型富集地幔组分占 40%～50%。在 $(^{143}Nd/^{144}Nd)_i$–$(^{87}Sr/^{86}Sr)_i$–$^{206}Pb/^{204}Pb$ 图（图2.4c，d）中，样品落在 N-MORB 与 EM Ⅰ 和 EM Ⅱ 之间混合线附近，在图2.3e，f，样品落在 EM Ⅰ 型富集地幔组分附近。此外，谢米斯台中段地区火山岩和次火山岩具有低的 Mg# 值，安山岩 Mg# 为 0.19～0.51（平均为 0.32），流纹岩 Mg# 为 0.13～0.48（平均为 0.29），霏细岩 Mg# 为 0.32～0.40（平均为 0.37）（Shen et al.，2012a）。因此，谢米斯台中段地

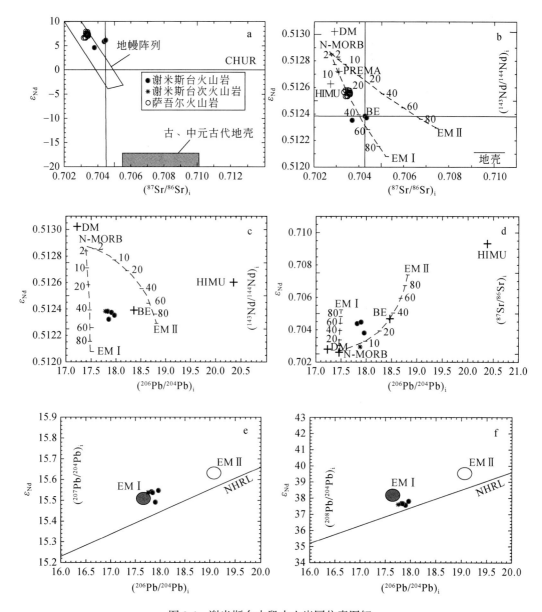

图 2.4 谢米斯台中段火山岩同位素图解

a. $\varepsilon_{Nd}(t)$ – $({}^{87}Sr/{}^{86}Sr)_i$ 图解（古、中元古代地壳据 Hu et al., 2000）；b. $({}^{143}Nd/{}^{144}Nd)_i$ – $({}^{87}Sr/{}^{86}Sr)_i$ 图解；c. $({}^{143}Nd/{}^{144}Nd)_i$ – $({}^{206}Pb/{}^{204}Pb)_i$ 图解；d. $({}^{87}Sr/{}^{86}Sr)_i$ – $({}^{206}Pb/{}^{204}Pb)_i$ 图解；e. $({}^{207}Pb/{}^{204}Pb)_i$ – $({}^{206}Pb/{}^{204}Pb)_i$ 图解；f. $({}^{208}Pb/{}^{204}Pb)_i$ – $({}^{206}Pb/{}^{204}Pb)_i$ 图解（DM. 亏损地幔；N-MORB. 洋中脊玄武岩；BSE. 地球总成分；HIMU. 高 U^{238}/Pb^{204} 值地幔；PREMA. 原始地幔；EM I. I 型富集地幔；EM II. II 型富集地幔）

区火山岩和次火山岩岩浆源于新生的下地壳。

谢米斯台东段地区火山岩为钙碱系列安山岩 – 高钾钙碱系列流纹岩，具有富集 LILE 和亏损 HFSE 特点（图 2.3），反映了岛弧火山岩的特征。火山岩具有较高的 Th/Yb 值（图

2.5a），反映了俯冲带的火山岩特点。在 Th–Hf/3–Ta 构造判别图上（图 2.5b），所有样品落在岛弧火山岩范围。位于谢米斯台山南坡的查干陶勒盖蛇绿岩带的辉长岩的 LA–ICP–MS 锆石 U–Pb 年龄为 517 ± 3Ma 和 519 ± 3Ma（赵磊等，2013），表明该地区早古生代发生过俯冲消减作用。

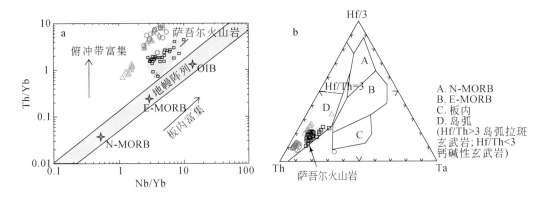

图 2.5　谢米斯台东段地区火山岩构造判别图（图例同图 2.8）

a. Th/Yb–Ta/Yb 图解（Pearle and Peate，1995）；b. Th/Hf/3–Ta 图解（Wood，1980）

谢米斯台火山岩具有高的 $\varepsilon_{Nd}(t)$ 值（+4.4 ～ +6.6），基底为年轻的洋壳。锆石年龄测定发现少量古老年龄的结果（Shen et al.，2012a），表明含矿岩浆上升过程中有少量古老陆壳物质混入。

据上述研究可见，谢米斯台地区含矿火山岩形成环境是志留纪岛弧环境，形成火山岩的岩浆是钙碱系列安山质 – 高钾钙碱系列流纹质岩浆，源于新生地壳，成矿作用是与火山岩有关的铜成矿作用，由此构成了谢米斯台成矿亚带志留纪岛弧环境铜成矿事件。

2.1.2　沙尔布提成矿亚带构造与铜多金属成矿事件

沙尔布提成矿亚带发育铜多金属硫化物矿床，包括洪古勒楞（即阿尔木强）铜锌矿床和巴汗铜矿点，这些铜矿的形成均与中基性火山岩有关。袁峰等（2015）进行了锆石 LA–ICP–MS U–Pb 定年，结果表明，洪古勒楞铜锌矿床含矿安山岩年龄为 426.5 ± 5.0Ma，因此，原定为中奥陶统布鲁克其组的火山岩地层，实际上可能属于中志留世。铜矿化主要与中志留世火山活动及其断裂构造有关。

我们进行了区域剖面测量（图 2.6），结果表明，在沙尔布提成矿亚带北部，发育一套中基性火山岩和侵入岩，火山岩主要为玄武岩、玄武安山岩和少量凝灰岩，侵入岩主要为辉长岩和斜长花岗斑岩等（图 2.6b）。在成矿亚带的南部，发育中基性火山岩和火山碎屑岩，火山岩主要为玄武岩、玄武安山岩、安山玄武岩，火山碎屑岩主要为玄武质和安山质角砾岩和集块岩、安山质凝灰岩等（图 2.6c）。

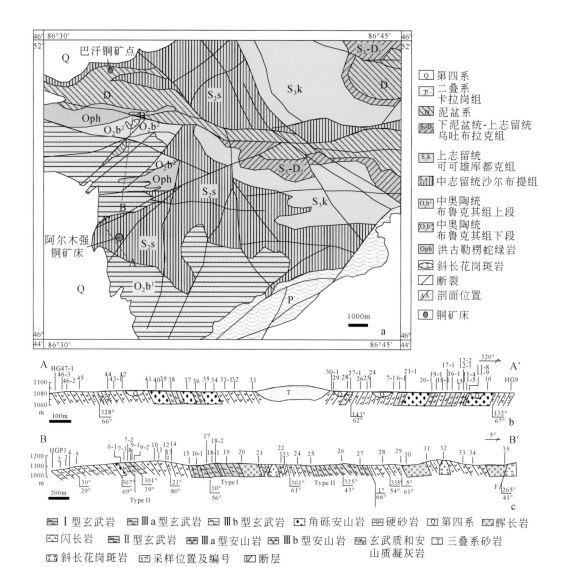

图2.6 沙尔布提成矿亚带地质图（a）（据新疆地矿局，1993；新疆地矿局物探地质大队2009年等资料修改）和剖面图（b）（c）（Shen et al.，2014）

我们进行了火山岩的主量和微量元素分析（Shen et al.，2014），结果表明，本区火山岩为玄武岩和安山岩，值得注意的是，本区北部发育的一些玄武岩（图2.7c）与大多数弧玄武岩不同，这些玄武岩是富钠的（Na$_2$O/K$_2$O=7～24），具有较高的Nb（14.1～15.8ppm[①]），Zr（411～490ppm）和TiO$_2$（2.78%～4.43%）含量和较高的Nb/U值，为富铌玄武岩。

———————————

① 1 ppm=1×10^{-6}。

　　在 Nb/Y–Zr/TiO$_2$ 图中（图 2.7a），大部分火山岩成分点落在玄武岩 / 安山岩区，属于亚碱性系列。在 Co–Th 图中（图 2.7b），大部分火山岩成分点落在中钾钙碱性区，少量落在岛弧拉斑系列区。在 Nb/U–Nb 图中（图 2.7c），大部分火山岩成分点落在岛弧玄武岩范围内，少量落在富铌玄武岩范围内。

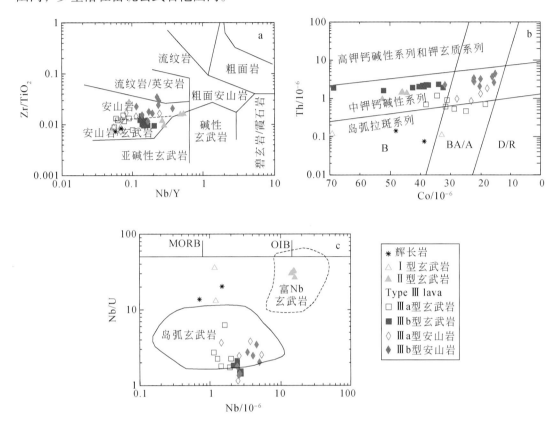

图 2.7　沙尔布提成矿亚带含矿火山岩岩石地球化学分类图解

a. Nb/Y–Zr/TiO$_2$ 图解（Winchester and Floyd, 1977）；b. Th–Co 图解（Hastie et al., 2007）；c. Nb/U–Nb 图解（Kepezhinskas et al., 1996）

　　根据岩相学研究，结合稀土和微量元素分析结果，进一步将本区火山岩分成类型 I、II 和 III 火山岩。在稀土配分模式图和微量元素标准化蛛网图上（图 2.8、图 2.9），类型 I 火山岩的稀土总量低，稀土配分模式呈平坦型，有 Nb 亏损。类型 II 为富铌玄武岩（NEBs），没有明显的负 Nb 异常。类型 III 火山岩进一步分为两类：类型 III a 和 III b 玄武岩和安山岩，类型 III a 稀土配分模式呈平坦型，没有 Eu 异常，存在 Nb 亏损；类型 III b 的稀土配分模式呈右倾型，Eu 异常不明显，富集大离子亲石元素、亏损高场强元素。洪古勒楞铜矿化主要与类型 III 火山岩有关。

　　进行了含矿火山岩全岩 Rb–Sr 和 Sm–Nd 同位素分析，结果见表 2.2。在 $\varepsilon_{\mathrm{Nd}}(t)$ –（^{87}Sr/^{86}Sr）$_i$ 图解中（图 2.10），所有的样品落在第二象限内，接近于地幔。因此，沙尔布提地区火山岩岩浆源于地幔。

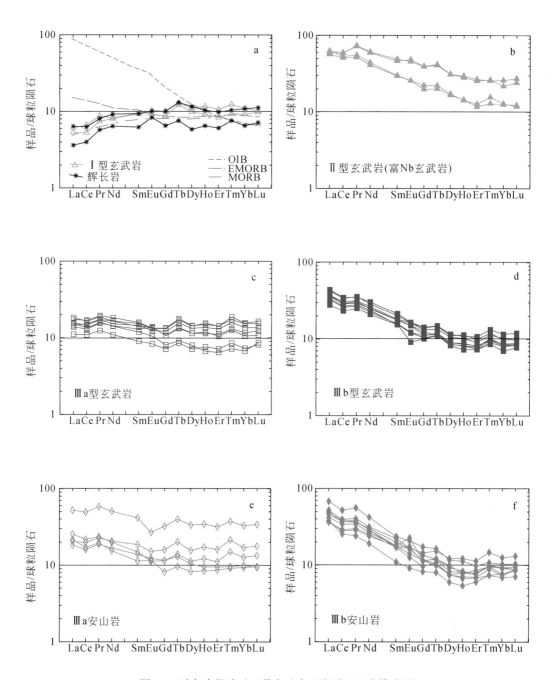

图 2.8　沙尔布提成矿亚带含矿火山岩稀土配分模式图

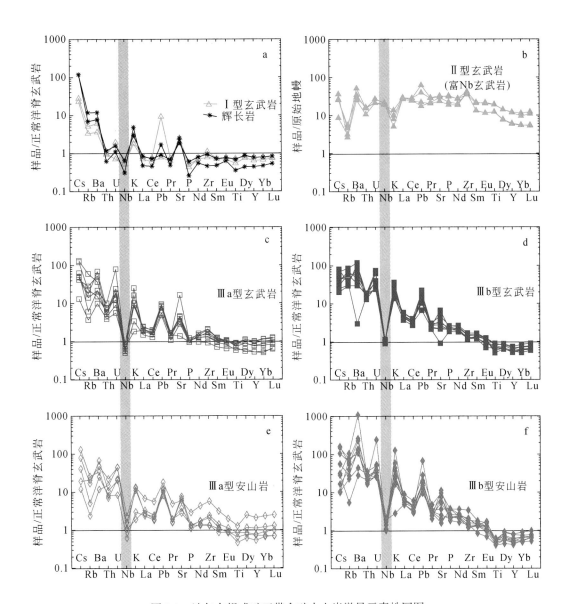

图 2.9　沙尔布提成矿亚带含矿火山岩微量元素蛛网图

表 2.2　沙尔布提成矿亚带含矿火山岩全岩 Rb–Sr 和 Sm–Nd 同位素数据

样号	类型	Rb/ 10^{-6}	Sr/ 10^{-6}	$^{87}Rb/$ ^{86}Sr	$(^{87}Sr/^{86}Sr)_m$	$2\sigma/$ 10^{-6}	$(^{87}Sr/^{86}Sr)_i$	Sm/ 10^{-6}	Nd/ 10^{-6}	$^{147}Sm/$ ^{144}Nd	$(^{143}Nd/^{144}Nd)_m$	$2\sigma/$ 10^{-6}	$(^{143}Nd/^{144}Nd)_i$	ε_{Nd} (t)	T_{DM}
HG 11–9	IIIa 玄武岩	34.2	413	0.240	0.706368	17	0.70483	2.47	8.43	0.177	0.512866	14	0.512344	5.6	1179
HG 16–1	IIIa 玄武岩	7.87	507	0.045	0.705235	15	0.70495	2.61	9.64	0.1638	0.512827	7	0.512344	5.6	987
HG 19–1	IIIa 玄武岩	15.3	462	0.096	0.705335	11	0.70472	2.63	8.91	0.1781	0.512863	6	0.512338	5.5	1228
HG 21–1	IIIa 玄武岩	1.82	136	0.039	0.705267	13	0.70502	2.98	9.85	0.183	0.512870	8	0.512330	5.3	1388
HG 7–1	IIIb 玄武岩	21.5	88.1	0.707	0.708963	13	0.70443	3.05	12.7	0.1449	0.512731	9	0.512303	4.8	928
HG 17–1	IIIa 安山岩	11.3	601	0.054	0.705114	10	0.70477	7.69	28.3	0.164	0.512848	6	0.512364	6.0	926
HG 20–1	IIIa 安山岩	15.1	459	0.095	0.705926	9	0.70532	3.72	12.8	0.1757	0.512848	6	0.512330	5.3	1210
HG 18–1	IIIb 安山岩	43.1	387	0.322	0.706642	10	0.70458	4.16	18.6	0.1352	0.512716	8	0.512317	5.1	843
HG 33–1	IIIb 安山岩	23.9	602	0.115	0.705935	8	0.70520	3.36	14.6	0.1389	0.512750	9	0.512340	5.5	815

注：计算方法同表 2.1。

资料来源：Shen et al.，2014。

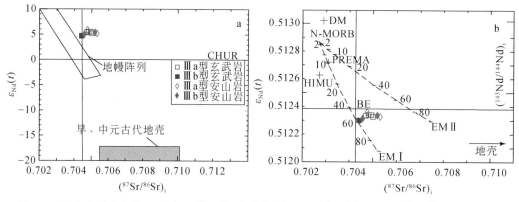

图 2.10　沙尔布提火山岩 $\varepsilon_{Nd}(t)$–$(^{87}Sr/^{86}Sr)_i$ 图（a）和 $(^{143}Nd/^{144}Nd)_i$–$(^{87}Sr/^{86}Sr)_i$ 图（b）

（图例同图 2.7）

Ⅰ类（辉长岩）和Ⅱ类中基性火山岩（富铌玄武岩）的 Nb/Yb 值位于地幔列阵区域（图 2.11a），且这些岩石具有较高的 Mg#（0.64～0.72），表明沙尔布提成矿亚带的辉长岩和富铌玄武岩源于地幔。

Ⅲ类中基性钙碱性火山岩的 $\varepsilon_{Nd}(t)$ 值为较高的正值（+4.8 ～ +6.0），并具有变化的 Mg#（0.24 ～ 0.56），这些中基性岩浆源于地幔，并有新生下地壳的混入；这些火山岩的 Nb/Yb 值位于 N-MORB 和 OIB 之间（图 2.11a），具有 Nd 亏损和富集 Th 的特点，反映受俯冲作用的影响。

在 Th-Hf/3-Ta 图（图 2.11b）中，Ⅰ类（辉长岩）和Ⅱ类火山岩（富铌玄武岩）落在 N-MORB 区域，而含矿的Ⅲ类中基性火山岩落在岛弧范围内。位于沙尔布提山北部的洪古勒楞蛇绿混杂岩带的辉长岩中锆石 SHRIMP U-Pb 年龄为 472 ± 8.4Ma（张元元和郭召杰，2010）。这些地质、地球化学特征，表明该地区早古生代发生过俯冲消减作用。

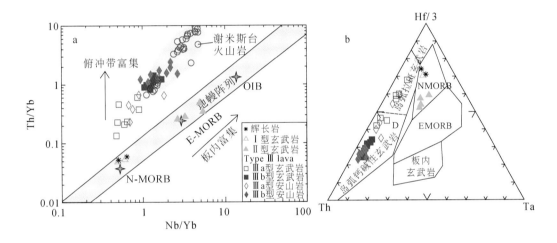

图 2.11　沙尔布提火山岩 Th/Yb-Ta/Yb 图解（Pearce and Peate，1995）（a）

和 Th-Hf/3-Ta 图解（b）（Wood，1980）

沙尔布提含矿火山岩为Ⅲ类中基性钙碱性火山岩，具有玄武岩 - 安山岩组合，该类火山岩具有高的 $\varepsilon_{Nd}(t)$ 值，表明基底为年轻的洋壳。

由此可见，沙尔布提成矿亚带的含矿火山岩形成环境是晚志留世岛弧环境，成矿岩浆是钙碱系列玄武岩 - 安山岩，源于地幔，并有新生下地壳的混入，成矿作用是与Ⅲ类中基性钙碱性火山岩有关的铜多金属成矿作用，由此构成了沙尔布提成矿亚带晚志留世岛弧环境铜多金属成矿事件。

2.2　泥盆纪构造与铜 - 镍 - 铬成矿事件

泥盆纪与基性 - 超基性岩有关的铜 - 镍 - 铬成矿事件，该成矿事件集中发育于西准噶尔北部的恰其海成矿亚带和南部的达拉布特成矿亚带。

2.2.1　恰其海成矿亚带构造与铜镍成矿事件

恰其海成矿亚带发育吐尔库班套铜镍矿点，含矿岩体呈带状沿中泥盆统蕴都喀腊组上、下亚组接触面侵入，岩体由橄榄岩、辉石岩、辉长岩和闪长岩组成，以基性岩为主，超基性岩在地表只是呈脉状、透镜状分布于基性岩中。铜镍矿化主要见于辉长岩相中，其次为橄榄岩相（郭正林，2009；赵晓健，2012）。

前人已经对岩体做了年代学和构造背景的研究，郭正林（2009）测得辉长岩锆石 LA–ICP–MS U–Pb 年龄为 394.6±4.9Ma，认为该岩体为产于岛弧构造背景的阿拉斯加型岩体；王玉往等（2011）利用 LA–ICP–MS 测得辉长岩和片麻状花岗岩锆石 U–Pb 年龄为 363～355Ma，认为岩体是蛇绿混杂岩体，形成于类似洋中脊的构造背景。我们也进行了岩体辉长岩中锆石 LA–ICP–MS U–Pb 定年袁峰等（2015），获得的成岩年龄为 370.3±4.8Ma，指示岩体形成于晚泥盆世，与前人研究结果相似。我们还进行了全岩主量和微量元素分析袁峰等（2015），结果表明，岩石形成于与俯冲有关的构造环境中。

恰其海地区含矿基性 – 超基性岩形成环境是晚泥盆世岛弧环境，成矿岩浆是基性岩浆，成矿作用是与基性有关的岩浆熔离型铜镍硫化物成矿作用，由此构成了恰其海成矿亚带晚泥盆世岛弧环境铜镍硫化物成矿事件。详见第 5 章有关部分。

2.2.2　达拉布特成矿亚带构造与铬铁矿成矿事件

在达拉布特地区，发育蛇绿岩和豆荚状铬铁矿。达拉布特蛇绿岩带主要由地幔橄榄岩和玄武岩组成，橄榄岩主要沿北东向展布，长约 20km，出露面积达 20km²。萨尔托海矿床位于达拉布特蛇绿岩带东侧，是典型的与蛇绿岩有关的高 Al 豆荚状铬铁矿（Zhou et al.，2001）。

达拉布特蛇绿岩中辉长岩锆石 U–Pb 年龄为 391.1±6.8Ma（辜平阳等，2009）和 368±11Ma（Yang et al.，2012）；玄武岩锆石 U–Pb 年龄为 375±2Ma。达拉布特蛇绿岩中的泥盆纪熔岩通常以超基性岩或泥岩中的填隙物形式出现，具有亏损 LREE 和 Nb 的弱异常特征，与 MORB 的特点相似，这表明其形成于弧后盆地环境（Zhou et al.，2001）。也有学者认为，萨尔托海蛇绿混杂带中含石榴子石变质基性岩，可能形成于俯冲带或与俯冲带相关的海沟中（Zhang et al.，2011；Yang et al.，2012）。

达拉布特地区含矿基性 – 超基性岩形成环境是泥盆世弧后盆地或海沟环境，成矿作用是与蛇绿岩有关的豆荚状铬铁矿成矿作用，由此构成了达拉布特成矿亚带泥盆纪拉张环境豆荚状铬铁矿成矿事件。

2.3　早石炭世构造与金－铜成矿事件

早石炭世与火山喷发－岩浆侵入有关的 Au、Cu 成矿事件集中发育于西准噶尔北部的萨吾尔成矿带。该成矿带内最重要的矿床类型是位于萨吾尔山东段的金矿床（包括阔尔真阔腊、布尔克斯岱），这些矿床的含矿岩石是早石炭世火山岩，矿床形成于 $332.05 \pm 2.02 \sim 336.78 \pm 0.50$ Ma（Shen et al.，2005），与火山活动密切相关（Shen et al.，2007，2008）。

我们完成了萨吾尔山东段 50km^2 范围的 1：10000 火山岩构造－岩相填图工作（图2.12），厘定了火山机构，认为金矿床的形成与火山机构有关。该区火山岩具有明显的韵律性，可划分出三个旋回 9 个岩相：①火山喷发旋回Ⅰ，包括火山口爆发相（火山角砾岩和火山集块岩）和火山口溢流相（安山岩）；②火山喷发旋回Ⅱ，包括火山口爆发相（火

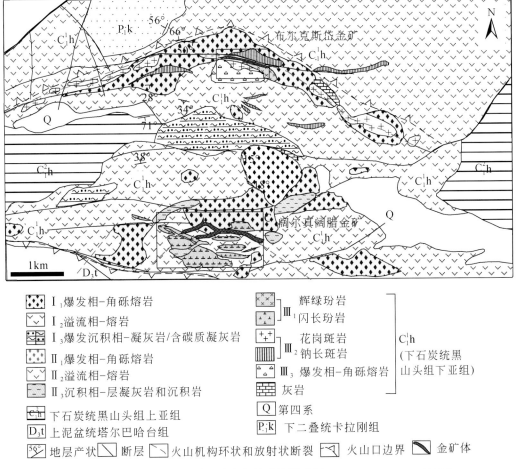

图 2.12　萨吾尔东段地区火山岩岩相构造简图（据 Shen et al.，2007，2008）

山角砾岩、火山集块岩）、火山口喷发相（凝灰岩、层凝灰岩）、近火山口溢流相（安山岩）和近火山口洼地层凝灰岩火山沉积相（沉凝灰岩）；③岩浆侵入－隐爆旋回Ⅲ，包括次火山相（辉绿玢岩、闪长玢岩、钾长闪长玢岩）、浅成侵入相（钠长斑岩）、隐爆角砾岩相（英安质隐爆角砾岩）。

我们进行了玄武岩、玄武安山岩和安山岩及英安岩的全岩主量和微量元素分析（Shen et al.，2008），结果表明，萨吾尔东段地区火山岩主要为钙碱性系列安山岩和玄武岩。在稀土元素球粒陨石标准化图解中（图2.13），不同火山岩之间的稀土配分模式相同，均富集轻稀土，Eu异常不明显（δEu=0.85～1.30）。在地幔标准化蛛网图解（图2.14）中，火山岩富集大离子亲石元素（LILE）如K、Rb、Sr、Ba和轻稀土元素如Ce，亏损高场强元素（HFSE）如Nb、Ta等，自Ce向右侧各元素的丰度降低。

我们进行了全岩Sr-Nd同位素分析（表2.3）。萨吾尔东段地区火山岩为同一时期火山作用产物，故使用该地区安山岩的锆石U-Pb年龄（339.4Ma，邓宇峰等，2015）来计算（^{87}Sr/^{86}Sr）$_i$、（^{143}Nd/^{144}Nd）$_i$和$\varepsilon_{Nd}(t)$值（表2.3）。

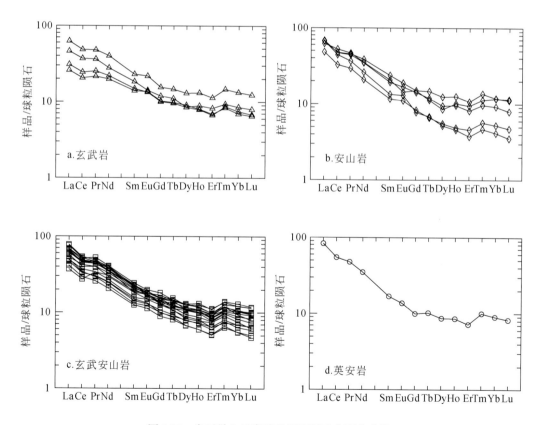

图2.13　岩石稀土元素球粒陨石标准化配分曲线

表 2.3　萨吾尔山东段中基性火山岩 Rb-Sr 和 Sm-Nd 同位素数据

样品	岩性	Rb	Sr	^{87}Rb/^{86}Sr	(^{87}Sr/^{86}Sr)$_m$	$2\sigma/10^{-6}$	(^{87}Sr/^{86}Sr)$_i$	Sm	Nd	^{147}Sm/^{144}Nd	(^{143}Nd/^{144}Nd)$_m$	$2\sigma/10^{-6}$	(^{143}Nd/^{144}Nd)$_i$	$\varepsilon_{Nd}(t)$	T_{DM}	$f_{Sm/Nd}$
ZK125-390	B	854	33.8	0.115	0.704028	12	0.703471	5.3	25.4	0.1285	0.512865	25	0.51258	7.4	511	-0.35
S20		695.5	25.62	0.106	0.704124	13	0.703611	3.636	17.11	0.1287	0.512859	9	0.512574	7.3	523	-0.35
KP231	BA	754	10.4	0.039	0.7038	10	0.703611	4.1	18.7	0.1325	0.512838	9	0.512544	6.7	586	-0.33
KP232	BA	682	10.6	0.045	0.70384	12	0.703622	3.6	16.9	0.1314	0.512848	9	0.512556	6.9	560	-0.33
KP325-1	BA	541	24.5	0.13	0.704241	10	0.703612	5.1	23.7	0.1306	0.512849	10	0.512559	7.0	553	-0.34
KP326	BA	800	19.4	0.07	0.703889	12	0.703550	4.6	23	0.123	0.512856	14	0.512583	7.5	495	-0.37
KP6	BA	854	46.5	0.156	0.704238	12	0.703483	3.1	13.9	0.1364	0.512886	9	0.512583	7.5	521	-0.31
KP9	BA	873	27	0.089	0.703937	11	0.703506	3.3	16	0.1266	0.512857	9	0.512576	7.3	514	-0.36
KE12	BA	940	18.7	0.057	0.703833	9	0.703557	3.7	19.5	0.1158	0.512845	12	0.512588	7.6	476	-0.41
ZK125-380	BA	332	0.9	0.008	0.703618	9	0.703579	5.2	24.3	0.1314	0.512882	18	0.51259	7.6	497	-0.33
ZK125-450	BA	641	19.4	0.087	0.703964	12	0.703543	5.2	24.8	0.1269	0.512865	13	0.512583	7.5	501	-0.35
KL78	BA	632.1	68.86	0.313	0.704975	11	0.703460	3.348	16.2	0.1251	0.512816	9	0.512537	6.6	575	-0.36
KLA12	A	597	48.6	0.234	0.704561	12	0.703429	4.7	22.9	0.124	0.512825	10	0.51255	6.8	553	-0.37
KP14	A	809	42.3	0.15	0.704225	10	0.703499	2.7	13.4	0.1232	0.512849	9	0.512575	7.3	508	-0.37
KP49	A	650.7	9.46	0.042	0.703653	11	0.703450	4.792	25.9	0.112	0.512815	9	0.512567	7.1	503	-0.43

注: B. 玄武岩; BA. 玄武安山岩; A. 安山岩。计算方法同表 2.1。

数据来源: Shen et al., 2007, 2008。

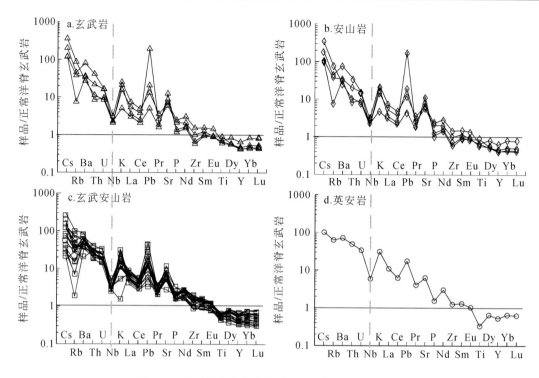

图 2.14　该地区火山岩的微量元素地幔标准化蛛网图

该地区岩石 $\varepsilon_{Nd}(t)$ 为高的正值（+6.7～+7.6），在 $\varepsilon_{Nd}(t)-(^{87}Sr/^{86}Sr)_i$ 图（图 2.15a）中，萨吾尔东段地区火山岩落在地幔列阵范围内。在 $(^{143}Nd/^{144}Nd)_i-(^{87}Sr/^{86}Sr)_i$ 图（图 2.15b）中，火山岩落在 N-MORB 与 EM Ⅰ 之间混合线附近，洋中脊玄武岩占 70%～80%、Ⅰ 型富集地幔组分占 20%～30%。火山岩具有高的 $\varepsilon_{Nd}(t)$ 正值，表明含矿岩浆源区及岩浆上升过程中均无古老陆壳物质混入，基底为年轻的洋壳。

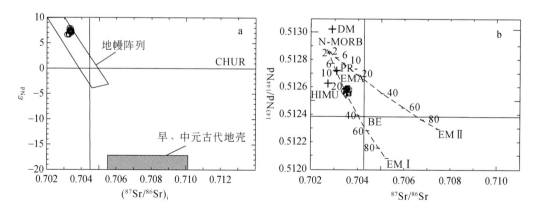

图 2.15　a. 萨吾尔东段地区火山岩 $\varepsilon_{Nd}(t)-(^{87}Sr/^{86}Sr)_i$ 图（古、中元古代地壳据 Hu et al., 2000）；b. $(^{143}Nd/^{144}Nd)_i-(^{87}Sr/^{86}Sr)_i$ 图

　　萨吾尔东段地区火山岩为钙碱性系列安山岩和玄武岩，具有富集 LILE 和亏损 HFSE 特点，反映了岛弧火山岩的特征（Pearce，1982）。具有较高的 Th/Yb 值（图 2.16a），反映了俯冲带的火山岩特点。在 Th–Hf/3–Ta 构造判别图上（图 2.16b），所有样品落在岛弧火山岩范围。

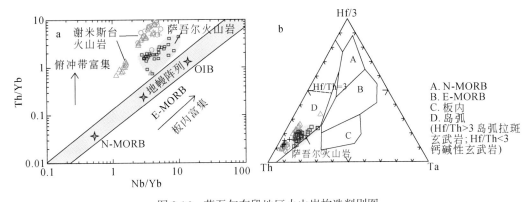

图 2.16　萨吾尔东段地区火山岩构造判别图

a. Nb/Yb–Th/Yb 图解（Pearce and Peate，1995）；b. Th–Ta–Hf/3 图解（Wood，1980）

　　根据上述岩石地球化学和同位素地球化学结果，我们认为，萨吾尔地区含矿火山岩形成环境是早石炭世岛弧环境，成矿岩浆是钙碱系列玄武质和安山质岩浆，成矿作用是与中基性火山岩有关的浅成低温热液金（铜）成矿作用，由此构成了萨吾尔成矿带早石炭世岛弧环境金（铜）成矿事件。详见第 7 章有关部分。

2.4　晚石炭世构造与金－铜－钼成矿事件

　　晚石炭世金－铜－钼成矿事件在西准噶尔广泛发育，在萨吾尔成矿带，形成斑岩型铜钼矿，如恰其海成矿亚带的那林卡拉铜钼矿点；在谢米斯台－沙尔布提成矿带，形成与花岗岩有关的铍－铀矿床，如谢米斯台亚带的白杨河铍－铀矿床；在巴尔鲁克－达拉布特成矿带，形成斑岩型铜矿和石英脉型金矿。我们重点对巴尔鲁克－达拉布特成矿带斑岩型矿床成矿构造与成矿事件进行了研究。

2.4.1　巴尔鲁克成矿亚带构造与铜成矿事件

1. 加曼铁列克德铜矿点

　　我们进行了加曼铁列克德铜矿点含矿岩体剖面测量（图 2.17），结果表明，该岩体是一个中性复式岩体，至少包括早期的闪长岩体和晚期的闪长玢岩岩脉。早期的闪长岩体又包括闪长岩、石英闪长岩、闪长玢岩和石英闪长玢岩。

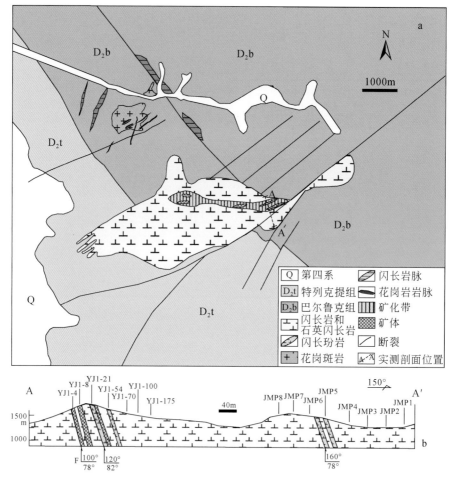

图 2.17　加曼铁列克德铜矿区地质图（a）（据新疆地矿局，1993）和剖面图
（b）（Shen et al.，2013c）

　　我们对石英闪长岩和石英闪长玢岩进行了锆石 SHRIMP U-Pb 定年。结果见图 2.18。
含矿闪长岩和石英闪长玢岩形成年龄分别为 313.2 ± 3.5Ma 和 310.3 ± 4.5Ma，为晚石炭世。
　　我们进行了含矿岩石主量和微量元素分析（Shen et al.，2013c）。加曼铁列克德铜
矿区含矿岩体为钙碱性系列中性岩，包括闪长岩、石英闪长岩、闪长玢岩和石英闪长玢岩。
在稀土元素球粒陨石标准化图解（图 2.19a，c）中，所有岩石的稀土配分模式均右倾型
分布，无 Eu 异常。相对于 E-MORB（图 2.19b，d），所有岩石的微量元素富集 LILE、
亏损 HFSE，具有明显的 Nb 负异常。本区闪长岩、石英闪长岩、闪长玢岩和石英闪长
玢岩具有相似的岩石地球化学特征，具有相同的岩浆源区，均与岛弧火山岩接近，并且，
它们均具有较高的 Mg#（0.42 ～ 0.57），表明本区闪长岩和闪长玢岩起源于地幔楔形区
的局部熔融。

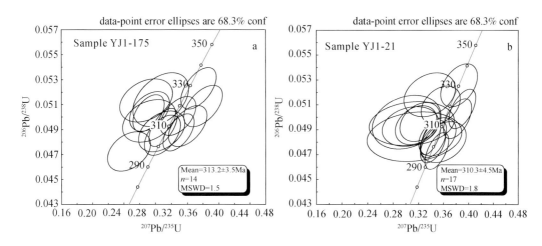

图 2.18　加曼铁列克德含矿岩体锆石 U–Pb 谐和曲线

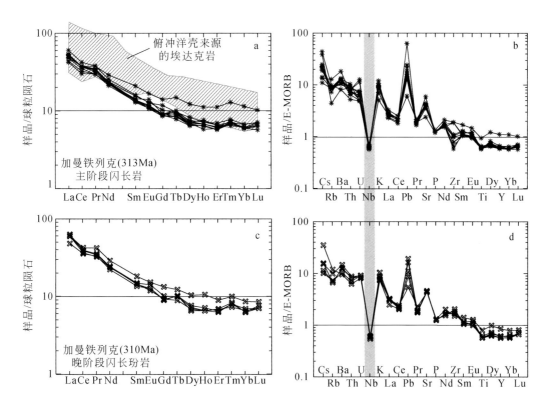

图 2.19　加曼铁列克德含矿岩体稀土配分及微量元素蛛网图

进行了含矿岩体全岩 Rb-Sr 和 Sm-Nd 以及 Pb 同位素分析，结果见表2.4。使用含矿闪长岩和石英闪长玢岩的锆石 U-Pb 年龄（313Ma 和 310Ma）来计算（$^{87}Sr/^{86}Sr$）$_i$、（$^{143}Nd/^{144}Nd$）$_i$ 和 $\varepsilon_{Nd}(t)$ 值（表2.4）。含矿闪长岩、石英闪长岩和石英闪长玢岩（$^{87}Sr/^{86}Sr$）$_i$ 变化于 0.70369 到 0.70401 之间，（$^{143}Nd/^{144}Nd$）$_i$ 值变化于 0.51247 到 0.51256 之间，$\varepsilon_{Nd}(t)$ 值从 +4.7 到 +6.5。T_{DM}（Nd）值从 547Ma 到 719Ma。在 $\varepsilon_{Nd}(t)$ – （$^{87}Sr/^{86}Sr$）$_i$ 图解中（图2.20），所有的样品落在第二象限内，接近于地幔。

表 2.4　加曼铁列克德含矿岩体岩石 Rb-Sr、Sm-Nd 和 Pb 同位素数据

样品	ZK2-260	001-191	YJ1-100	YJ1-8（1）	JMP-3-5	YJ1-54
岩性	D	D	QD	QD	QD	DP
Rb	19.7	16.1	42.2	22.3	43.9	64.3
Sr	874	646.4	679.2	714	631	679
$^{87}Rb/^{86}Sr$	0.065	0.072	0.18	0.090	0.202	0.274
$^{87}Sr/^{86}Sr$	0.70412	0.70402	0.70465	0.70441	0.70461	0.70519
$2\sigma m$	14	10	10	13	8	14
I（Sr）	0.70383	0.70369	0.70386	0.70401	0.70371	0.70396
Sm	5.77	1.92	2.44	2.83	2.74	3.32
Nd	28.31	9.75	12.16	15.11	14.4	16
$^{147}Sm/^{144}Nd$	0.1233	0.1193	0.1216	0.1133	0.1153	0.1254
$^{143}Nd/^{144}Nd$	0.512779	0.512812	0.512802	0.512773	0.512724	0.512734
$2\sigma m$	12	10	13	12	9	8
（$^{143}Nd/^{144}Nd$）$_i$	0.51252	0.51256	0.51255	0.51254	0.51248	0.51247
$\varepsilon_{Nd}(t)$	5.7	6.5	6.2	6.0	4.9	4.7
T_{DM}/Ma	626	547	577	573	661	719
$f_{Sm/Nd}$	−0.37	−0.39	−0.38	−0.42	−0.41	−0.36
（$^{206}Pb/^{204}Pb$）$_i$	17.41	17.89	18.23	18.04		
（$^{207}Pb/^{204}Pb$）$_i$	15.34	15.33	15.31	15.41		
（$^{208}Pb/^{204}Pb$）$_i$	37.74	37.31	37.72	37.65		

注：计算方法同表 2.1 所示。

数据来源：Shen et al.，2013c。

加曼铁列克德含矿岩体为钙碱系列闪长岩和闪长玢岩，具有富集 LILE 和亏损 HFSE 特点（图2.19），反映了岛弧火山岩的特征。在 Yb-Ta 构造判别图上（图2.21），所有样品落在岛弧火山岩范围。

在岩石地球化学和同位素地球化学研究基础上，我们认为含矿岩石主要来源于岩石圈地幔，没有古老地壳物质的加入，岩浆经历了结晶分异作用。含矿岩体富集轻稀土元素，亏损重稀土元素、Nb 和 Ti，含矿岩体形成与俯冲有关。

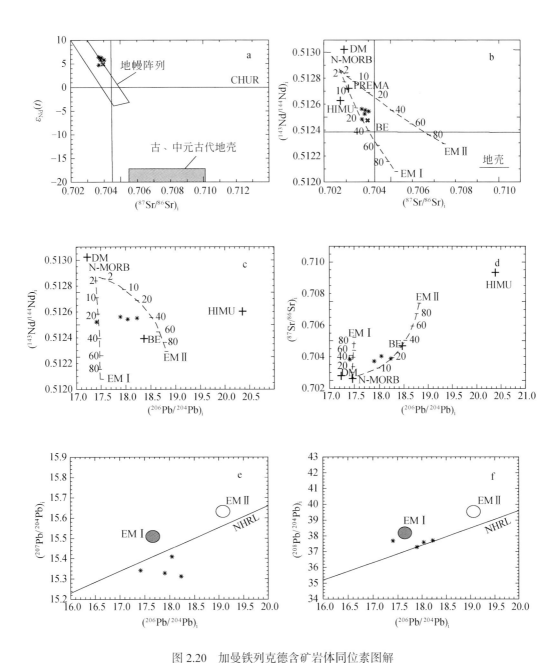

图 2.20　加曼铁列克德含矿岩体同位素图解

a. $\varepsilon_{Nd}(t)$ – $(^{87}Sr/^{86}Sr)_i$ 图解（古、中元古代地壳据 Hu et al., 2000）；b. $(^{143}Nd/^{144}Nd)_i$ – $(^{87}Sr/^{86}Sr)_i$ 图解；

c. $(^{143}Nd/^{144}Nd)_i$ – $(^{206}Pb/^{204}Pb)_i$ 图解；d. $(^{87}Sr/^{86}Sr)_i$ – $(^{206}Pb/^{204}Pb)_i$ 图解；e. $(^{207}Pb/^{204}Pb)_i$ – $(^{206}Pb/^{204}Pb)_i$ 图

解；f. $(^{208}Pb/^{204}Pb)_i$ – $(^{206}Pb/^{204}Pb)_i$ 图解

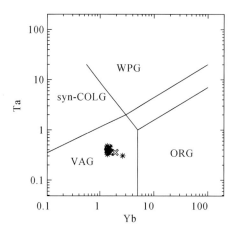

图 2.21 Yb-Ta 图解（Pearce et al.，1984）

2. 石屋铜矿点

石屋矿区出露岩体为石英闪长玢岩、英云闪长斑岩、闪长岩、石英闪长岩（图 2.22），其中石英闪长玢岩与成矿密切相关。

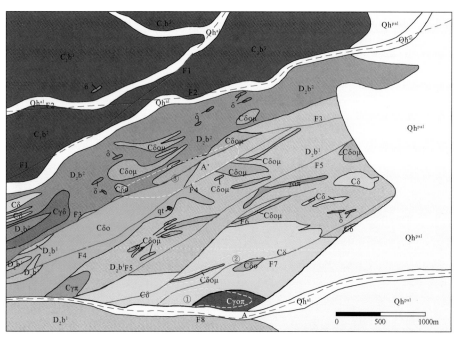

图 2.22 石屋 Cu-Au 矿矿区地质图（据黄玮等，2015 修改）

对英云闪长斑岩和石英闪长玢岩进行了锆石 SIMS U-Pb 定年，年龄分别为 310.1 ± 2.4Ma 和 310.4 ± 2.3Ma（图 2.23），为晚石炭世，与加曼铁列克德含矿岩体形成时代一致。

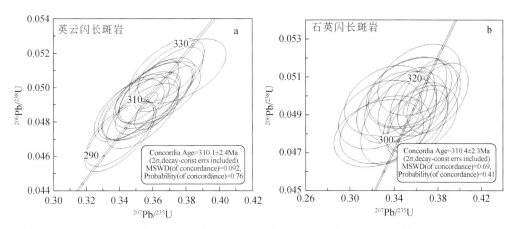

图 2.23 a. 英云闪长斑岩 SIMS 锆石 U-Pb 谐和图；b. 石英闪长斑岩 SIMS 锆石 U-Pb 谐和图

我们进行了含矿岩体主量和微量元素分析（Li et al.，2016），结果表明，岩石属于钙碱性系列，所有样品富集大离子亲石元素（LILE）和轻稀土（LREE）（如 Ba、U、La、Sr 等），而亏损 Nb、Ta 和 Ti（图 2.24）。

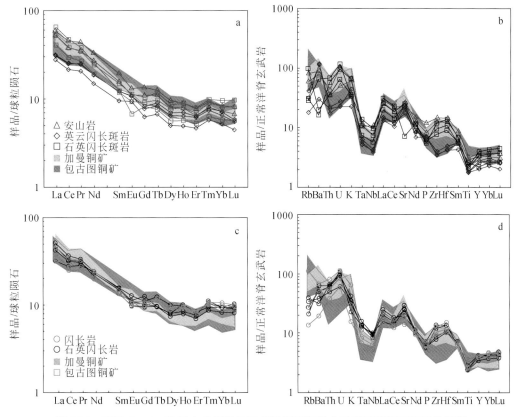

图 2.24 石屋 Cu-Au 矿区火成岩微量元素蛛网图和稀土元素球粒陨石标准化图解

在全岩主量和微量元素分析的基础上，进行了全岩 Sr-Nd 同位素分析（表 2.5）。石屋矿区侵入岩锆石 U-Pb 年龄 310Ma，我们采用 310Ma 来计算 $({}^{87}\text{Sr}/{}^{86}\text{Sr})_i$、$({}^{143}\text{Nd}/{}^{144}\text{Nd})_i$ 和 $\varepsilon_{\text{Nd}}(t)$ 值（表 2.5）。含矿岩石 $\varepsilon_{\text{Nd}}(t)$ 值为 +4.9～+5.2。T_{DM}（Nd）值为 630～830Ma。在 $\varepsilon_{\text{Nd}}(t)$ – $({}^{87}\text{Sr}/{}^{86}\text{Sr})_i$ 图解中（图 2.25），所有的样品落在第二象限内，接近于地幔。

表 2.5　石屋矿区典型岩石 Rb-Sr、Sm-Nd 同位素数据

样品编号	岩石类型	Rb	Sr	${}^{87}\text{Rb}/{}^{86}\text{Sr}$	$({}^{87}\text{Sr}/{}^{86}\text{Sr})_m$	2σ	$({}^{87}\text{Sr}/{}^{86}\text{Sr})_i$
zk2901-473	闪长岩	19.90	467.8	0.1231	0.704854	10	0.704311
zk1501-406	闪长岩	71.15	286.0	0.7201	0.706933	11	0.703756
bzk1501-221	石英闪长岩	22.86	521.3	0.1269	0.704662	11	0.704102
bzk1501-642	石英闪长岩	12.31	524.1	0.0679	0.704560	10	0.704261
bzk1501-495	石英闪长斑岩	17.63	513.6	0.0993	0.704711	10	0.704273
zk0401-451	石英闪长斑岩	63.43	151.1	1.215	0.708929	13	0.703569

样品编号	Sm	Nd	${}^{147}\text{Sm}/{}^{144}\text{Nd}$	$({}^{143}\text{Nd}/{}^{144}\text{Nd})_m$	2σ	$({}^{143}\text{Nd}/{}^{144}\text{Nd})_i$	$\varepsilon_{\text{Nd}}(t)$	T_{DM}/Ga
zk2901-473	3.16	13.66	0.1399	0.512786	9	0.512503	5.15	0.75
zk1501-406	2.91	13.33	0.1321	0.512780	9	0.512512	5.33	0.69
bzk1501-221	3.01	12.41	0.1470	0.512788	9	0.512489	4.89	0.83
bzk1501-642	2.66	12.79	0.1260	0.512745	9	0.512489	4.89	0.70
bzk1501-495	2.84	13.07	0.1315	0.512765	9	0.512498	5.06	0.71
zk0401-451	2.51	14.37	0.1058	0.512703	10	0.512488	4.87	0.63

注：计算方法同表 2.1。

数据来源：Li et al.，2016。

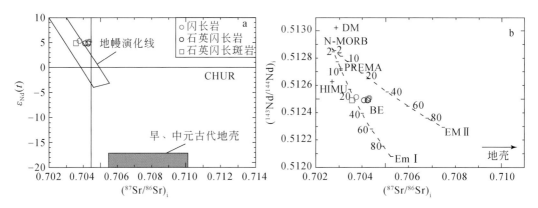

图 2.25　石屋矿区侵入岩 Sr-Nd 同位素图解

a. $({}^{87}\text{Sr}/{}^{86}\text{Sr})_i$–$\varepsilon_{\text{Nd}}(t)$ 图解；b. $({}^{87}\text{Sr}/{}^{86}\text{Sr})_i$–$({}^{143}\text{Nd}/{}^{144}\text{Nd})_i$ 图解

在 Nb/Yb-Th/Yb 图解中（图 2.26a），所有样品分布在 E-MORB 和 OIB 之间并落在了陆缘弧和岛弧的重叠区域。在 Nb+Y-Rb 图解中（图 2.26b），侵入岩样品都进入了火山弧花岗岩（VAG）范围中。

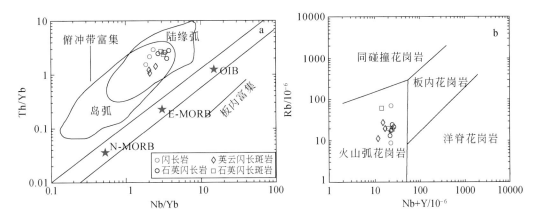

图 2.26 a. Nb/Yb–Th/Yb 图解（据 Pearce and Peate，1995）；b. Nb+Y–Rb 图解（据 Pearce et al.，1984）

上述岩石地球化学和同位素地球化学研究结果表明，石屋矿区含矿岩石主要来源于岩石圈地幔，没有古老地壳物质的加入，但可能混染了部分年轻下地壳物质。含矿岩体富集轻稀土元素，亏损重稀土元素、Nb 和 Ti，含矿岩体形成与俯冲有关。含矿岩体形成于晚石炭世，侵位于石炭纪岩浆弧内，成矿环境为晚石炭世洋内弧环境。

在加曼铁列克德斑岩型铜矿点和石屋斑岩型铜金矿点含矿岩体地球化学研究基础上，我们认为巴尔鲁克地区铜矿的含矿岩体形成于晚石炭世，侵位于泥盆纪巴尔鲁克岩浆弧内，成矿环境为晚石炭世岛弧环境，成矿岩浆是钙碱系列中性岩浆，成矿作用是与中性岩体有关的斑岩型铜成矿作用，由此构成了巴尔鲁克成矿亚带晚石炭世岛弧环境铜成矿事件。

2.4.2 达拉布特成矿亚带构造与铜金成矿事件

达拉布特成矿亚带内晚石炭世最重要的矿床类型是斑岩型铜矿床（如包古图）和石英脉型金矿床（如阔个沙也），矿床形成均与晚石炭世中性侵入岩有关。我们在包古图地区进行了 6 个含矿岩体的研究，主要为包古图 Ⅰ、Ⅱ、Ⅲ、Ⅳ、Ⅴ、Ⅷ岩体（图 2.27），其中，Ⅴ岩体与斑岩铜矿有关，其余岩体与金矿有关。

岩相学研究表明，包古图地区含矿岩体主要为中性复式岩体，发育早期的闪长岩岩株和晚期的闪长玢岩岩脉，以Ⅲ和Ⅴ岩体最为明显。早期的闪长岩岩株包括闪长岩（角闪石闪长岩、黑云母闪长岩）、似斑状闪长岩（似斑状角闪石闪长岩、似斑状黑云母闪长岩）、似斑状黑云母石英闪长岩、少量的花岗闪长岩等，晚期的闪长玢岩包括石英闪长玢岩和花岗闪长斑岩等。Ⅲ、Ⅳ、Ⅷ岩体主要为角闪石闪长岩和似斑状角闪石闪长岩，岩石成分为偏基性的中性岩；Ⅱ岩体除了闪长岩和似斑状闪长岩之外，发育较多的似斑状石英闪长岩和花岗闪长岩等，岩石成分为偏酸性的中性岩；而Ⅰ、Ⅴ岩体的岩性介于二者之间。

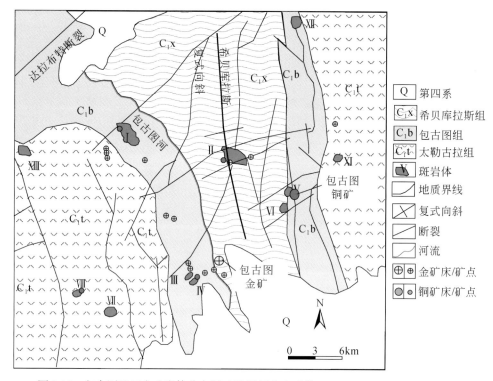

图 2.27 包古图地区含矿岩体分布图（沈远超和金成伟，1993；Shen et al.，2009）

挑选了新鲜的样品进行了主量和微量元素分析（Shen et al.，2009；申萍等，2009；Shen and Pan，2015），结果表明，含矿岩体以钙碱性中性岩为主，有少量落在花岗闪长岩范围内（图 2.28a），大多数含矿岩体属于中钾钙碱性系列（图 2.28b）。考虑到含矿岩体地球化学组成可能受到热液蚀变的影响，我们采用 Nb/Y–Zr/TiO₂ 图解进行研究，绝大多数样品落在闪长岩范围内（图 2.28c），与岩相学研究结果一致。

所有含矿岩体具有富集 LILE 和亏损 HFSE 和 Nb 特征，稀土配分具有右倾型特点（图2.29）。

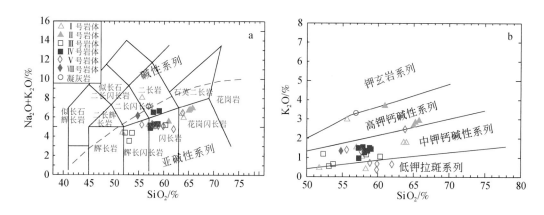

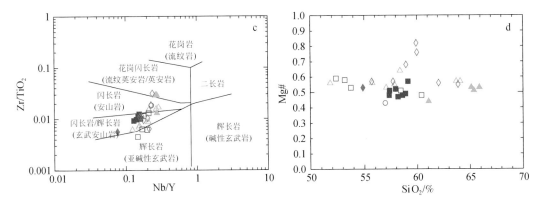

图 2.28　包古图地区含矿岩体分类图

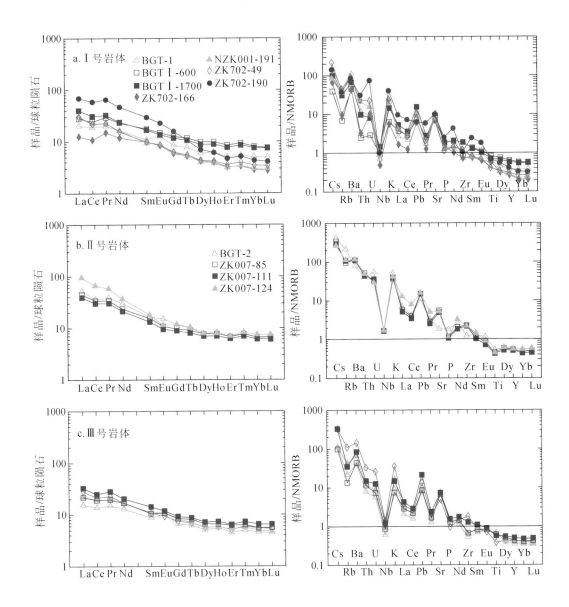

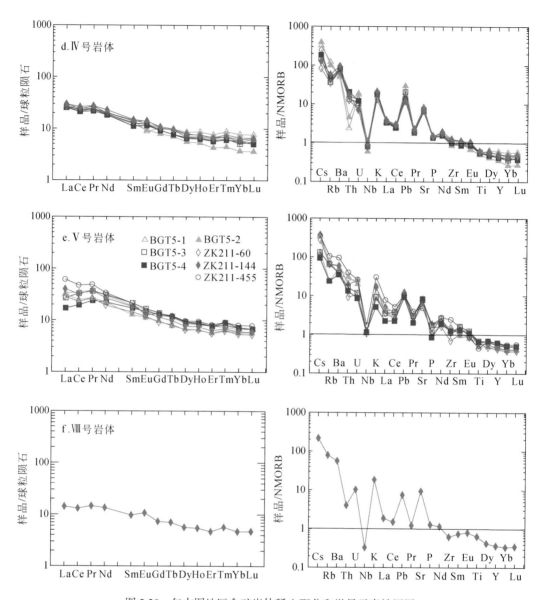

图 2.29　包古图地区含矿岩体稀土配分和微量元素蛛网图

　　我们进行了含矿岩体全岩 Rb–Sr 和 Sm–Nd 同位素分析，结果见表 2.6。包古图地区含矿岩体的 $\varepsilon_{Nd}(t)$ 值变化范围是 +5.6 ～ +8.0。在 $\varepsilon_{Nd}(t)$ – $(^{87}Sr/^{86}Sr)_i$ 图解中（图 2.30），所有样品落在第二象限内，接近于地幔。

　　由于包古图地区含矿岩体具有较高的 Mg#（图 2.28d），如 I 号岩体 Mg#=0.55 ～ 0.65，II 号岩体 Mg#=0.45 ～ 0.54，III 号岩体 Mg#=0.48 ～ 0.60，IV 号岩体 Mg#=0.48 ～ 0.58，VIII 号岩体 Mg#=0.54，V 号岩体由于受到强烈的地壳混染，Mg# 变化大（Mg#=0.33 ～ 0.83），因此，包古图地区大多数含矿岩浆源于亏损地幔，V 号岩体含矿岩浆源于亏损地幔，并受围岩的混染（潘鸿迪和申萍，2014）。

表 2.6　包古图地区含矿斑岩 Rb–Sr 和 Sm–Nd 同位素数据

样品	岩体	岩性	Rb	Sr	$^{87}Rb/^{86}Sr$	$(^{87}Sr/^{86}Sr)_m$	$2\sigma/10^{-6}$	$(^{87}Sr/^{86}Sr)_i$	Sm	Nd	$^{147}Sm/^{144}Nd$	$^{143}Nd/^{144}Nd$	$2\sigma/10^{-6}$	$(^{143}Nd/^{144}Nd)_i$	$\varepsilon_{Nd}(t)_i$	T_{DM}	$f_{Sm/Nd}$
BGT-1	I	D	25.62	938	0.079	0.704052	12	0.703701	2.35	10.08	0.1409	0.512899	13	0.512611	7.3	526	-0.28
BGT-2	II	QD	131.7	178.5	2.1361	0.713678	10	0.704193	3.85	18.87	0.1232	0.512776	11	0.512524	5.6	631	-0.37
BGT-3-1	III	D	11.82	708.3	0.0483	0.703996	11	0.703782	1.93	8.223	0.1422	0.512886	10	0.512596	7.0	564	-0.28
BGT-3-2	III	D	23.64	621.3	0.1101	0.704312	9	0.703823	2.28	10	0.1381	0.512853	12	0.512571	6.5	600	-0.30
BGT-3-3	III	D	7.21	675.8	0.0309	0.703865	14	0.703728	2.45	10.41	0.1425	0.512862	11	0.512571	6.5	617	-0.28
BGT-4-1	IV	D	23.12	701.2	0.0954	0.704095	11	0.703671	2.73	11.92	0.1388	0.512906	9	0.512622	7.5	497	-0.29
BGT-4-2	IV	D	27.64	666.6	0.1199	0.704294	14	0.703762	2.63	11.66	0.1363	0.51289	14	0.512612	7.3	513	-0.31
BGT4-1	IV	D	18.22	685.4	0.0769	0.704184	14	0.703843	2.76	11.95	0.14	0.512913	10	0.512627	7.6	491	-0.29
BGT4-2	IV	D	30.66	643.8	0.1377	0.704261	10	0.703650	3.05	13.47	0.1372	0.512902	14	0.512622	7.5	495	-0.30
BGT4-3	IV	D	27.06	667	0.1173	0.704331	10	0.703810	3.73	17.1	0.132	0.512887	13	0.512617	7.4	491	-0.33
BGT5-1	V	D	39.9	770.8	0.1497	0.704382	10	0.703717	3.68	17.32	0.1286	0.512859	9	0.512596	7.0	522	-0.35
BGT5-2	V	QD	14.73	634	0.0672	0.704051	9	0.703753	3.21	14.14	0.1372	0.512887	10	0.512607	7.2	525	-0.30
BGT5-3	V	D	34.16	750.4	0.1317	0.704456	13	0.703871	4.11	18.7	0.1327	0.512865	11	0.512594	7.0	537	-0.33
BGT5-4	V	D	13.27	770.6	0.0498	0.703922	12	0.703701	3.67	13.57	0.1636	0.512947	10	0.512613	7.4	618	-0.17
BGT8-700	VIII	D	42.42	895.5	0.137	0.70422	12	0.703612	2.07	8.12	0.1544	0.512963	10	0.512648	8.0	481	-0.22
BGT-w	Wall-rock	T	63.09	714.5	0.2554	0.705586	13	0.704452	4.42	20.1	0.1328	0.512784	14	0.512513	5.6	690	-0.32

数据来源：Shen et al., 2009；Shen and Pan, 2013, 2015，用表 2.1 方法进行了 $\varepsilon_{Nd}(t)$ 计算。

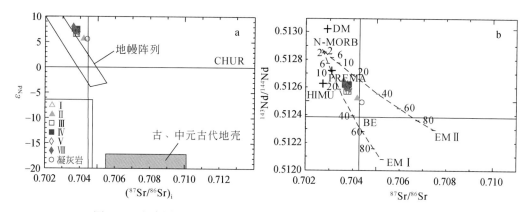

图 2.30　包古图地区含矿岩体 Sr–Nd 同位素图解（图例同图 2.29）

a.（$^{87}Sr/^{86}Sr$）$_i$–ε_{Nd}（t）图解；b.（$^{87}Sr/^{86}Sr$）$_i$–（$^{143}Nd/^{144}Nd$）$_i$图解

　　包古图地区含矿岩体主要为中钾钙碱性系列岩石。虽然，包古图地区部分含矿岩体落在埃达克岩范围内（图 2.31a），但是在图 2.31b 中，包古图地区含矿岩体主要落在岛弧范围，在花岗岩构造判别图中，包古图地区含矿岩体全部落在岛弧范围（图 2.31c，d）。

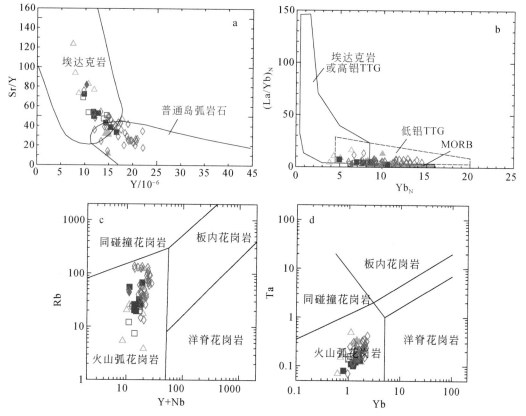

图 2.31　包古图地区含矿岩体构造判别图（图例同图 2.29）

a. Sr/Y–Y 图解（Defant and Drummond，1990）；b.（La/Yb）$_N$–Yb$_N$ 图解（Martin，1987；Martin et al.，2005）；c. Y+Nb–Rb
图解（Pearce et al.，1984）；d. Yb–Ta 图解（Pearce et al.，1984）

由此可见，包古图地区含矿岩体形成于石炭纪岛弧环境，成矿岩浆条件为中钾钙碱性系列岩浆，成矿作用为斑岩型铜矿和石英脉型金矿，构成了达拉布特成矿亚带晚石炭世岛弧环境铜金成矿事件。

2.5　早二叠世构造与金－钼成矿事件

2.5.1　巴尔鲁克成矿亚带构造与钼成矿事件

巴尔鲁克成矿亚带在二叠纪主要形成苏云河斑岩钼矿床。我们进行了苏云河斑岩钼矿床区域剖面测量（图 2.32），结果表明，苏云河含矿花岗岩体侵位于中泥盆统火山－沉积地层，地表的 3 个含矿岩体 Ⅰ，Ⅱ 和 Ⅲ 岩体岩性具有一定的差异，Ⅱ 号岩体主要是花岗斑岩，Ⅰ 与 Ⅲ 岩体主要是花岗闪长斑岩。

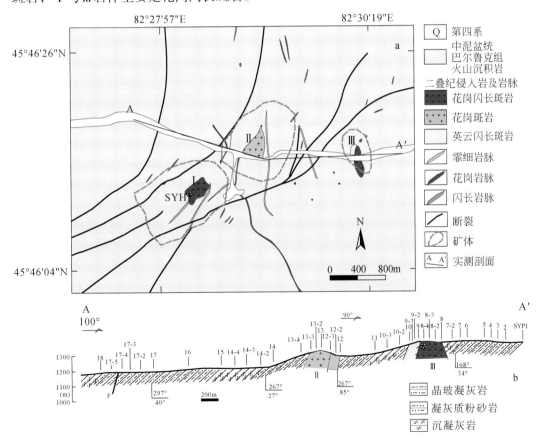

图 2.32　苏云河钼矿区地质图（a）（据郑国平等 2014 年资料修编）和剖面图（b）（据 Shen et al.，2017）

我们进行了含矿岩体锆石 SIMS U–Pb 定年，结果表明，含矿岩体侵位年龄为 298.4±1.9～293.7±2.3Ma，指示含矿岩体形成于早二叠世，与辉钼矿 Re–Os 年龄一致。详见第6章有关部分。

进行了含矿岩体主量与微量元素分析（Shen et al.，2017），所有的岩石落在花岗岩范围内（图 2.33a），属于高钾钙碱性系列岩石（图 2.33b），与 A 型花岗岩无关（图 2.33d）。深部的细粒和中粒花岗岩具有相似的地球化学特征。浅部 I，II 和 III 岩体具有不同的地球化学特征，结合岩相学的研究结果，我们认为，II 号岩体主要是花岗斑岩，I 与 III 岩体主要是花岗闪长斑岩以及少量的二长花岗斑岩和英云闪长斑岩。

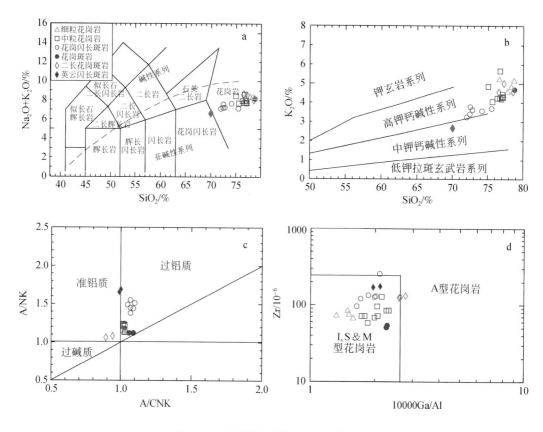

图 2.33　苏云河钼矿岩石地球化学图解

a. SiO_2–Na_2O+K_2O 图解；b. SiO_2–K_2O 图解；c. A/CNK–A/NK 图解；d. 10000Ga/Al–Zr 图解（Whalen et al.，1987）

深部的细粒和中粒花岗岩展示出轻稀土与重稀土的分异，有明显的 Eu 负异常（δEu=0.13～0.65）（图 2.34）。与原始地幔组分（Sun and McDonough，1989）相比较，所有的花岗岩样品表现出富大离子亲石元素，亏损高场强元素和 Ti（图 2.35）。浅部的花岗斑岩展示出显著的轻稀土与重稀土分异，负 Eu 异常（δEu=0.17～0.27），明显的大离子亲石元素富集，高场强元素与 Ti 的亏损。浅部的花岗闪长斑岩与英云闪长斑岩具有显著的轻稀土富集，无明显的 Eu 异常，具有大离子亲石元素富集和 Nb 与 Ti 亏损特点。

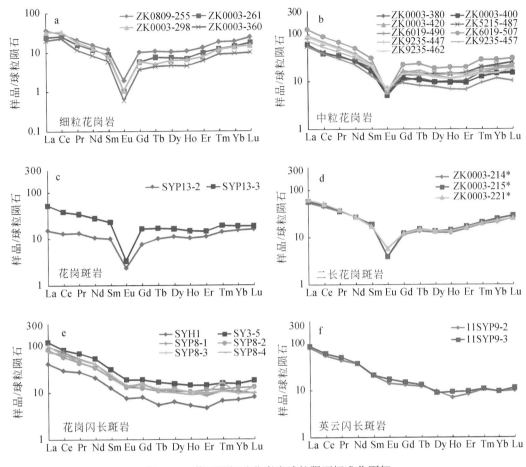

图 2.34 苏云河钼矿花岗岩球粒陨石标准化图解

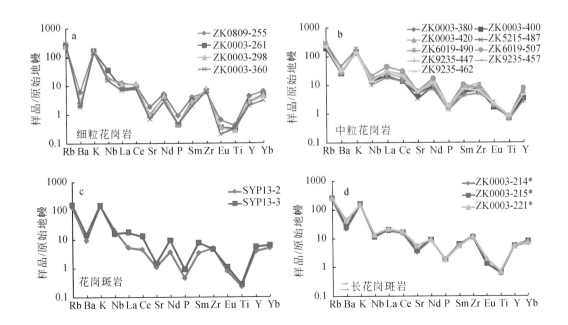

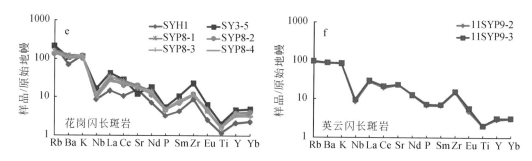

图 2.35　苏云河钼矿花岗岩原始地幔标准化微量元素蛛网图

苏云河矿区含矿岩体全岩 Rb–Sr 和 Sm–Nd 同位素分析结果见表 2.7。花岗岩 $\varepsilon_{\mathrm{Nd}}(t)$ 值变化范围分别是 +4.4 ～ +6.0。二长花岗斑岩、花岗闪长斑岩和英云闪长斑岩 $\varepsilon_{\mathrm{Nd}}(t)$ 值（+3.8 ～ +6.2）。在 $\varepsilon_{\mathrm{Nd}}(t)$ – $(^{87}\mathrm{Sr}/^{86}\mathrm{Sr})_i$ 图解中（图 2.36），所有的样品落在第二象限内，接近于地幔。

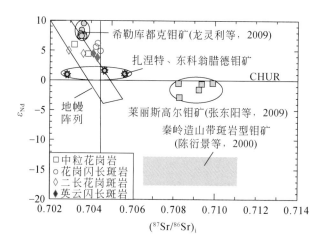

图 2.36　苏云河斑岩钼矿含矿岩石 $\varepsilon_{\mathrm{Nd}}(t)$ – $(^{87}\mathrm{Sr}/^{86}\mathrm{Sr})_i$ 图解（Shen et al.，2017）（图例同图 2.33）

苏云河花岗岩大多数有相对较低的 Zr + Nb + Y + Ce（$< 350 \times 10^{-6}$）以及 10000 Ga/Al（<2.7）值，为 I 型花岗岩。显著亏损的 Eu，Ba，Sr，Nb，P，Ti 显示苏云河花岗岩的母岩浆经历了高度的分异结晶过程。苏云河花岗岩具有高的 $\varepsilon_{\mathrm{Nd}}(t)$ 值和较低的 Mg#，表明苏云河 I 型花岗岩是新生下地壳部分熔融并且经历了高度的分异结晶作用的产物。花岗斑岩和二长花岗斑岩与花岗岩的成分和同位素特点相似，指示它们具有相同的岩浆来源与演化过程，也是新生下地壳部分熔融并且经历了高度的分异结晶作用的产物。花岗闪长斑岩具有正的 $\varepsilon_{\mathrm{Nd}}(t)$ 值（+4.9 ～ +6.2），Mg# 为 0.30 ～ 0.39，没有明显的 Eu 异常，这些地球化学与同位素数据表明了花岗闪长斑岩源于相对较深的初生下地壳。英云闪长斑岩具有正的 $\varepsilon_{\mathrm{Nd}}(t)$ 值（+3.8 ～ +4.5），然而，Mg# 为 0.41 ～ 0.48，表明不含矿的英云闪长斑岩母岩浆具有壳幔混合来源的特点。

表 2.7 苏云河斑岩钼矿床侵入岩 Rb–Sr 和 Sm–Nd 同位素值*

样号	岩性	Rb	Sr	$^{87}Rb/^{86}Sr$	$(^{87}Sr/^{86}Sr)_m$	$2\sigma/10^{-6}$	$(^{87}Sr/^{86}Sr)_i$	Sm	Nd	$^{147}Sm/^{144}Nd$	$(^{143}Nd/^{144}Nd)_m$	$2\sigma/10^{-6}$	$(^{143}Nd/^{144}Nd)_i$	$\varepsilon_{Nd}(t)_i$	T_{DM}	$f_{Sm/Nd}$
ZK5219-429	MG	154	112.1	3.977	0.720491	16	0.7038	2.873	12.82	0.1356	0.512748	15	0.512487	4.4	785	-0.31
ZK9235-447	MG	160	119	3.9	0.719825	10	0.70318	2.955	13.5	0.1325	0.512819	10	0.512559	6.0	622	-0.33
ZK0003-215	MGP	152	73	6.0241	0.728811	11	0.7036	2.66	12	0.1345	0.512749	8	0.512490	4.5	772	-0.32
ZK0003-221	MGP	171	123	4.0321	0.719778	13	0.70291	2.48	11.7	0.128	0.512763	6	0.512517	5.0	689	-0.35
SYP9-2	TP	62	510	0.3524	0.705768	16	0.70429	2.86	15.6	0.1111	0.512667	7	0.512453	3.8	718	-0.44
SYP9-3	TP	62	514	0.3498	0.705565	13	0.70410	3	16.3	0.1111	0.512702	6	0.512488	4.5	666	-0.44
S-12**	GDP			0.9784	0.708309	9	0.70421			0.13797	0.512813	6	0.512547	5.6	679	-0.30
S-19**	GDP			1.1423	0.70922	6	0.70444			0.12017	0.512743	4	0.512512	4.9	664	-0.39
S-21**	GDP			1.2049	0.709347	7	0.70430			0.11487	0.512797	6	0.512576	6.2	545	-0.42

* 计算方法同表 2.1, 数据来源 Shen et al., 2017; ** 来源于杨猛等, 2015。

注: MG. 中粒花岗岩; GDP. 花岗闪长斑岩; MGP. 二长花岗斑岩; TP. 英云闪长斑岩。

苏云河钼矿床早二叠世含矿侵入体主要是高分异的 I 型花岗岩，这种高分异的 I 型花岗岩通常产于碰撞造山带（Wu et al., 2003, 2005；Han et al., 2011；Gao et al., 2011）。在 Ta–Yb 判别图解（图 2.37）中，苏云河花岗岩投在了同碰撞花岗岩，火山弧花岗岩与板内花岗岩交叉部位，表明是碰撞相关的花岗岩。这与北巴尔喀什成矿带上早二叠世与 Mo 相关的花岗岩产生于碰撞的构造背景下是一致的（Sinclair, 1995）。普遍认为，哈萨克斯坦、伊犁以及准噶尔地块最后的碰撞时间发生在晚石炭–早二叠世（Han et al., 2011；Gao et al., 2011）。此外，巴尔鲁克地区广泛发育二叠纪白岗岩（新疆地矿局，1993）。因此，苏云河早二叠世含矿侵入体可能产于碰撞的构造背景。

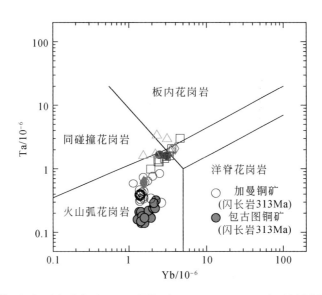

图 2.37　苏云河钼矿含矿岩石 Yb–Ta 图解（Pearce et al., 1984）（图例同图 2.33）

由此可见，巴尔鲁克地区含矿岩体形成于早二叠世碰撞环境，成矿岩浆条件为高钾钙碱性系列岩浆，成矿作用为斑岩型钼矿，构成了巴尔鲁克成矿亚带早二叠世碰撞环境钼成矿事件。

2.5.2　达拉布特成矿亚带构造与金钼成矿事件

达拉布特成矿亚带晚石炭世–早二叠世主要形成金矿床和钼矿床，如哈图、齐求Ⅱ、宝贝等金矿以及宏远钼矿。我们对宝贝金矿和宏远钼矿含矿岩体进行了岩石学和地球化学研究，结果表明，含矿岩石均为高钾钙碱性 I 型花岗岩（图 2.38）。

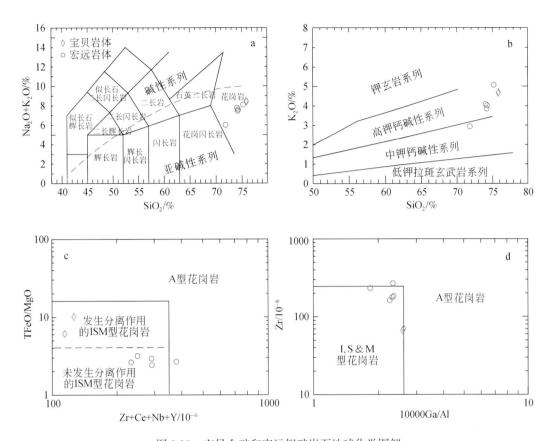

图 2.38　宝贝金矿和宏远钼矿岩石地球化学图解

a. SiO_2-Na_2O+K_2O 图解；b. SiO_2-K_2O 图解；c. Zr+Ce+Nb+Y-TFeO/MgO 图解；d. 10000Ga/Al-Zr 图解

　　宝贝岩体的花岗岩展示出不明显的轻重稀土分异，有明显的 Eu 负异常（图 2.39a）。宏远岩体的花岗岩展示出轻稀土与重稀土的分异，有明显的 Eu 负异常（图 2.39c）。与原始地幔组分（Sun and McDonough，1989）相比较，所有的花岗岩样品表现出富大离子亲石元素，亏损高场强元素和 Ti（图 2.39b，d）。

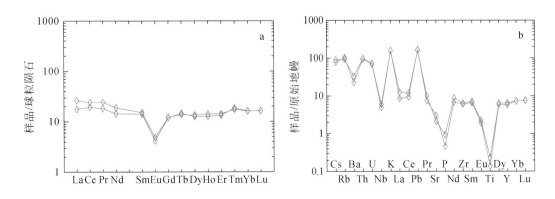

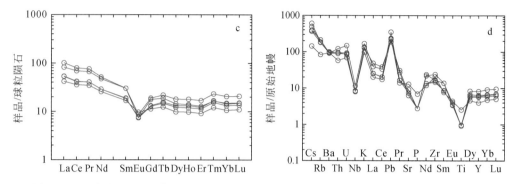

图 2.39　宝贝（a，b）和宏远（c，d）花岗岩稀土配分和原始地幔标准化微量元素蛛网图

　　宝贝和宏远花岗岩大多数有相对较低的 Zr + Nb + Y + Ce（$< 350 \times 10^{-6}$）以及 10000 Ga/Al（< 2.7）值，为 I 型花岗岩（图 2.38）。显著亏损的 Eu，Ba，Sr，Nb，P，Ti 显示宝贝和宏远花岗岩的母岩浆经历了高度的分异结晶过程。宝贝和宏远花岗岩具有较低的 Mg#，表明宝贝和宏远 I 型花岗岩是新生下地壳部分熔融并且经历了高度的分异结晶作用的产物。这种高分异的 I 型花岗岩通常产于碰撞造山带。在 Ta-Yb 判别图解（图 2.40）中，宝贝和宏远花岗岩投在了同碰撞花岗岩、火山弧花岗岩与板内花岗岩交叉部位，表明是碰撞相关的花岗岩。

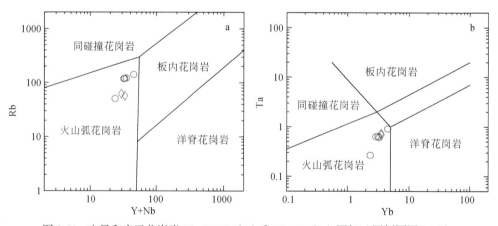

图 2.40　宝贝和宏远花岗岩 Rb-Y+Nb（a）和 Yb-Ta（b）图解（图例同图 2.38）

　　由此可见，达拉布特地区含矿岩体形成于晚石炭世 - 早二叠世碰撞环境，成矿岩浆条件为高钾钙碱性系列岩浆，成矿作用为造山带型金矿、石英脉型金矿和斑岩型钼矿，构成了达拉布特成矿亚带晚石炭世 - 早二叠世碰撞环境金钼成矿事件。

2.6　构造演化及成矿

　　西准噶尔地区发育多种矿床类型，每个矿床类型的形成都与一定的构造岩浆活动有关（申萍等，2008a；Shen et al., 2015a），具体如下（图 2.41）；

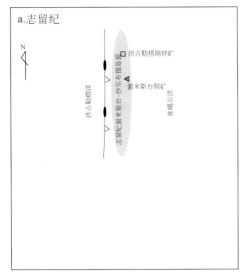

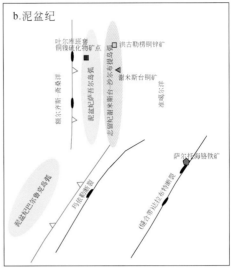

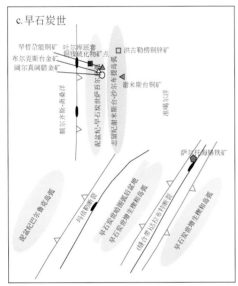

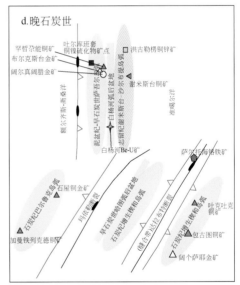

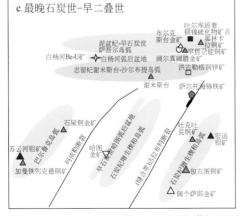

图 2.41　西准噶尔地区构造和成矿演化示意图

在志留纪，西准噶尔北部地区洪古勒楞洋向东俯冲，形成沙尔布提和谢米斯台弧火山岩，伴随着沙尔布提钙碱性中基性火山岩喷发，形成与中基性火山岩有关的铜-锌矿床（如洪古勒楞），伴随着谢米斯台钙碱性中酸性火山岩喷发和岩浆侵入，形成与次火山岩有关的铜矿床（如谢米斯台铜矿和布拉特铜矿；图2.41a）。

在泥盆纪，西准噶尔北部地区的额尔齐斯-斋桑洋壳向东俯冲，在谢米斯台-沙尔布提弧北缘形成了萨吾尔岩浆弧，伴随着萨吾尔泥盆纪基性-超基性岩浆侵入，形成岩浆熔离型铜镍硫化物矿床（如吐尔库班套；图2.41b）。与此同时，在西准噶尔南部地区，发育泥盆纪弧后盆地，伴随着达拉布特蛇绿岩带的侵位，形成了与蛇绿岩有关的萨尔托海铬铁矿（图2.41b）。

在早石炭世，额尔齐斯-斋桑洋壳继续向东俯冲，在谢米斯台-沙尔布提弧北缘形成了岩浆弧，伴随着萨吾尔早石炭世火山喷发和岩浆侵入，形成与火山岩有关的浅成低温热液型金矿（如阔尔真阔腊）、蚀变岩型金矿（如布尔克斯岱）和斑岩型铜矿（如罕哲孜能铜矿；图2.41c）。

在晚石炭世，额尔齐斯-斋桑洋壳继续向东俯冲，叠加在谢米斯台早古生代岩浆弧之上的弧后盆地，发育花岗岩，在岩体与围岩接触带处发育铍-铀矿化，形成白杨河铍-铀矿（图2.41d）。与此同时，在西准噶尔南部地区，准噶尔洋沿达拉布特断裂发生双向俯冲，形成达拉布特断裂两侧的岛弧（图2.41d），准噶尔洋沿玛依勒断裂俯冲，形成巴尔鲁克弧（图2.41d）。这一地球动力学过程形成了与俯冲有关的闪长岩和相关的铜、金矿床，典型代表是达拉布特地区的包古图斑岩铜矿、吐克吐克斑岩铜矿和阔个沙也金矿，巴尔鲁克山的加曼铁列克德斑岩铜矿和石屋斑岩铜金矿。

在最晚的晚石炭世-早二叠世，区域南北向挤压作用致使西准噶尔北部地区岩浆弧发生了旋转，形成近东西向岩浆弧（图2.41e）；在西准噶尔南部地区发生了碰撞，这一过程形成了花岗质岩石和韧性剪切构造，而与之相关的成矿作用为钼-金-铜矿，典型代表为巴尔鲁克地区的苏云河斑岩型钼矿和达拉布特地区的宏远斑岩型钼矿和哈图造山带型金矿等（图2.41e）。

第3章　西准噶尔与哈萨克斯坦成矿带的对接

与新疆西准噶尔毗邻的地区是哈萨克斯坦环巴尔喀什地区，该地区发育三个成矿带，自北向南依次为扎尔玛 – 萨吾尔、波谢库尔 – 成吉斯和北巴尔喀什等成矿带（图 3.1）。哈萨克斯坦包含大型 – 超大型金属矿床的成矿带向东是否延入新疆西准噶尔，能否实现新疆西准噶尔找矿突破，都是备受关注的重大地质找矿问题（申萍和沈远超，2010；申萍等，2015a，b）。

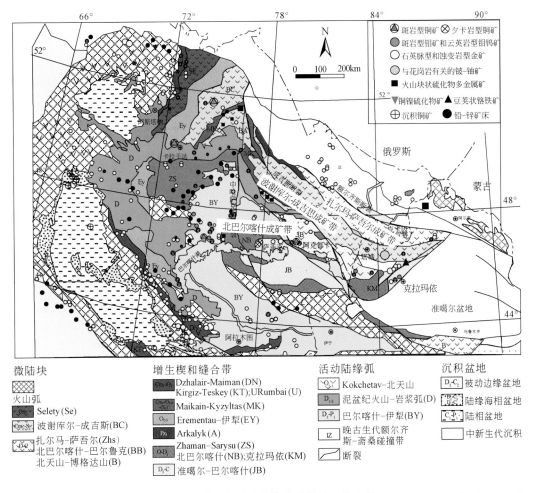

图 3.1　环巴尔喀什 – 西准噶尔地区地质矿产图及跨境成矿带的对接（据 Windley et al., 2007; Xiao et al., 2008；申萍等，2015b 资料修编）

3.1 哈萨克斯坦主要成矿带

3.1.1 成矿带构造背景

前一章我们讨论了新疆西准噶尔三个成矿带的构造背景及演化，本章讨论毗邻的哈萨克斯坦三个成矿带的构造背景及主要矿床类型，在此基础上，探讨境内外成矿带对接问题。

1. 扎尔玛－萨吾尔成矿带

哈萨克斯坦晚古生代扎尔玛－萨吾尔成矿带呈北西向展布，北部以额尔齐斯缝合带与阿尔泰成矿省相邻，南部以塔尔巴哈台蛇绿岩带（Yakubchuk and Degtyarev, 1991）为界与波谢库尔－成吉斯成矿带相邻（图 3.1）。

扎尔玛－萨吾尔成矿带主体由泥盆纪中基性火山岩－火山碎屑岩组成，其上是石炭系火山－沉积岩系，由安山质火山岩－火山碎屑岩和凝灰岩互层组成，二叠系为陆相沉积建造，含煤和油页岩层（Zhukov et al., 1997）。该成矿带主要发育斑岩型铜矿（如克孜尔卡茵、肯赛）、铜镍硫化物矿床（如南马克苏特）和伟晶岩型铌－锆－稀土矿床（如上埃斯佩等）（Zhukov et al., 1997；朱永峰等，2014），以斑岩型铜金矿和铜镍硫化物矿床为代表。

岩浆熔离型铜镍硫化物矿床形成于泥盆纪岛弧构造环境，矿床赋存于泥盆纪辉长岩类岩体底部，矿化与泥盆纪辉长岩类岩体有关（Zhukov et al., 1997）。斑岩型铜矿床形成于早石炭世岛弧构造环境，矿床赋存于古火山机构，矿化与早石炭世中基性次火山玢岩有关（Zhukov et al., 1997）。因此，哈萨克斯坦扎尔玛－萨吾尔成矿带成矿构造背景为晚古生代岛弧环境。

2. 波谢库尔－成吉斯成矿带

哈萨克斯坦早古生代波谢库尔－成吉斯成矿带位于扎尔玛－萨吾尔成矿带南部，西起波谢库尔山，经成吉斯山和塔尔巴哈台山，东到中哈边界，呈北西向延伸约 700km（图 3.1）。

波谢库尔－成吉斯成矿带发育寒武纪玄武岩－安山岩及火山碎屑岩、奥陶纪玄武岩－安山岩－英安岩及火山碎屑岩和奥陶纪－志留纪的磨拉石建造（Zhukov et al., 1997；Yakubchuk et al., 2012）。在西部的波谢库尔山发育超大型斑岩型铜金矿床（如波谢库尔等）和小型 VMS 型矿床（Yakubchuk, 2005），在波谢库尔山东部的 Baidaulet-Akbastau 地区发育大型 Maikain 和较小的 Kosmurun、Mizek、Akbastau 和 Abyz 等 VMS 型矿床（图 3.1）。

1）波谢库尔矿区

我们对波谢库尔矿区进行了区域地质剖面测量（图 3.2），矿区出露地层包括 Bozshakol 组和 Erkebidaik 组。Bozshakol 组为一套玄武岩、安山岩和角砾安山岩，具有玄武质和安山质凝灰岩、凝灰质粉砂岩以及少量的英安岩夹层。Erkebidaik 组主要为砂岩，具有杂砂岩和砾岩夹层。Bozshakol 地区火山岩主要为玄武岩、安山岩和少量的英安岩，侵入岩主要为英云闪长斑岩，矿化赋存于英云闪长斑岩和围岩中。

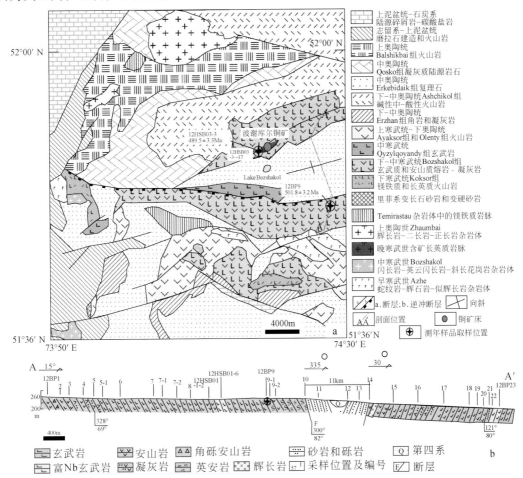

图 3.2　波谢库尔地区地质图（a）（据 Kudryavtsev，1996；Degtyarev and Ryazantsev，2007 修改）
和剖面图（b）（Shen et al.，2015b）

我们选择了波谢库尔含矿火山岩（12BP9，英安岩）和含矿岩体（12HSB03-3，英云闪长斑岩）进行了 SIMS 锆石 U–Pb 年龄测定。结果见图 3.3 所示。英安岩 $^{206}Pb/^{238}U$ 加权年龄为 501.8 ± 3.2Ma（图 3.3b），这个年龄为波谢库尔地区英安岩喷发的年龄。英云闪长斑岩 $^{206}Pb/^{238}U$ 加权年龄为 489.5 ± 3.3Ma（图 3.3d），这个年龄为波谢库尔地区英云闪长斑岩结晶的年龄。

前人对波谢库尔矿区成岩成矿时代存在争议，比如，Khromykh（1986）报道了辉钼矿 Re–Os 年龄为 568 ± 60Ma；Kudryavtsev（1996）认为含矿岩体被晚寒武世 – 早奥陶世沉积岩所覆盖，发表了全岩 Rb–Sr 年龄为 481 ± 23Ma，这一年龄被广泛引用。本次研究获得的英安岩 SIMS 锆石 U–Pb 年龄为 501.8 ± 3.2Ma，含矿英云闪长斑岩年龄为 489.5 ± 3.3Ma，表明波谢库尔矿区容矿岩石为晚寒武世，因此，波谢库尔矿床应形成于晚寒武世。

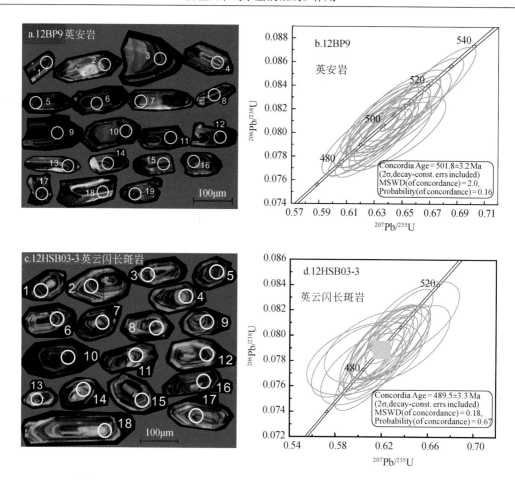

图 3.3　波谢库尔英安岩和英云闪长斑岩锆石 CL 图像（a、c）和锆石 U–Pb 谐和图（b、d）

我们进行了玄武岩、安山岩和英安岩以及英云闪长斑岩的主量和微量元素分析（Shen et al., 2015b），结果见图 3.4。火山岩主要为玄武岩、安山岩和少量的英安岩，包括两种类型：类型 I 为拉斑 – 钙碱性系列玄武岩和钙碱性系列安山岩和英安岩，这些岩石富集轻稀土元素，具有明显的负 Nb 异常；类型 II 为富铌玄武岩（NEBs，$Nb=6 \times 10^{-6} \sim 7 \times 10^{-6}$），与大多数弧玄武岩不同，这些岩石是富钠的（$Na_2O/K_2O=3 \sim 10$），具有较高的 Nb、Zr 和 TiO_2 含量和较高的 Nb/U 值，没有明显的负 Nb 异常。侵入岩主要为英云闪长斑岩，包括细粒和中粒英云闪长斑岩，这些岩石属于中钾钙碱性系列，强烈富集轻稀土元素，具有明显的负 Nb 异常（Shen et al., 2015）。

我们进行了火山岩和侵入岩全岩 Rb–Sr 和 Sm–Nd 同位素分析，结果见图 3.5 所示。类型 I 为拉斑 – 钙碱性系列玄武岩和钙碱性系列安山岩和英安岩，这些岩石（$^{87}Sr/^{86}Sr$）$_i$ 变化于 0.7026 ～ 0.7048 之间，$\varepsilon_{Nd}(t)$ 值从 +5.4 到 +6.7，T_{DM}（Nd）值从 722Ma 到 1029Ma。类型 II 为富铌玄武岩，岩石（$^{87}Sr/^{86}Sr$）$_i$ 为 0.7040，$\varepsilon_{Nd}(t)$ 值为 +5.6，T_{DM}（Nd）值为 940Ma。所有的样品落在第二象限内，接近于地幔。

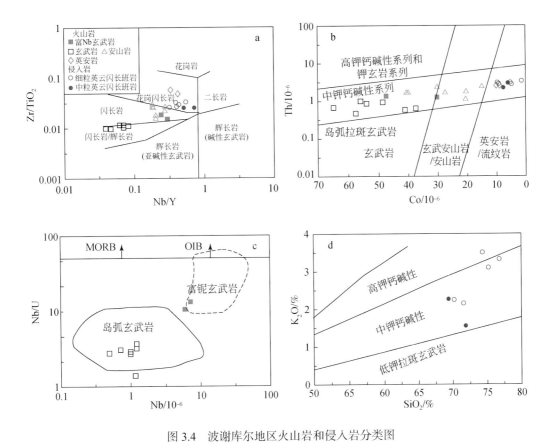

图 3.4　波谢库尔地区火山岩和侵入岩分类图

a. Nb/Y–Zr/TiO$_2$ 图解（据 Winchester and Floyd，1977）；b. Co–Th 图解（Hastie et al.，2007）；c. Nb–Nb/U 图解

（Kepezhinskas et al.，1996）；d. SiO$_2$–K$_2$O 图解

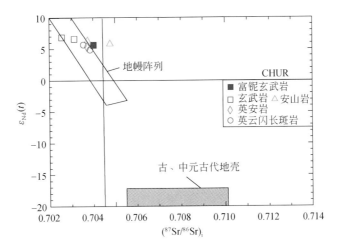

图 3.5　波谢库尔地区火山岩和侵入岩 $\varepsilon_{Nd}(t)$ – ($^{87}Sr/^{86}Sr$)$_i$ 图解

在岩石地球化学和同位素地球化学研究基础上，我们认为含矿火山岩和含矿侵入岩均源于地幔楔形区，并有俯冲洋壳的局部熔融，但是，没有古老地壳物质的加入。类型Ⅰ为拉斑－钙碱性系列玄武岩和钙碱性系列安山岩和英安岩，这些岩石来源于地幔楔形区，形成于岛弧环境。类型Ⅱ为富铌玄武岩，源于受到板片熔体改造的地幔楔形区，形成于洋脊俯冲环境（Shen et al., 2015）。

2）迈卡因矿区

我们对 Maikain 大型 VMS 型矿床开展了区域剖面测量（图 3.6）。矿区出露的岩石主要有火山岩和次火山岩，火山岩包括玄武岩、安山岩、安山质集块角砾熔岩、玄武质晶屑凝灰熔岩和安山质晶屑凝灰岩等。次火山岩为辉长－辉绿岩和辉绿岩等（潘鸿迪等，2015）。

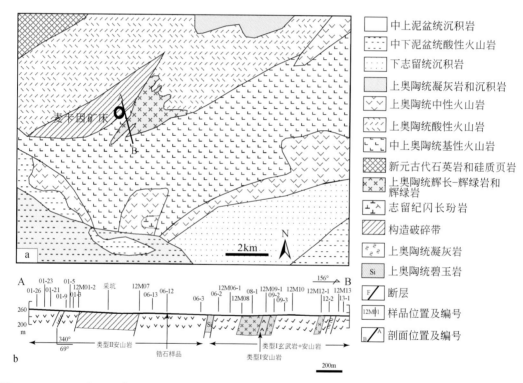

图 3.6　Maikain 地区地质图（a）（据 Borukaev，1962 年资料修编）和剖面图（b）（潘鸿迪等，2015）

矿床地质研究表明，Maikain 矿区的金矿化与安山岩有关。我们选择了安山岩（12M06-12）进行了锆石 SIMS U-Pb 定年，结果见图 3.7。谐和年龄为 459.1 ± 4.8Ma，$^{206}Pb/^{238}U$ 数据的加权平均年龄为 458.5 ± 4.8Ma，两者十分接近。因此，459Ma 应代表 Maikain 矿区含矿火山岩的喷发年龄，为晚奥陶世。

我们对 Maikain 矿区的含矿火山岩和次火山岩进行了主量和微量元素分析，结果见图 3.6。在岩相学研究基础上，结合岩石地球化学特点，进一步将本区火山岩分成类型Ⅰ和Ⅱ，

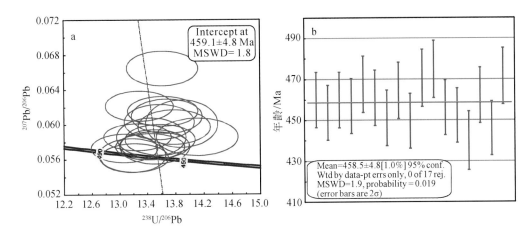

图 3.7　Maikain 金多金属矿床安山岩 SIMS 锆石 U-Pb 谐和图（潘鸿迪等，2015）

分别对应于地层层序下部和上部的岩石。在 Nb/Y-Zr/TiO₂ 图中（图 3.8a），类型 Ⅰ 火山岩成分点落在玄武岩/安山岩区，属于亚碱性系列，类型 Ⅱ 火山岩成分点主要落在粗面安山岩区，属于碱性系列；次火山岩落在玄武岩/安山岩区，属于亚碱性系列。在 Co-Th 图中（图 3.8b），类型 Ⅰ 火山岩成分点主要落在中钾钙碱性区，少量落在岛弧拉斑系列区；类型 Ⅱ 成分点主要落在高钾钙碱性区，少量落在中钾钙碱性区；次火山岩落在岛弧拉斑系列区。

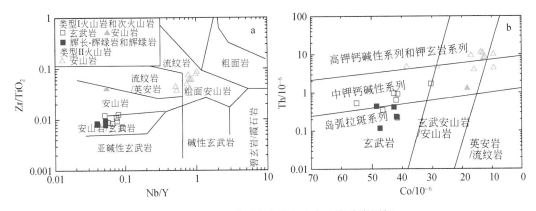

图 3.8　Maikain 矿区火山岩和次火山岩分类图解

a. Nb/Y-Zr/TiO₂ 图解；b. Co-Th 图解

对上述类型含矿的类型 Ⅱ 安山岩样品进行了锆石 Lu-Hf 同位素测试，$\varepsilon_{Hf}(t)$ =+4.28 ～ +14.84，$^{176}Hf/^{177}Hf$ = 0.282631 ～ 0.282928；二阶段锆石 Hf 模式年龄 T_{DM2}=470 ～ 1145Ma（图 3.9）。因此，含矿火山岩源于地幔（潘鸿迪等，2015）。

在 Th-Ta-Hf/3 判别图（图 3.10a）和 La/10-Nb/8-Y/15 判别图（图 3.10b）中，Maikain 矿区火山岩投影在岛弧拉斑系列和岛弧钙碱性系列过渡区域。

因此，Maikain 矿区金多金属矿化主要与钙碱性安山岩活动有关，含矿岩浆源于地幔，形成于岛弧环境，岩浆演化晚期出现粗面安山岩，表明岛弧逐渐向成熟阶段过渡。

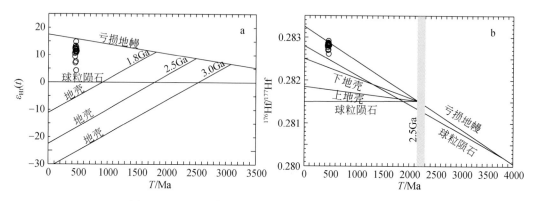

图 3.9　Maikain 矿区含矿火山岩的锆石 Hf 同位素图解

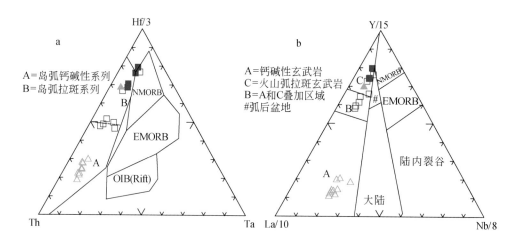

图 3.10　麦卡因矿区火山岩和次火山岩的 Th–Ta–Hf/3 图解（a）（Wood，1980）和 Y/15–La/10–Nb/8
图解（b）（Cabanis and Lecolle，1989）。图中符号同图 3.8 所示

3. 北巴尔喀什成矿带

哈萨克斯坦晚古生代北巴尔喀什成矿带位于巴尔喀什湖北岸，呈东西向展布（图
3.1）。巴尔喀什湖北岸丘陵地区出露少量的寒武纪－奥陶纪硅质岩、陆缘碎屑岩、碳酸
盐岩和志留纪－泥盆纪陆缘碎屑岩，广泛发育石炭纪英安岩－流纹岩和凝灰岩以及二叠
纪玄武岩－流纹岩和凝灰岩等（Kudryavtsev，1996；Zhukov et al.，1997）。晚古生代
花岗岩类广泛发育，其中赋存有众多铜、钼、钨矿床，构成了著名的石炭纪－早二叠世
北巴尔喀什成矿带（Kudryavtsev，1996；Zhukov et al.，1997；Shen et al.，2013a；Chen
et al.，2014；朱永峰等，2014）。北巴尔喀什成矿带大部分矿床位于北巴尔喀什成矿带
的西段，如科翁腊德、博尔雷斑岩型铜矿床和扎涅特、东科翁腊德斑岩型钼矿床、阿克

沙套石英脉 – 云英岩型钨钼矿床，少量矿床位于北巴尔喀什成矿带的东段（如阿克都卡等斑岩型铜矿床，图 3.1）。

我们对北巴尔喀什成矿带西段的科翁腊德、博尔雷斑岩铜矿床和扎涅特、东科翁腊德斑岩钼矿床以及东段的阿克都卡等斑岩铜矿床进行了含矿岩体岩石学和地球化学研究（Shen et al.，2013a；申萍等，2015a，b）。结果表明，在北巴尔喀什成矿带的西段，斑岩铜矿床与中钾 – 高钾钙碱性中酸性岩浆有关，斑岩钼矿床形成与高钾钙碱性花岗岩有关（图 3.11）。

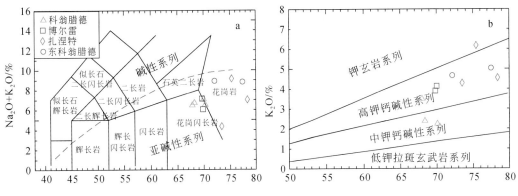

图 3.11　北巴尔喀什成矿带西段含矿岩体岩石分类图解

在稀土元素球粒陨石标准化图解中，斑岩铜矿含矿岩体岩石的稀土配分模式均右倾型分布，无明显的 Eu 异常（图 3.12a）。相对于 E-MORB（图 3.12b），斑岩铜矿含矿岩体岩石的微量元素富集 LILE、亏损 HFSE，具有明显的 Nb 负异常。斑岩钼矿含矿岩体岩石的稀土配分模式呈右倾型分布，具有明显的 Eu 异常（图 3.12c）；含矿岩体岩石的微量元素富集 LILE、亏损 HFSE，具有明显的 Nb、Ti 负异常（图 3.12d）。

北巴尔喀什成矿带西段含矿岩体具有富集 LILE 和亏损 HFSE 特点，反映了岩浆弧的特征。在 Yb–Ta 构造判别图上（图 3.13），斑岩铜矿含矿岩体的样品落在岛弧火山岩范围，而斑岩钼矿含矿岩体的样品落在了同碰撞花岗岩，火山弧花岗岩与板内花岗岩交叉部位，表明是碰撞相关的花岗岩。这与新疆西天山、西准噶尔与 Mo 相关的花岗岩产生于碰撞的构造背景下是一致的。此外，北巴尔喀什成矿带西段广泛发育二叠纪白岗岩。因此，北巴尔喀什成矿带西段早二叠世含矿侵入体可能产于碰撞的构造背景。

斑岩铜矿床含矿岩体 $\varepsilon_{Nd}(t)$ 值为 –0.46 ～ +0.53（Heinhorst et al.，2000；刘刚等，2012），斑岩钼矿床含矿岩体 $\varepsilon_{Nd}(t)$ 值变化较大，从 –3.03 ～ +2.56（Heinhorst et al.，2000；刘刚等，2012），指示该地区有古老基底存在，其成矿构造环境可能为石炭纪陆缘弧及其二叠纪碰撞的构造环境。

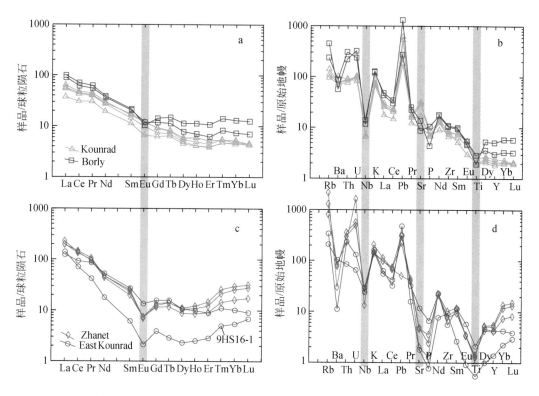

图 3.12 北巴尔喀什成矿带西段含矿岩体稀土配分及微量元素蛛网图

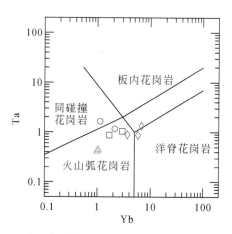

图 3.13 北巴尔喀什成矿带西段含矿岩体 Yb-Ta 图解

我们以前的研究表明，北巴尔喀什成矿带发育两期斑岩成矿作用（Shen et al.，2013a）。我们获得的数据表明，北巴尔喀什成矿带西段的科翁腊德铜矿床含矿花岗闪长斑岩锆石 SIMS U–Pb 年龄为 331.7 ± 2.2Ma，博尔雷铜钼矿床含矿花岗闪长斑岩锆石 SIMS U–Pb 年龄为 310.9 ± 3.0Ma，东科翁腊德钨钼矿床花岗岩锆石 SIMS U–Pb 年龄为 294.6 ± 2.6Ma，结合前人数据（Chen et al.，2010，2014），表明北巴尔喀什成矿带西段发育三期成矿作用：第一期为斑岩铜成矿作用，第二期为斑岩铜钼成矿作用，第三期为斑岩钼成矿作用。

在北巴尔喀什成矿带的东段，我们获得的数据表明，阿克都卡铜矿床含矿岩石锆石 SIMS U–Pb 年龄为 327 ± 1.9Ma。斑岩型铜矿床与钙碱性中酸性岩浆有关（Kudryavtsev，1996；Heinhorst et al.，2000；Shen et al.，2013a），含矿岩体具有正的 $\varepsilon_{Nd}(t)$ 值，为 +2.86 ～ +5.94（Heinhorst et al.，2000；刘刚等，2012），指示其成矿构造环境为洋内弧。

3.1.2　成矿带矿床类型、成矿时代及成矿系统

1. 主要矿床类型

根据环巴尔喀什地区三个成矿带矿床的成矿特点，我们认为，该地区至少发育 8 种矿床类型：

（1）斑岩型铜矿床：矿床形成与中酸性岩体有关，发育浸染状和脉状矿化及有关的蚀变，如波谢库尔和努尔卡斯甘斑岩铜金矿床、科翁腊德和阿克斗卡斑岩铜矿床、博尔雷斑岩铜钼矿床等；

（2）斑岩型钼矿床：矿床形成与花岗岩体有关，发育脉状和少量浸染状矿化及有关的蚀变，如扎涅特、东科翁腊德斑岩钼矿床等；

（3）石英脉 – 云英岩型钼 – 钨矿床：矿床形成与花岗岩体有关，发育脉状矿化，如阿克沙套钨钼矿床；

（4）斑岩 – 浅成低温热液型铜金矿床：矿床形成与火山机构及其中发育的中酸性岩体有关，如克孜尔卡茵、肯赛等；

（5）斑岩 – 夕卡岩型铜多金属矿床：矿床形成与中酸性岩体及围岩（灰岩）有关，如萨亚克；

（6）VMS 型金多金属矿床：矿床形成与中基性火山岩有关，如迈卡因；

（7）伟晶岩型铌 – 锆 – 稀土矿床：矿床形成与伟晶岩有关，如上埃斯佩等；

（8）岩浆熔离型铜镍硫化物矿床：矿床形成与基性 – 超基性岩体有关，如南马克苏特。

2. 成矿时代

我们总结了上述主要矿床的含矿岩体的锆石 U–Pb 年龄、全岩 Rb-Sr 年龄、辉钼矿 Re-Os 年龄，结果见表 3.1 所示。

表 3.1　哈萨克斯坦三个成矿带主要矿床含矿岩体锆石 U–Pb 年龄和辉钼矿 Re–Os 年龄

成矿带 / 矿床	成因类型和矿种	定年样品	定年方法	年龄 /Ma	数据来源
扎尔玛 – 萨吾尔成矿带					
南马克苏特	岩浆熔离型铜镍矿床		化石	泥盆纪	Zhukov et al.，1997
克孜尔卡茵、肯赛	斑岩型铜矿床		化石	早石炭世	Zhukov et al.，1997
波谢库尔 – 成吉斯成矿带					
波谢库尔	斑岩型铜金矿床	英云闪长斑岩	SIMS U–Pb	489.5 ± 3.3	Shen et al.，2015b
迈卡因	VMS 金多金属矿床	安山岩	SIMS U–Pb	459.1 ± 4.8	潘鸿迪等，2015
北巴尔喀什成矿带					
科翁腊德	斑岩型铜矿	花岗闪长斑岩	SIMS U–Pb	331.7 ± 2.2	本书
		二长花岗岩	SHRIMP U–Pb	327.3 ± 2.1	Chen et al.，2014
博尔雷	斑岩型铜钼矿	花岗闪长斑岩	SIMS U–Pb	310.9 ± 3.0	本书
		斑状花岗闪长岩	SHRIMP U–Pb	316.3 ± 0.8	Chen et al.，2014
		辉钼矿	Re–Os 模式年龄	315.9	Chen et al.，2010
东科翁腊德	斑岩型钼矿	花岗岩	SIMS U–Pb	294.6 ± 2.6	本书
		辉钼矿	Re–Os 模式年龄	298.0	Chen et al.，2010
扎涅特	斑岩型钼矿	辉钼矿	Re–Os 模式年龄	295.0	Chen et al.，2010
萨雅克	斑岩 – 夕卡岩型铜矿	石英闪长岩	SHRIMP U–Pb	335 ± 2	Chen et al.，2012
		石英闪长岩	SHRIMP U–Pb	308 ± 10	Chen et al.，2012
阿克都卡	斑岩型铜矿	石英闪长岩	SHRIMP U–Pb	335.7 ± 1.3	Chen et al.，2014
		斑状花岗闪长岩	SHRIMP U–Pb	327.5 ± .9	Chen et al.，2014

　　由表可见，哈萨克斯坦三个成矿带成矿作用在早古生代和晚古生代均发育，世界级的斑岩铜矿集中发育在早石炭世。

3. 成矿系统

　　根据环巴尔喀什地区三个成矿带成矿构造背景、成矿时代和成矿作用特点，我们认为，环巴尔喀什地区至少发育 8 种成矿系统：①泥盆纪岛弧岩浆熔离型铜镍硫化物成矿系统；②早石炭世岛弧斑岩型铜成矿系统；③石炭纪岛弧伟晶岩型铌 – 锆 – 稀土成矿系统；④寒武纪洋内弧斑岩型铜金成矿系统；⑤奥陶纪洋内弧 VMS 型金多金属成矿系统；⑥石炭纪

陆缘弧 – 早二叠世碰撞的斑岩型铜 – 钼成矿系统；⑦石炭纪岛弧斑岩 – 夕卡岩型铜成矿系统；⑧石炭纪岛弧斑岩型铜成矿系统。

在扎尔玛 – 萨吾尔成矿带，岩浆熔离型铜镍硫化物矿床形成于泥盆纪岛弧构造环境，矿床赋存于泥盆纪辉长岩类岩体底部，矿化与泥盆纪辉长岩类岩体有关（Zhukov et al.，1997），构成泥盆纪岛弧岩浆熔离型铜镍硫化物成矿系统；斑岩型铜矿床形成于早石炭世岛弧构造环境，矿床赋存于古火山机构，矿化与早石炭世中基性次火山玢岩有关（Zhukov et al.，1997），构成早石炭世岛弧斑岩型铜成矿系统；伟晶岩型铌 – 锆 – 稀土矿床（如上埃斯佩）形成于石炭纪岛弧构造环境，矿化与伟晶岩有关，构成石炭纪岛弧伟晶岩型铌–锆–稀土成矿系统。

在波谢库尔 – 成吉斯成矿带，发育斑岩型铜金矿床（如波谢库尔等）和 VMS 型多金属矿床（如迈卡因等）。波谢库尔地区发育寒武纪拉斑系列 – 钙碱性系列玄武岩和钙碱性系列安山岩及少量的英安岩，含矿岩体为寒武纪英云闪长斑岩，火山岩和含矿斑岩均形成于洋内弧环境（Shen et al.，2015b），构成寒武纪洋内弧斑岩型铜金成矿系统。迈卡因地区发育中基性火山岩和次火山岩，形成于洋内弧环境（潘鸿迪等，2015），VMS 型金多金属矿化主要与钙碱性安山岩活动有关，构成奥陶纪洋内弧 VMS 型金多金属成矿系统。

在北巴尔喀什成矿带，发育斑岩型铜矿床、斑岩型钼矿床、夕卡岩型铜多金属矿床。大部分矿床位于北巴尔喀什成矿带的西段（科翁腊德、博尔雷斑岩型铜矿床和扎涅特、阿克沙套、东科翁腊德斑岩钼矿床等），少量矿床位于北巴尔喀什成矿带的中段（如萨亚克）和东段（如阿克都卡等）。在北巴尔喀什成矿带的西段，斑岩型铜矿床与钙碱性中酸性岩浆有关，成矿构造环境为陆缘弧；斑岩钼矿形成与高钾钙碱性花岗岩有关，成矿构造环境为碰撞。在北巴尔喀什成矿带的中段，夕卡岩型铜矿床与钙碱性中酸性岩浆有关，成矿构造环境为洋内弧（Kudryavtsev，1996）。在北巴尔喀什成矿带的东段，斑岩型铜矿床与钙碱性中酸性岩浆有关，成矿构造环境为洋内弧。可以认为，北巴尔喀什成矿带从西向东分别发育石炭纪陆缘弧 – 早二叠世碰撞的斑岩型铜 – 钼成矿系统、石炭纪岛弧斑岩 – 夕卡岩型铜成矿系统和石炭纪岛弧斑岩型铜成矿系统。

3.2　西准噶尔与哈萨克斯坦成矿带对接及预测

3.2.1　成矿带成矿系统对比

上述研究表明，境内外相邻成矿带发育类似的金属矿床，形成于相同时代的相同构造环境中，构成相同的成矿系统，如表 3.2 所示（申萍等，2015b）。

表 3.2　环巴尔喀什 – 西准噶尔成矿省成矿带对比表

地区	环巴尔喀什	西准噶尔
成矿带	扎尔玛 – 萨吾尔成矿带	萨吾尔成矿带
矿床类型	岩浆熔离型铜镍硫化物（如南马克苏特）；斑岩型（如克孜尔卡茵和肯赛等）；伟晶岩型铌 – 锆 – 稀土矿床（如上埃斯佩）等	铜镍硫化物型（如吐尔库班套）；斑岩型（如汉哲尕能）；斑岩 – 浅成低温热液型（如阔尔真阔腊）
构造环境	岛弧	岛弧
成矿时代	泥盆纪 – 早石炭世	泥盆纪 – 早石炭世
成矿系统	泥盆纪岛弧岩浆熔离型铜镍硫化物成矿系统；早石炭世岛弧斑岩型铜成矿系统；石炭纪岛弧伟晶岩型铌 – 锆 – 稀土成矿系统	泥盆纪岛弧岩浆熔离型铜镍硫化物成矿系统；早石炭世岛弧斑岩 – 浅成低温热液型金 – 铜成矿系统
成矿带	波谢库尔 – 成吉斯成矿带	谢米斯台 – 沙尔布提成矿带
矿床类型	斑岩型（如波谢库尔）；VMS 型（如 Maikain）	与次火山岩（斑岩）有关的铜矿化（如谢米斯台）；与火山岩有关的铜多金属（如洪古勒楞）
构造环境	岛弧	岛弧
成矿时代	晚寒武世 – 晚奥陶世	晚志留世
成矿系统	晚寒武世岛弧斑岩型铜 – 金成矿系统；晚奥陶世岛弧 VMS 型金多金属成矿系统	晚志留世岛弧斑岩型铜成矿系统；晚志留世岛弧火山岩型铜多金属成矿系统
成矿带	北巴尔喀什成矿带	巴尔鲁克 – 达拉布特成矿带
矿床类型	斑岩型铜矿（如科翁腊德、博尔雷，阿克都卡）；斑岩型钼矿（如扎涅特、东科翁腊德）；斑岩 – 夕卡岩型铜矿（如 Sayak）	斑岩型铜矿（如包古图、加曼铁列克德、石屋）；斑岩型钼矿（如苏云河）；造山带型金矿床（如哈图，齐求Ⅱ）；豆荚状铬铁矿（如萨尔托海）
构造环境	西段为陆缘弧，中、东段为岛弧	岛弧
成矿时代	石炭纪 – 早二叠世	泥盆纪 – 早二叠世
成矿系统	石炭纪陆缘弧 – 早二叠世碰撞的斑岩型铜 – 钼成矿系统；石炭纪岛弧斑岩 – 夕卡岩型铜成矿系统；石炭纪岛弧斑岩型铜成矿系统	泥盆纪弧后盆地豆荚状铬铁矿成矿系统；晚石炭世岛弧斑岩型铜成矿系统；晚石炭世 – 早二叠世碰撞环境造山带型金成矿系统；早二叠世碰撞环境斑岩钼成矿系统

3.2.2　成矿带对接及预测

1. 北部成矿带对接及预测

哈萨克斯坦扎尔玛 – 萨吾尔成矿带发育泥盆纪岛弧岩浆熔离型铜镍硫化物成矿系统、

早石炭世岛弧斑岩型铜成矿系统和石炭纪岛弧伟晶岩型铌－锆－稀土成矿系统。新疆西准噶尔萨吾尔成矿带新厘定了吐尔库班套岩浆熔离型铜镍硫化物矿点、罕哲尕能斑岩型铜矿、阔尔真阔腊斑岩－浅成低温热液铜金矿床等（郭正林等，2010；袁峰等，2015），这些矿床形成于岛弧环境，构成了泥盆纪岛弧岩浆熔离型铜镍硫化物成矿系统和早石炭世岛弧斑岩－浅成低温热液型金－铜成矿系统。

可见，境内外成矿带具有相同的成矿构造背景（岛弧环境）、相同的成矿时代（泥盆纪和早石炭世）和类似的矿床类型（岩浆熔离型铜镍硫化物矿床、斑岩型铜矿床），新疆西准噶尔萨吾尔成矿带是哈萨克斯坦扎尔玛－萨吾尔成矿带的东延部分，构成东西长约700km 的泥盆纪－早石炭世扎尔玛－萨吾尔铜－金成矿带（图 3.14）。

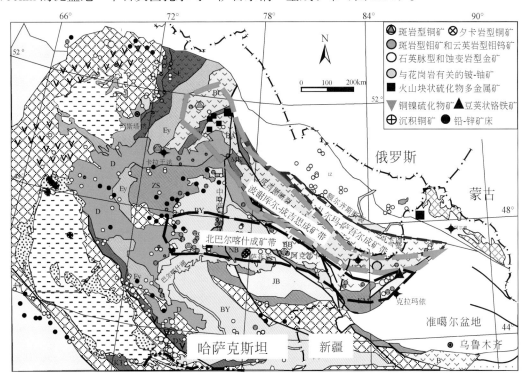

图 3.14　巴尔喀什－准噶尔地区地质矿产图及跨境成矿带的对接（图例同图 3.1）

我们预测，在新疆西准噶尔北部的萨吾尔成矿带具有形成大型斑岩型、岩浆熔离型铜镍硫化物矿床的前景，应重视对罕哲尕能铜矿、阔尔真阔腊金矿床和吐尔库班套铜镍硫化物矿点深部的研究和勘探。此外，在哈萨克斯坦扎尔玛－萨吾尔成矿带发育伟晶岩型铌－锆－稀土矿床，应重视在新疆萨吾尔成矿带发育的伟晶岩中寻找铌－锆－稀土矿床。

2. 中部成矿带对接及预测

哈萨克斯坦波谢库尔－成吉斯成矿带发育晚寒武世岛弧斑岩型铜－金成矿系统、晚奥陶世岛弧 VMS 型金多金属成矿系统（Kudryavtsev，1996；Degtyarev and Ryazantsev，2007；Shen et al.，2015b，2016b；潘鸿迪等，2015；申萍等，2015b）。新疆西准噶尔的

谢米斯台 – 沙尔布提成矿带近年来新发现了谢米斯台铜矿（申萍等，2010）、布拉特铜矿（王居里等，2015a），新厘定了洪古勒楞铜锌矿（潘鸿迪等，2012；Shen et al.，2015a），这些矿床形成于岛弧环境，时代为晚志留世，构成了晚志留世岛弧斑岩型铜成矿系统、晚志留世岛弧火山岩型铜多金属成矿系统等。

可见，境内外成矿带具有相似的成矿构造背景（岛弧环境）、成矿时代（早古生代）和矿床类型（斑岩型、火山岩型），新疆西准噶尔谢米斯台 – 沙尔布提成矿带是哈萨克斯坦波谢库尔 – 成吉斯成矿带的东延部分，构成东西长约1000km的波谢库尔 – 沙尔布提铜 – 金多金属成矿带（图3.14）。

我们预测，在新疆西准噶尔北部的谢米斯台 – 沙尔布提成矿带具有形成大型斑岩型铜、火山岩型铜多金属矿床的前景，应重视对洪古勒楞铜锌矿深部和外围的研究和勘探。

3. 南部成矿带对接及预测

哈萨克斯坦北巴尔喀什成矿带发育石炭纪陆缘弧 – 早二叠世碰撞的斑岩型铜 – 钼成矿系统以及石炭纪岛弧斑岩型铜成矿系统。西准噶尔的巴尔鲁克 – 达拉布特成矿带发育加曼铁列克德、石屋、吐克吐克、包古图等斑岩型铜矿、苏云河、宏远等斑岩型钼矿床、哈图等造山带型金矿，我们研究认为，斑岩型铜矿形成于晚石炭世洋内弧，斑岩型钼矿和造山带型金矿形成于早二叠世碰撞环境。

境内外成矿带具有相似的成矿构造背景（俯冲环境和碰撞环境）、成矿时代（石炭纪和早二叠世）和矿床类型（斑岩型铜矿和斑岩型钼矿），因此，新疆西准噶尔巴尔鲁克 – 达拉布特成矿带是哈萨克斯坦北巴尔喀什成矿带的东延部分，构成东西长约800km的石炭纪 – 二叠纪北巴尔喀什 – 达拉布特铜 – 钼 – 金成矿带（图3.14）。

我们预测，在新疆西准噶尔南部巴尔鲁克 – 达拉布特成矿带具有形成大型斑岩型矿床的前景，应重视对加曼铁列克德、石屋、吐克吐克斑岩铜矿和宏远斑岩钼矿深部和外围的研究和勘探。

第4章 西准噶尔矿集区还原流体成矿系统

西准噶尔地区金属矿床集中发育，构成了多个矿集区，以哈图－包古图矿集区为代表。该矿集区位于西准噶尔南部达拉布特成矿亚带中，发育大型哈图金矿床、大型包古图铜矿床、中型宏远钼矿床、中型阔个沙也金矿床以及众多金和铜矿点。该矿集区显著特点是广泛发育富甲烷还原流体，具有还原流体成矿特点。

4.1 成矿构造背景及演化

哈图－包古图矿集区发育的哈图和齐求Ⅱ等金矿床赋存于下石炭统地层中，包古图铜矿床和阔个沙也金矿床与晚石炭世侵入岩有关。我们已经在第2章讨论了晚石炭世成矿构造背景，本章重点讨论早石炭世成矿构造背景。

我们对达拉布特地区发育的早石炭世火山－沉积地层进行了两条区域剖面测量（图4.1）。结果显示，达拉布特地区发育火山碎屑岩和沉积岩，而火山岩仅在局部地段出露，哈图地区火山岩主要为玄武岩（图4.1b），包古图地区火山岩主要为英安岩和少量的安山岩（图4.1c）。

在哈图地区，我们选择两个晶屑玻屑凝灰岩样品进行了SIMS锆石U–Pb定年，结果见图4.2。样品HTP57获得U–Pb谐和年龄为324.0±2.8Ma，样品HTP65获得U–Pb谐和年龄为324.9±3.4Ma，这两个年龄可代表火山喷发时代，为早石炭世。

我们对哈图和包古图地区局部发育的火山岩进行了岩石主量和微量元素分析，结果表明，哈图地区发育拉斑玄武岩，包古图地区发育钙碱性－拉斑系列过渡的安山岩和英安岩（Shen et al.，2013b）。

由图4.3可见，哈图地区发育的拉斑玄武岩稀土配分模式为平坦型，没有明显的Eu和Nb异常。包古图地区发育的安山岩的稀土配分模式显示右倾型，也没有明显的Eu异常；英安岩的稀土配分模式显示明显的右倾型，具有Eu异常。

我们进行了火山岩全岩Rb–Sr和Sm–Nd同位素分析，结果见表4.1。哈图地区玄武岩的 $\varepsilon_{Nd}(t)$ 值变化范围是+3.3～+3.9；包古图地区安山岩和英安岩的 $\varepsilon_{Nd}(t)$ 值较高，变化范围是+4.3～+6.4。在 $\varepsilon_{Nd}(t)$ –$(^{87}Sr/^{86}Sr)_i$ 图解中（图4.4），所有的样品落在第二象限内，接近于地幔。

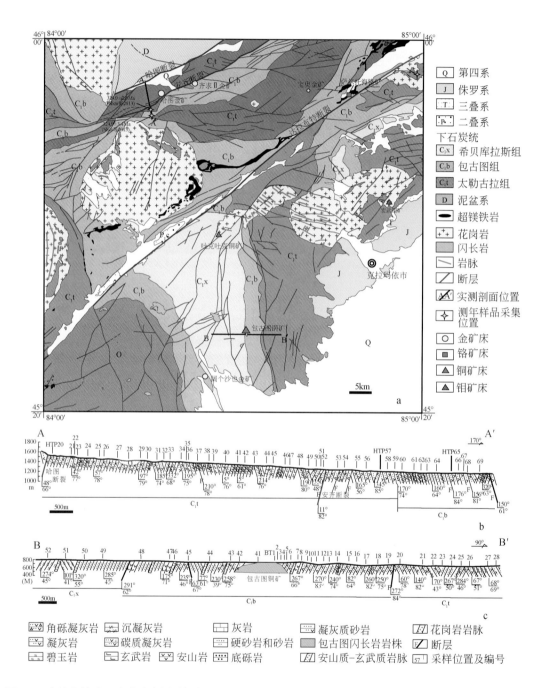

图 4.1 达拉布特地区地质矿产图（据新疆地矿局，1993；沈远超和金成伟，1993 修改）和剖面图（Shen et al.，2013b）

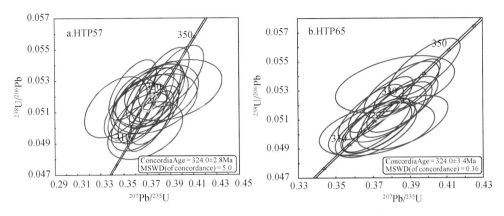

图 4.2　哈图地区晶屑玻屑凝灰岩 SIMS 锆石 U–Pb 年龄

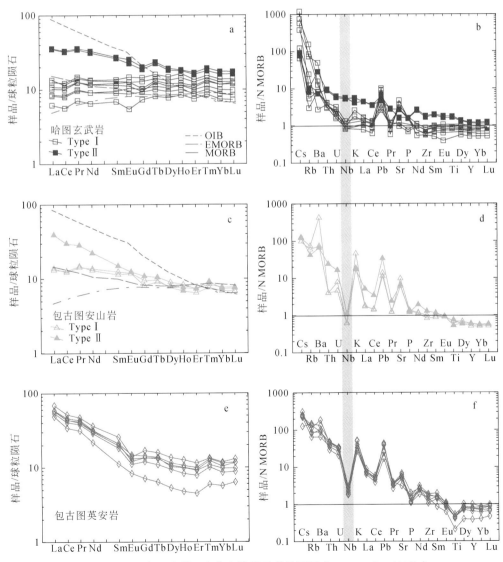

图 4.3　主要火山岩稀土配分和微量元素蛛网图（Shen et al., 2013b）

表 4.1 达布特地区火山岩 Nd-Sr 同位素值*

样号	岩石	$Rb/10^{-6}$	$Sr/10^{-6}$	$^{87}Rb/^{86}Sr$	$(^{87}Sr/^{86}Sr)_m$	$2\sigma/10^{-6}$	$(^{87}Sr/^{86}Sr)_i$	$Sm/10^{-6}$	$Nd/10^{-6}$	$^{147}Sm/^{144}Nd$	$(^{143}Nd/^{144}Nd)_m$	$2\sigma/10^{-6}$	$(^{143}Nd/^{144}Nd)_i$	$\varepsilon_{Nd}(t)_i$	$T_{DM}(t)/Ma$
哈图地区															
HTP33	玄武岩	1.58	97	0.0471	0.705393	11	0.70518	2.17	6.59	0.1995	0.512844	7	0.512421	3.9	761
HTP36-1	玄武岩	3.24	122	0.077	0.705504	11	0.70515	2.45	7.66	0.1934	0.5128	7	0.512390	3.3	811
HTP43-2	玄武岩	5.47	257	0.0616	0.704505	9	0.70422	4.43	16.3	0.1645	0.512751	8	0.512402	3.5	792
HTP47-3	玄武岩	4.29	164	0.0759	0.704499	13	0.70415	4.77	17.4	0.1653	0.512761	9	0.512410	3.7	781
包古图地区															
BT40-2	安山岩	43	610	0.2038	0.705187	11	0.70425	2.19	8.42	0.1573	0.512875	10	0.512541	6.3	570
BT46-1	安山岩	32.5	1002	0.0939	0.704348	11	0.70392	2.27	8.07	0.1703	0.512908	7	0.512547	6.4	556
BT15-4	英安岩	60.2	587	0.2967	0.705245	11	0.70388	3.23	16.4	0.1192	0.512773	7	0.512520	5.8	606
BT48-1	英安岩	81.4	512	0.4599	0.706173	20	0.70405	3.67	18.6	0.1194	0.512692	13	0.512439	4.3	736
BT42-2	英安岩	45.4	443	0.2961	0.705163	10	0.70379	2.13	12.8	0.1006	0.512729	10	0.512516	5.8	616

* 计算方法同表 2.1。

数据来源：Shen et al., 2013b, 其中 $\varepsilon_{Nd}(t)$ 按表 2.1 方法进行了重新计算。

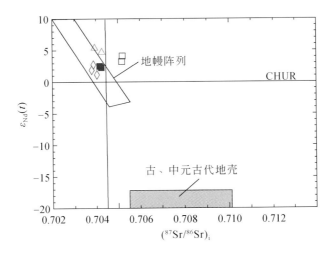

图 4.4　哈图和包古图地区火山岩（$^{87}Sr/^{86}Sr$）$_i$-ε_{Nd}（t）图解，图例同图 4.3

哈图地区的拉斑玄武岩 ε_{Nd}（t）值为 +3.3 ～ +3.9，Mg# 值为 0.40 ～ 0.51，表明哈图地区的拉斑玄武岩源于地幔，有壳源物质加入。包古图地区发育的英安岩和安山岩的 ε_{Nd}（t）值较高（+4.3 ～ +6.4），安山岩 Mg# 值为 0.45 ～ 0.54，英安岩的 Mg# 值为 0.35 ～ 0.38；表明包古图地区发育的安山岩源于地幔，而英安岩主要来源于新生的下地壳。

哈图地区火山岩具有玄武岩 - 玄武安山岩组合，岩石属于拉斑系列，具有低的 Th/Yb 值（图 4.5），显示弧后盆地特点；包古图地区火山岩具有英安岩 - 安山岩组合，属于钙碱性 - 拉斑过渡的系列，具有较高的 Th/Yb 和 Nb/Yb 值（图 4.5），显示俯冲带特点。

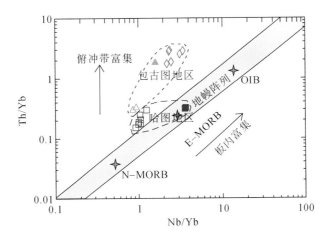

图 4.5　哈图和包古图地区早石炭世火山岩 Nb/Yb-Th/Yb 图，图例同图 4.3

在图 4.6 中，哈图地区火山岩主要落在拉斑系列弧后盆地范围内，而包古图地区火山岩主要落在钙碱性系列岛弧范围。因此，哈图拉斑玄武岩形成于弧后盆地环境。

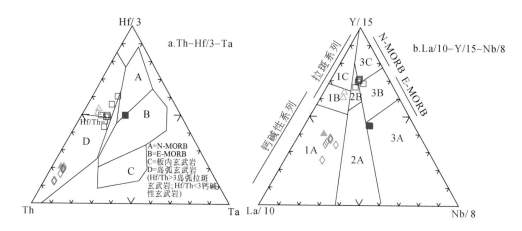

图 4.6 哈图和包古图地区早石炭世火山岩构造判别图，图例同图 4.3

可见，哈图 – 包古图矿集区早石炭世哈图地区成矿构造环境为弧后盆地环境，发育含金地层；结合第 2 章关于达拉布特晚石炭世含矿岩体的地球化学特点，包古图地区钙碱性中酸性火山岩和侵入岩形成于石炭纪岛弧或增生楔环境。因此，哈图 – 包古图矿集区石炭纪构造背景由早石炭世弧后盆地演化为晚石炭世岛弧和增生楔。

4.2 矿床类型及流体特点

4.2.1 还原性斑岩矿床及流体特点

世界上大多数斑岩铜矿床成矿流体为 $NaCl-H_2O-CO_2$ 体系。然而，新疆西准噶尔哈图 – 包古图地区近几年的勘探和研究发现的一系列斑岩型矿床，成矿流体富含甲烷等，成矿流体为 $NaCl-H_2O-CH_4 \pm CO_2$ 体系，显示还原的特点。详细内容见第 5 章。

1. 包古图铜矿床

包古图斑岩铜矿床地质特征见第 5 章有关部分。我们对不同阶段石英中发育的单个包裹体进行激光拉曼光谱分析，结果显示包古图矿区流体包裹体气相成分广泛含有 CH_4（图 4.7），显示流体具有还原性，成矿流体为 $NaCl-H_2O-CH_4-CO_2$ 体系。

2. 宏远钼铜矿床

宏远斑岩矿床地质特征见第 6 章有关部分。我们对石英脉中发育的单个包裹体进行激光拉曼光谱分析，结果显示，包裹体气相成分含有 CO_2 和较多的 CH_4（图 4.8），显示流体具有还原特点，为 $NaCl-H_2O-CH_4-CO_2$ 体系。详见第 6 章典型矿床研究部分。

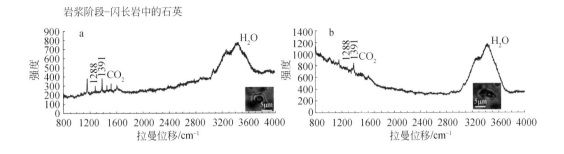

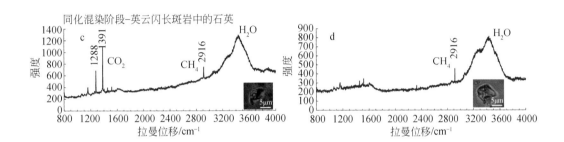

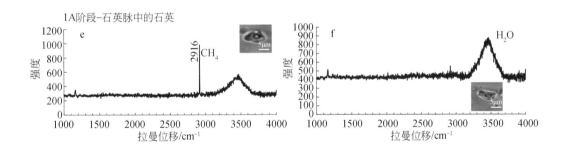

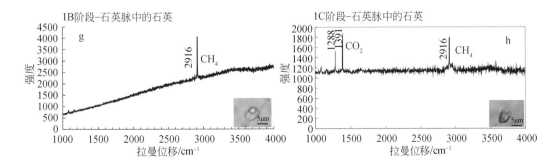

图 4.7 包古图斑岩铜矿流体包裹体激光拉曼光谱数据

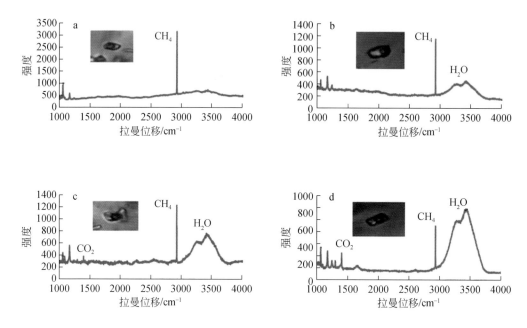

图 4.8　宏远斑岩钼铜矿流体包裹体激光拉曼光谱数据

3. 吐克吐克铜钼矿

吐克吐克铜钼矿位于克拉玛依岩体西部的花岗闪长岩岩株中，岩体主要由花岗闪长岩和闪长岩组成，侵位于下石炭统包古图组火山 – 沉积地层中。前人认为吐克吐克铜钼矿为斑岩型铜矿，岩体中锆石 U–Pb 年龄为 298Ma（李永军等，2012）。矿体多呈脉状，单矿脉一般宽数厘米到数米不等，2011 年已控制矿体最大厚度大于 50m（平均品位 1.5%）。近地表以铜矿化为主，深部多为辉钼矿化，具有"上铜下钼"的特征（李永军等，2012）。热液蚀变主要有绿泥石化、绢云母化、方解石化和泥化等。矿物组合为绿泥石 – 石英脉 – 辉钼矿 – 黄铁矿 – 黄铜矿，黄铜矿呈他形不规则粒状，辉钼矿呈细小的鳞片状。

吐克吐克钼铜矿的石英流体包裹体气液比变化小，集中于 5% ～ 10%，大小为 5 ～ 20μm，主要呈负晶形和不规则状（见图 4.9），包裹体类型包括气液包裹体和含子矿物包裹体，Ⅰ气液包裹体，由气相和液相组成；Ⅱ含子矿物包裹体，子矿物主要是方形、偏蓝色的 NaCl 子矿物，同样也可见含多个子矿物的包裹体。

激光拉曼光谱分析显示（图 4.10），该矿区流体包裹体成分变化较大，多数为水溶液包裹体，部分包裹体气相成分可见 CO_2 和 CH_4，但未在室温下观察到 CO_2 三相包裹体。个别包裹体显示纯 CH_4 组分，少数包裹体显示 N_2 峰值。

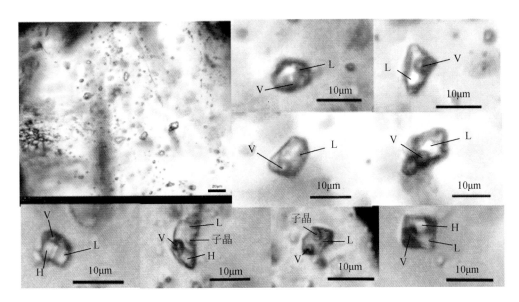

图 4.9　吐克吐克斑岩铜钼矿流体包裹体显微照片

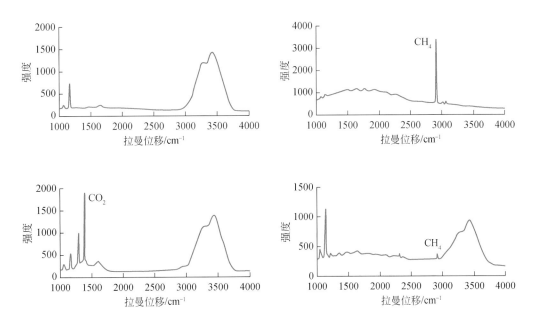

图 4.10　吐克吐克斑岩铜钼矿流体包裹体激光拉曼光谱数据

4.2.2　造山带型金矿床及流体特点

我们研究认为哈图金矿为造山带型金矿床（Shen et al., 2016）。此外, 齐求Ⅱ、齐求Ⅲ、齐求Ⅳ、齐求Ⅴ、鸽子硐等金矿也是造山带型金矿床。这些矿床赋存于早石炭世火山–沉积地层中，矿床形成和分布明显受区域断裂及其次级构造控制，围岩遭受了强烈的热液蚀变，主要有碳酸盐化、硅化、绢云母化和绿泥石化。详细内容见第 7 章典型矿床研究部分。

1. 哈图金矿

哈图金矿床地质特征见第 7 章有关部分。我们进行了含金石英脉中多个流体包裹体的激光拉曼光谱分析，结果见图 4.11。石英流体包裹体气相成分中含有 H_2O（图 4.11a）、CH_4（图 4.11b）、CO_2（图 4.11c），并有少量 N_2–H_2O（图 4.11d）。主成矿阶段石英所捕获的热液流体属于 H_2O–CO_2–CH_4（$-N_2$）体系。详见第 7 章典型矿床研究部分。

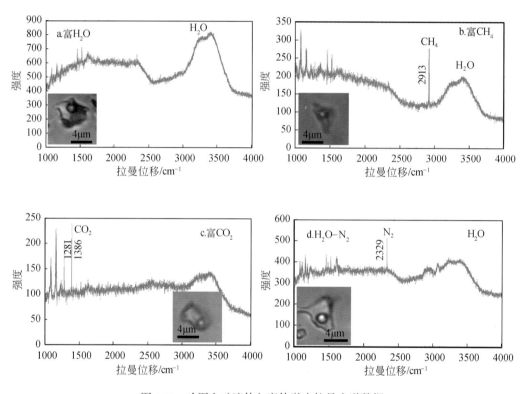

图 4.11　哈图金矿流体包裹体激光拉曼光谱数据

2. 鸽子碉金矿

鸽子碉矿区出露中泥盆统火山碎屑沉积岩，包括晶屑玻屑凝灰岩、晶屑岩屑凝灰岩和火山角砾晶屑岩屑凝灰岩等。断裂构造非常发育，主干断裂走向 50° ～ 60°，倾向北西，倾角 70°，形成宽约数十米的构造破碎带。区域岩浆岩发育，北部发育铁厂沟二长花岗岩岩体，南部发育玉勒盆克提等花岗闪长岩和花岗岩岩体。在矿带内部发育一系列闪长岩、辉绿岩等中基性脉岩。鸽子碉矿区蚀变带受断裂构造控制明显，发育强硅化、碳酸岩化、黄铁矿化等蚀变体。金矿体产于强硅化蚀变体中，一般呈脉状 – 透镜状，长 100 ～ 320m，斜深 10 ～ 100m，厚度 1.80 ～ 3.25m；平均品位 1.0 ～ 4.2g/t。矿石类型包括蚀变岩型和石英脉型，以前者为主，含金石英脉厚度为 3 ~ 5cm。矿石的金属矿物主要为自然金、毒砂、黄铁矿。

　　我们对鸽子碉金矿石英流体包裹体进行了研究，包裹体主要为气液包裹体，部分为气相包裹体和含子矿物的包裹体（图 4.12）。

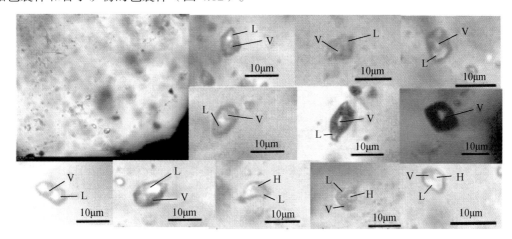

图 4.12　鸽子碉金矿流体包裹体特征

　　激光拉曼光谱分析显示，该矿区流体包裹体成分多数为水溶液包裹体，部分包裹体气相成分可见 CO_2 和 CH_4（图 4.13）。

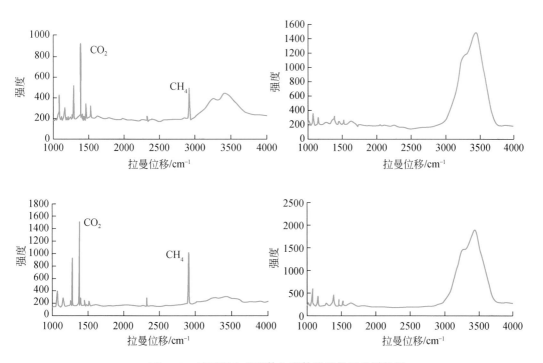

图 4.13　鸽子碉金矿流体包裹体激光拉曼光谱数据

3. 宝贝金矿

宝贝金矿位于哈图金矿以东约30km处，金矿体主要赋存于下石炭统太勒古拉组（C_1t）火山 – 沉积岩中，容矿岩石主要为中酸性晶屑玻屑凝灰岩和凝灰质粉砂岩。矿区断裂构造发育，主要有 NNE 向断裂，并发育 SN、EW、NE 和 NW 向的节理和裂隙，金矿化明显受断裂构造控制。

我们对矿区含金石英脉中的流体包裹体岩相学研究，含金石英脉内流体包裹体以气液包裹体为主，少部分为气相包裹体，液相包裹体和含子矿物三相包裹体较少见（图4.14）。

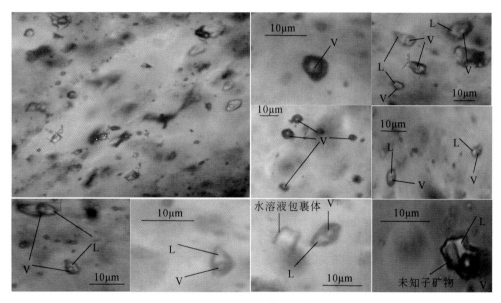

图 4.14　宝贝金矿流体包裹体特征

含金石英脉中多个流体包裹体的激光拉曼光谱分析显示，石英流体包裹体气相成分中含有 H_2O、CH_4、CO_2，并有少量 N_2（图4.15）。因此，该阶段（主成矿阶段）石英所捕获的热液流体属于 H_2O–CH_4–CO_2（–N_2）体系。

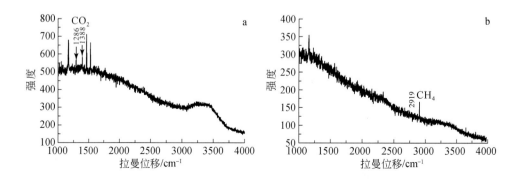

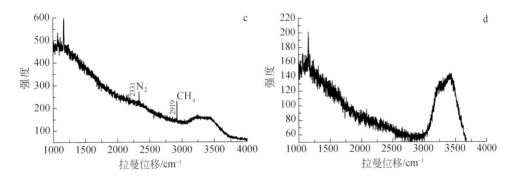

图 4.15　宝贝金矿流体包裹体激光拉曼光谱数据

4.3　矿集区成矿系统及预测

4.3.1　矿集区成矿系统

哈图－包古图矿集区包括斑岩型矿床（包古图铜矿、宏远钼铜矿和吐克吐克铜钼矿）和造山带型金矿床（哈图、鸽子碉），斑岩型矿床形成于中高温（300℃之间）和中－中浅成条件；金矿床形成于中温（200～300℃之间）和中浅成条件。所有矿床均含有一定量的 CH_4、C_2H_6 和 CO_2，成矿流体为 $H_2O–NaCl–CH_4–C_2H_6–CO_2$ 体系。因此，哈图－包古图矿集区发育还原流体的 Au–Cu–Mo 成矿系统。

在上述研究基础上，我们建立了哈图－包古图 Au–Cu–Mo 矿集区还原流体成矿模式（图 4.16）。

早石炭世（328～324Ma）（图 4.16a）：在哈图弧后盆地发育拉斑系列玄武岩和玄武安山岩，这些中基性火山岩源于地幔，并有壳源物质混入，含有较多的金等成矿物质，形成含金地层；

晚石炭世（311～312Ma）（图 4.16b）：在岛弧背景上，源于地幔的中性岩浆在侵位时与中酸性围岩发生了同化混染作用，形成包古图还原性斑岩铜矿；源于新生下地壳的酸性岩浆侵位，也与中酸性围岩发生了同化混染作用，形成宏远斑岩钼矿；

早二叠世（297～295Ma）（图 4.16c）：区域断裂构造及其次级断裂构造活动，并有花岗岩岩浆活动提供动力，形成了造山带型金矿。

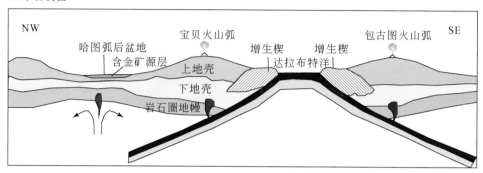

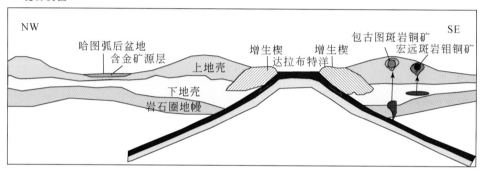

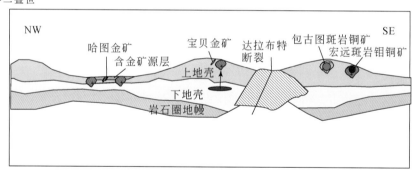

图 4.16　哈图－包古图矿集区还原流体成矿模式图

4.3.2　矿集区预测

西准噶尔巴尔鲁克地区发育苏云河大型斑岩钼矿床以及加曼铁列克德和石屋等斑岩铜矿点（图 1.5）。通过对矿床地质、含矿岩体岩石学和地球化学特征、成岩－成矿时代和成矿流体系统进行综合研究，预测巴尔鲁克地区为西准噶尔又一个新的钼－铜－金矿集区。依据如下：

1. 成矿动力学背景和源区性质

加曼铁列克德和石屋等斑岩铜矿点的形成与晚石炭世中酸性岩体有关，这些岩体形成于晚古生代岛弧环境（详见 2.4.1 节），含矿岩体源于俯冲带的地幔，能够提供更多的 Cu、Au，有利于斑岩型铜矿床的形成；而苏云河斑岩型钼矿的形成与早二叠世花岗岩有关，含矿花岗岩形成于碰撞环境（详见 2.5.1 节），含矿岩体源于新生下地壳，能够提供更多的 Mo、W，有利于斑岩钼矿床的形成，因此，巴尔鲁克地区具有成矿有利的构造背景和源区条件。

2. 热液蚀变矿化和还原流体系统

石屋闪长岩普遍发生硅化、绿泥石化、绿帘石化、电气石化、碳酸盐化以及少量的钾化和绢云母化，矿化类型以脉状、细网脉状和浸染状为主（详见 5.2 节）。加曼铁列克德含矿岩体发生热液蚀变，主要有泥化、绢云母化和硅化，发育脉状矿化（石英－黄铜矿－黄铁矿脉），有少量为浸染状矿化。

苏云河钼矿床含矿岩体和围岩发生强烈的热液蚀变，包括钾长石化、黑云母化、黄铁矿化、绢云母化、白云母化、硅化、绿帘石化、绿泥石化、高岭土化和碳酸盐化。其中，钾长石化、黑云母化、绢云母化和硅化与矿化的关系十分密切（详见 6.1 节）。

石屋斑岩铜矿点成矿流体为 $NaCl-H_2O-CH_4-CO_2$ 体系，苏云河斑岩钼矿成矿流体为 $NaCl-H_2O-CO_2-CH_4$ 体系，可见，巴尔鲁克地区斑岩型矿床成矿流体与哈图－包古图矿集区成矿流体的特点一致，均为还原流体。

3. 成岩和成矿时代

巴尔鲁克地区发育的石屋和加曼铁列克德含矿岩体年龄为 313～310Ma（Shen et al.，2013a；Li et al.，2017），与西准噶尔哈图－包古图矿集区发育的包古图斑岩铜矿成岩和成矿时代（312～310Ma）（宋会侠等，2007；Shen et al.，2012b）一致，也与邻区哈萨克斯坦科翁腊德矿集区博尔雷斑岩铜矿的成岩时代（311Ma）一致。苏云河钼矿床的辉钼矿等时线年龄为 294.4±1.7Ma（钟世华等，2015），与邻区哈萨克斯坦科翁腊德矿集区东科翁腊德、扎涅特斑岩钼矿的成岩成矿时代（298～288Ma）一致（Chen et al.，2010，2014）。巴尔鲁克地区成岩－成矿作用出现在晚石炭世－早二叠世，与邻区哈萨克斯坦科翁腊德矿集区和新疆西准噶尔哈图－包古图矿区的区域大规模成岩和成矿时代一致。

总之，巴尔鲁克矿集区形成于晚古生代俯冲－碰撞环境，发育钙碱性系列中酸性岩体，含矿岩体热液蚀变普遍，脉状矿化发育，成岩和成矿时代为晚石炭世－早二叠世，成矿流体为 $NaCl-H_2O-CH_4-CO_2$ 体系，具有形成类似哈图－包古图大型矿集区的有利条件，我们预测巴尔鲁克地区为西准噶尔一个新的斑岩型还原流体钼－铜－金矿集区。

第 5 章　西准噶尔铜矿床

新疆西准噶尔地区发育许多铜矿床，包括斑岩型铜矿（如包古图、吐克吐克、石屋、加曼铁列克德、罕哲尕能）、火山–次火山岩型铜矿（谢米斯台、布拉特）、火山岩型铜多金属矿（洪古勒楞）、岩浆熔离型铜镍硫化物矿（吐尔库班套）等，以斑岩型为主（图1.1）。我们重点对包古图、石屋、吐尔库班套、那林卡拉、布拉特、谢米斯台、洪古勒楞等矿床（点）进行阐述。

5.1　包古图还原性斑岩铜矿床

我们于 2010 年首次提出包古图斑岩铜矿属于还原性斑岩铜矿[①]，并系统地阐明了包古图还原性斑岩铜矿床的矿床地质、成矿流体组成及矿床地球化学特征等（申萍等，2009；Shen et al.，2009，2010a，b），查明了还原性斑岩铜矿含矿岩浆及还原流体的成因，建立了还原性斑岩铜矿的成矿模式（Shen and Pan，2013，2015）。

Rowins（2000）首先提出一些斑岩型铜金矿床具有与大多数斑岩铜矿不同的特点，如矿床形成与含钛铁矿的还原性花岗岩类有关，矿床含有大量的磁黄铁矿，而缺乏高氧逸度矿物（如赤铁矿、磁铁矿、石膏等），成矿流体一般富含 CH_4，Rowins 将这种矿床命名为还原性斑岩型铜金矿床。还原性斑岩铜矿的成因备受关注，大多数研究者认为，还原性斑岩铜矿的形成与含钛铁矿、还原的 I 型花岗岩类有关（Ague and Brimhall，1988；Rowins，1999，2000；Smith et al.，2012）。然而，众所周知，斑岩铜矿形成与氧化性或高氧逸度岩浆密切相关，这是由于只有氧化性岩浆才能保证源于深部的成矿物质不发生沉淀，而随岩浆上升到浅部，流体出熔形成成矿流体（Mungall，2002；Richards，2003；Cooke et al.，2005；Sillitoe，2010）。因此，目前，还原性斑岩铜矿研究中存在两个关键问题有待解决：①如果原始岩浆是还原性岩浆，那么，还原性岩浆如何携带源于深部的成矿物质上升到浅部？②如果原始岩浆为氧化性岩浆，那么，氧化性岩浆如何形成了还原流体以及发生有关的成矿作用？包古图铜矿为解决这两个问题提供了一个很好的实例。

5.1.1　矿床地质特征

1. 岩浆侵入顺序

我们进行了矿区地质填图、钻孔岩心编录和岩石学、岩相学研究（申萍等，2009；

---

① 申萍等．2010．"十一五"国家科技支撑计划"大型斑岩型铜（钼、金）矿床预测和靶区评价技术与应用研究"（2006BAB07B01）课题报告，162-182.

Shen et al.，2009，2010a；潘鸿迪和申萍，2014），结果表明，包古图岩体是一个由早期闪长岩体和晚期闪长玢岩体组成的中性复式岩体（图 5.1），并有隐爆角砾岩的叠加。早期闪长岩体包括闪长岩、似斑状闪长岩和似斑状石英闪长岩；晚期闪长玢岩体包括闪长玢岩和石英闪长玢岩；隐爆角砾岩包括少量的早期热液胶结隐爆角砾岩和晚期的岩粉胶结隐爆角

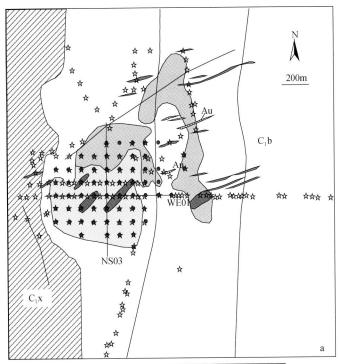

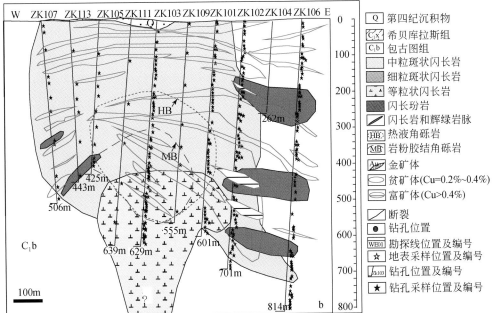

图 5.1　包古图斑岩型铜矿床地质图（据张锐等 2006 年资料修改）和东西向 1 号勘探线剖面图

（Shen et al.，2010a，b）

砾岩。矿化主要赋存于早期闪长岩体中，少量赋存于晚期闪长玢岩中。

2. 矿化特征

已经施工的 62 个钻孔控制的矿化范围为 1100m×800m，深度大于 700m，为全岩矿化，地表尚未圈出连续的矿体（张锐等，2006）。岩体浅部主要是浸染状矿化，向深部（250～300m 以下）为浸染状矿化和细脉–网脉状矿化，在岩体的边部以及外接触带的局部地段见有中脉状（10～50cm）矿化，从岩体中心向边缘，矿石类型依次为 Mo（Cu）型→Cu（Mo）型→Cu（Au）→Au 型。本区富矿体（铜品位大于 0.4%）集中在岩体中北部和东部深 300～700m 范围内。总体上，岩体矿化在东西方向上是岩体东侧强于西侧，在南北方向上是岩体中北部强于南部，深部强于浅部。

岩体内主要发育浸染状矿化，并有少量细脉状矿化（表 5.1、图 5.2），主要为石英–黄铜矿–黄铁矿、石英–黄铁矿–黄铜矿和石英–黄铜矿–辉钼矿–黄铁矿、石英–辉钼矿、磁黄铁矿–石英等细脉。金属矿物主要有黄铁矿、黄铜矿和辉钼矿，其次为毒砂、磁黄铁矿、闪锌矿、辉铜矿、自然铜、赤铜矿、蓝辉铜矿等。脉石矿物主要有石英、绢云母、黑云母、钾长石、金红石、钛铁矿等。值得注意的是，矿区发育磁黄铁矿和钛铁矿，这是还原性斑岩铜矿的典型特征。

表 5.1　包古图斑岩铜矿的主要脉系及蚀变特点

阶段	蚀变类型	蚀变组合	矿化类型	脉类型	脉系分布	结构	脉宽
阶段 1A	Ca–Na 硅酸盐蚀变	Act+Alb+Ilm±Ep		Q+Ksp 脉 Ap 脉	很少	不规则脉	0.1～0.5mm
阶段 1B	钾硅酸盐蚀变	闪长岩 Bi+Q+Ilm±Rut±Chl；围岩 Bi+Q+Ilm+Ksp+Apa	稠密浸染状	填隙石英	丰富	浸染状	
			角砾岩化叠加 Q+Bi+Cp+Py	热液石英	中等–丰富	胶结物	
			Q+Cp+Py 脉	B1 细脉	中等–丰富	平行脉	<5mm
			Q–Cp–Py–Mo 脉	B2 细脉	中等–丰富	较不规则脉	<5mm
			Q–Cp–Py 脉	B3 脉	中等–丰富	平行脉	1～2cm
			Bi–Q 细脉	B4 细脉	中等	不规则脉	0.1～0.2mm
	青磐岩化蚀变	Chl+Ep+Py+Ser+Cal	Q–Cp–Py 脉	B3 脉	围岩中	平行脉	1～2cm
阶段 1C	绢英岩化蚀变	Ser+Q+Py±Chl±Cal	Q–Mo–Cp 脉，具绢英岩化晕	C1 脉	中等–丰富	不规则脉	1～2cm
			Q–Cp–Py 脉，具绢英岩化晕	C2 脉	中等–丰富	不规则脉	<1cm
			Pyr+（Q+Cal）细脉	C3 细脉	中等	不规则脉	<1cm
			沸石+（Q+Cal）细脉	C4 细脉	很少	不规则脉	<1cm

续表

阶段	蚀变类型	蚀变组合	矿化类型	脉系类型	脉系分布	结构	脉宽
阶段 2A	钾硅酸盐蚀变	Bi+Q+Ilm	浸染状		在闪长玢岩中丰富	浸染状	
阶段 2B	钾硅酸盐蚀变	Q+Cal+Bi	弱角砾岩化 Q+Cal+ Bi+ Cp +Py 叠加		在岩体与围岩接触带	极少的浸染状矿化	

矿物缩写：Act. 阳起石；Alb. 钠长石；Ap. 磷灰石；Bi. 黑云母；Cal. 方解石；Chl. 绿泥石；Cp. 黄铜矿； Ep. 绿帘石； Ksp. 钾长石；Mo. 辉钼矿；Ilm. 钛铁矿；Pyr. 磁黄铁矿；Py. 黄铁矿；Q. 石英；Rut. 金红石；Ser. 绢云母。

图 5.2　包古图斑岩铜矿床矿化特征

a ～ g. 闪长岩体内部的矿化特点：a. 原生黑云母被交代形成浅色黑云母，同时有黄铜矿析出；b. 自然铜；c.Q+Cp+Py 细脉和 Q+Py+Cp 细脉；d.Q+Cp+Mo 细脉；e.Q+Cp+Mo 细脉切穿 Q+Cp 细脉，斜长石泥化呈肉红色；f.Q+Cp+Mo 细脉； g.Pyr 网脉；h、i. 接触带中脉系特点：h. 闪长玢岩中发育密集的 Q+Cp+Py 细脉；i. 外接触带凝灰岩中发育 Q+Cp+Py 细脉。矿物代号：Q. 石英；Bt. 黑云母；Cp. 黄铜矿；Py. 黄铁矿；Mo. 辉钼矿；Pyr. 磁黄铁矿

3. 成矿期和成矿阶段划分

包古图斑岩铜矿床包括两个成矿期 5 个成矿阶段，主成矿期与闪长岩体有关，晚成矿期与闪长玢岩岩株有关（Shen et al., 2010a, b），具体如下：

主成矿期形成于闪长岩体侵位同时或稍后，又分为 3 个成矿阶段：

成矿阶段 1A：钙钠硅酸盐阶段，形成阳起石 + 钠长石 + 钛铁矿 + 绿帘石蚀变组合，基本不含矿；

成矿阶段 1B：钾硅酸盐化阶段，是主要成矿阶段，发育广泛的黑云母化，形成浸染状矿化为主，并有少量脉状矿化，在岩体深部发育隐爆角砾岩型矿化。脉状矿化包括石英 – 黄铜矿脉、石英 – 黄铁矿 – 黄铜矿脉、石英 – 黄铜矿 – 黄铁矿脉、石英 – 黄铁矿脉等。该阶段形成包古图铜矿约 60% 的矿化；

成矿阶段 1C：绢英岩化阶段，发育广泛的绢云母化。形成浸染状和脉状矿化，发育石英 – 黄铜矿 – 辉钼矿 – 黄铁矿脉、石英 – 黄铁矿 – 黄铜矿脉、石英 – 辉钼矿脉，石英 – 磁黄铁矿 – 方解石脉，钼矿化主要形成于此阶段。

晚成矿期形成于闪长玢岩岩株侵位同时或稍后，又分为两个成矿阶段：

成矿阶段 2A：钾硅酸盐化阶段，形成少量浸染状和脉状矿化；

成矿阶段 2B：隐爆角砾岩化阶段，形成弱的矿化。

5.1.2　热液蚀变及分带模式

1. 热液蚀变及组合特点

我们进行了矿区热液蚀变填图（申萍等，2009；Shen et al., 2010a），结果表明，蚀变组合包括阳起石 + 钛铁矿 + 钠长石组合、黑云母 + 钛铁矿 + 石英 ± 金红石组合、黑云母 + 石英组合、黑云母 + 石英 ± 钾长石组合、黑云母 + 石英 + 绢云母 + 黄铁矿 ± 绿泥石 ± 绿帘石组合和绿泥石 + 绿帘石 + 黝帘石 + 黄铁矿 + 碳酸盐组合等（图 5.3）。值得注意的是，本区钾化蚀变组合发育大量热液钛铁矿，而不是经典斑岩铜矿发育的热液磁铁矿。

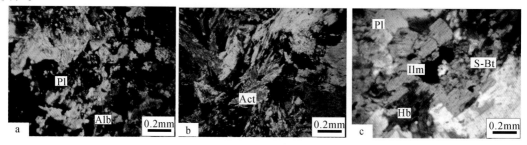

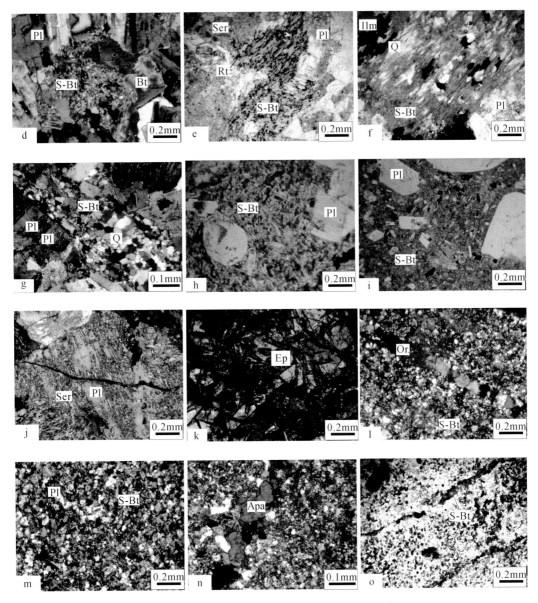

图 5.3　包古图斑岩铜钼矿床热液蚀变显微照片

a～k 岩体蚀变特点：a. 闪长岩发生钠长石化，+；b. 闪长岩发生阳起石化，+；c. 闪长岩中黑云母部分被交代形成浅色的黑云母，并有钛铁矿析出，+；d. 闪长岩中黑云母完全被交代形成浅色的黑云母，+；e. 闪长岩中角闪石被浅色黑云母交代，同时析出钛铁矿，-；f. 黑云母分解析出金红石，-；g. 闪长岩碎裂岩中黑云母 – 石英细脉，+；h、i. 闪长玢岩中基质发生黑云母化，-；j. 闪长玢岩中的斜长石发生绢云母化，+；k. 岩体的底部细粒闪长岩中的青磐岩化，+。

l～n 接触带蚀变特点：l. 凝灰质粉砂岩中发育的钾长石细脉，+；m. 凝灰质粉砂岩中发生强烈的黑云母化、硅化，+；n. 凝灰岩中发育的热液磷灰石细脉，+；o. 晶屑玻屑凝灰岩中强烈的黑云母化，-。

Bt. 原生黑云母；S-Bt. 热液黑云母；Ilm. 钛铁矿；Hb. 角闪石；Rt. 金红石；Ser. 绢云母；Qtz. 石英；Apa. 磷灰石；Or. 钾长石；Cc. 方解石；+. 正交偏光；-. 单偏光

2. 热液蚀变分带

包古图斑岩铜矿床的围岩蚀变具有明显的分带性，在岩体及其与围岩的接触带发育复杂的钾硅酸盐化带，在岩体边部和围岩发育青磐岩化带，在二者之上叠加了晚期的绢英岩化带（图 5.4、图 5.5）。矿化主要赋存于钾化带，叠加有绢英岩化的钾化带发育有富矿体。青磐岩化带矿化很弱。

3. 热液蚀变分带模式

在上述矿床地质、热液蚀变研究基础上，初步总结了包古图斑岩铜矿床的热液蚀变分带模式（图 5.6）。包古图斑岩铜钼矿床的蚀变带由岩体中心向外依次为钾硅酸盐化和石英绢云母化叠加带→青磐岩化带，与 Hollister 的蚀变分带模式类似，而与经典的 Lowell

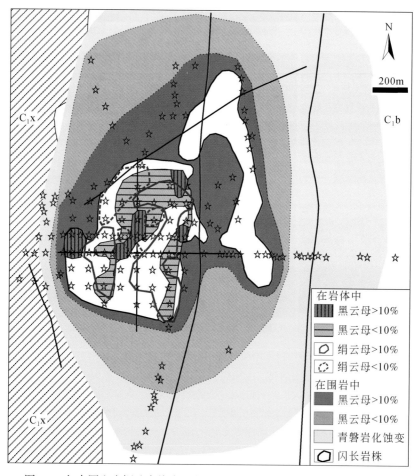

图 5.4　包古图斑岩铜矿床热液蚀变地表分带图（Shen et al., 2010a, b）

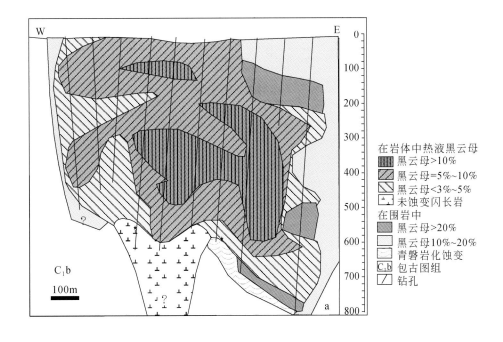

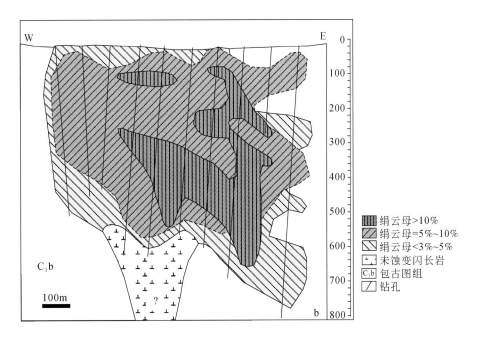

图 5.5　包古图斑岩铜矿床东西向 1 号勘探线黑云母化（a）和绢云母化（b）热液蚀变剖面图（Shen et al.，2010a，b）

和 Guilbert 的花岗闪长岩模式不同。

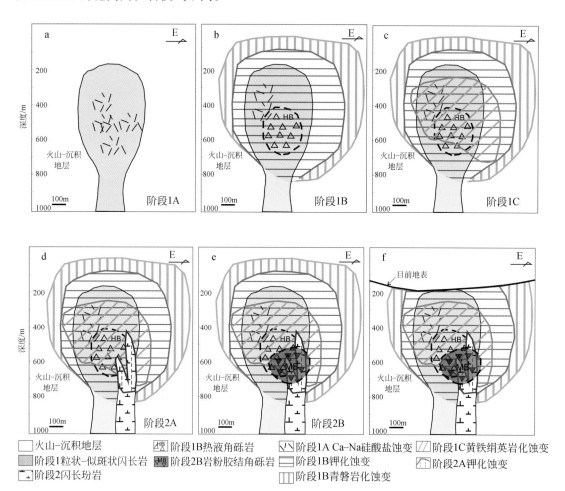

图 5.6 包古图斑岩铜矿床热液蚀变分带及成矿模式图（Shen et al.，2010a）

5.1.3 富甲烷成矿流体特征

1. 流体包裹体显微测温结果

我们系统采集了 3 个钻孔的岩心（ZK101、ZK102 和 ZK203），选择了矿区热液蚀变阶段形成的代表性石英，包括浸染状矿石中的石英和各种脉状矿石中的石英（图 5.7），进行了流体包裹体研究和测试。包裹体分为 3 大类型：气液包裹体、气相包裹体和多相包裹体（图 5.8）。CO_2 包裹体在室温下和冷冻过程中均未观察到，我们进行的激光拉曼分析在个别样品中见到了 CO_2 组分。

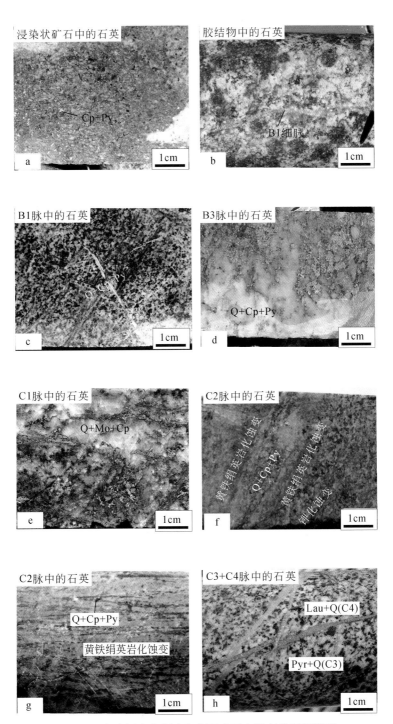

图 5.7　包古图斑岩铜矿床主要矿石中赋存的石英类型

Q. 石英；Cp. 黄铜矿；Py. 黄铁矿；Mo. 辉钼矿；Lau. 浊沸石；Pyr. 磁黄铁矿

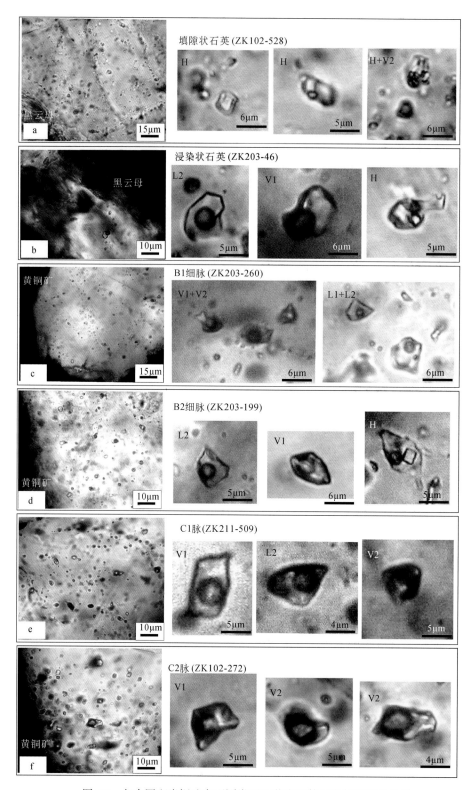

图 5.8　包古图斑岩铜矿床不同类型石英中流体包裹体特征及分类

　　显微测温共获得 700 多个数据，结果见图 5.9 所示。包古图斑岩铜矿形成于较宽的温度范围，从 160℃到 560℃，大致可以分为 4 个温度区间，第一组为 160 ～ 250℃，主要为气液包裹体的均一温度范围；第二组为 250 ～ 340℃，主要为气液包裹体和气相包裹体的均一温度范围；第三组为 350 ～ 410℃，主要为气体包裹体、多相包裹体和部分气液包裹体的均一温度范围；第四组为 430 ～ 520℃，主要为多相包裹体和少量气体包裹体的均一温度范围。其中，个别包裹体的均一温度 >560℃。

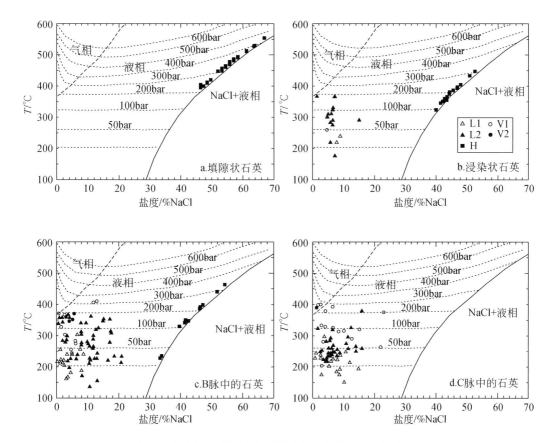

图 5.9　包古图斑岩铜矿床石英流体包裹体温度 – 盐度图解

　　盐度范围较宽，从 2% NaCl 到 66% NaCl，并明显地分为两个盐度区间，小于 23% NaCl 的中低盐度区，为气液包裹体和气相包裹体的盐度范围，中高盐度区集中于 32%～ 66% NaCl，为多相包裹体的盐度范围。表明本区成矿流体是由低盐度和高盐度的流体组成。

2. 流体包裹体气相组成

　　利用激光拉曼对不同类型的石英流体包裹体进行了成分测试，结果显示包古图矿床中包裹体 CO_2 极少，但富含 CH_4（图 5.10），这与经典的斑岩铜矿成矿流体特点明显不同。具体如下：

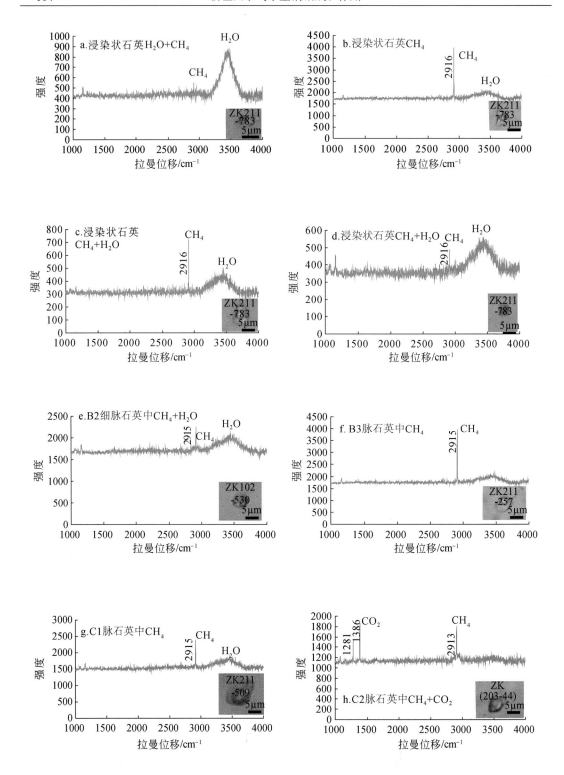

图 5.10　包古图斑岩铜矿不同类型石英流体包裹体激光拉曼光谱数据

钾硅酸盐化阶段形成的石英中流体包裹体包括富 H_2O 型、富 CH_4 型、CH_4+H_2O 型和 H_2O+CH_4 型，未见 CO_2 峰出现。绢英岩化阶段形成的石英中流体包裹体类型为 CH_4+H_2O 型和 CH_4+CO_2 型。

利用四极质谱进行了石英流体包裹体的气相成分测量，结果见表 5.2 所示，成矿 1B 阶段和 1C 阶段流体包裹体中气相组分都为 H_2O、CH_4、CO_2、N_2、C_2H_6 和 H_2S；但 1B 阶段 H_2O 含量和 CH_4/C_2H_6 值普遍高于 1C 阶段，N_2 和 CO_2 含量普遍低于 1C 阶段。这说明热液流体从还原条件向氧化条件转变。

表 5.2　群体包裹体气相成分分析

样品号	阶段	H_2O	N_2	Ar	CO_2	CH_4	C_2H_6	H_2S	CH_4/C_2H_6
ZK102–458	1B	82.12	1.142	0.135[*]	3.493	12.89	0.22	0.041	59
ZK102–272	1B+1C	81.84	1.612	0.274[*]	5.875	9.951	0.439	0.076	23
ZK104–90	1B	87.31	0.12	0.03	6.29	6.15	0.09	—	68
ZK211–413	1B	87.12	0.57	0.04	7.99	4.22	0.06	—	70
ZK211–276	1B	87.50	0.53	0.12	6.40	5.06	0.36	0.024	14
ZK211–424	1B	84.21	0.05	0.05	10.61	4.17	0.90	0.008	5
ZK211–262	1B	87.03	0.43	0.04	7.97	4.28	0.23	0.029	19
ZK106–456	1B	85.15	0.39	0.02	6.92	7.34	0.16	0.017	46
ZK106–188	1B	86.57	0.29	0.02	8.51	4.45	0.11	0.032	40
ZK211–509	1C	75.73	1.896	0.258	10.43	11.46	0.215	0.009	53
ZK211–526	1C	77.53	2.548	0.306	11.29	8.041	0.278	0.006	29
ZK102–274	1C	79.56	0.98	0.36	12.53	4.57	1.99	0.004	2
ZK203–490	1C	78.53	1.55	0.31	11.29	8.05	0.29	0.01	28
ZK211–508	1C	79.53	2.05	0.02	9.43	8.04	0.92	0.006	9
ZK211–395	1C	78.92	1.71	0.04	6.08	12.80	0.45	0.002	28
ZK211–427	1C	87.74	0.41	0.02	8.55	3.16	0.12	—	26

* 表示结果是参考值。

资料来源：Shen et al.，2010b。

3. 成矿温度–压力估计

对包古图斑岩铜矿床流体包裹体的岩相学和显微测温数据研究，根据 Hedenquist 等（1998）的方法，采用最大均一温度进行压力估计，这对于不是沸腾的气液包裹体估计的压力应是最小值。根据所获得的均一温度和盐度数据，在 NaCl–H₂O 体系相图进行估计，获得的压力区间如图 5.11 所示。

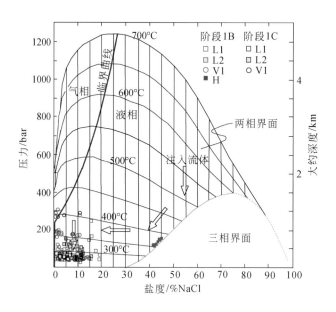

图 5.11 包古图斑岩型铜矿床流体包裹体的压力估计（底图据 Bouzari and Clark，2006）

晚岩浆阶段石英流体包裹体温度大于 400℃，压力为 1500 ~ 3100bar[①]，估计岩浆侵位深度为 5 ~ 10km；主成矿期钾化阶段形成的脉状石英，其流体包裹体温度为 180 ~ 400℃，压力为 20 ~ 263bar，形成深度小于 2.6km；主成矿期绢英岩化阶段形成的脉状石英，其流体包裹体温度为 170 ~ 400℃，压力为 10 ~ 230bar，形成深度小于 2.3km。可见，含矿岩体侵位较深（5 ~ 10km），而矿化较浅（< 2.6km），且矿化阶段成矿流体的温度和压力波动很小（图 5.12），这与地质研究含矿岩体主要为等粒状闪长岩和矿化主要为浸染状矿化的认识一致。

5.1.4 含碳质围岩混染作用

我们进行了野外地质观察、岩相学和岩石地球化学研究，结果证明，包古图斑岩铜矿床含矿岩体（闪长岩）在岩浆侵位过程中，遭受了强烈的围岩混染，英云闪长斑岩是中性岩浆与围岩强烈混染的产物，证据如下。

1. 岩相学依据

野外观察显示辉长岩、闪长岩及部分英云闪长斑岩之间没有明显的界线，也无多期侵

---

① 1 bar=10⁵ Pa。

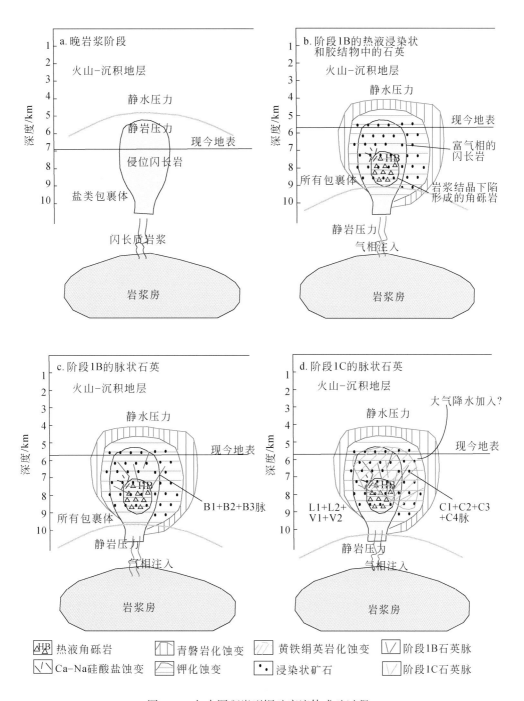

图 5.12　包古图斑岩型铜矿床流体成矿过程

入的证据，一些辉长岩和闪长岩可以逐渐变成英云闪长斑岩，岩体的矿物成分、结构、构造不均一，在闪长岩株的深部局部地段有少量辉长岩，英云闪长斑岩弥散状分布在岩体的中边部（Shen and Pan，2013，2015）。

岩相学研究发现，闪长岩和英云闪长斑岩中都可见到长英质包体（潘鸿迪和申萍，2014）。这些包体成分与围岩成分十分相似，主要由细粒长石和石英组成。此外，这些包体还残留有变余结构，这些结构、构造均可在围岩中见到（图5.13）。

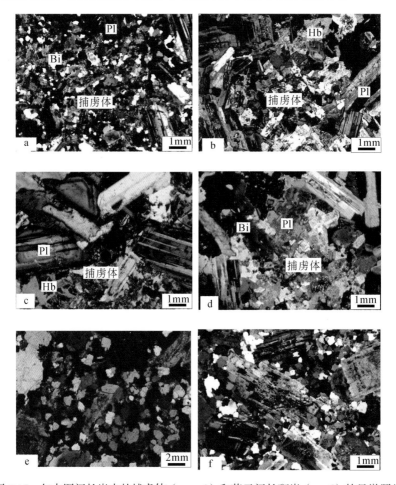

图5.13　包古图闪长岩中的捕虏体（a～d）和英云闪长斑岩（e、f）的显微照片

a.捕虏体与宿主岩石的界线清楚，捕虏体为长英质碎屑集合体；b.捕虏体主要由细粒重结晶斜长石和石英组成，在重结晶颗粒之间，仍见原岩残余的细碎屑颗粒，外围粗粒斜长石中包含有捕虏体碎屑颗粒；c.以捕虏体细碎屑颗粒为生长点，斜长石呈晶簇状生长，捕虏体中既有重结晶颗粒又有原岩碎屑颗粒；d.捕虏体中原碎屑颗粒多已重结晶，重结晶颗粒中可见碎屑颗粒；捕虏体周围岩浆结晶的斜长石中普遍含有碎屑颗粒的阴影，在照片上方的斜长石晶体是由重结晶颗粒集合体组成，其内部又有细碎屑颗粒，该集合体在转动物台时表现为聚片双晶，为同一晶体。e、f.英云闪长斑岩的斜长石斑晶与基质的关系。Pl.斜长石；Hb.角闪石；Bi.黑云母

在闪长岩中普遍存在斜长石斑晶,其成分不一,并含有细小矿物(石英、斜长石、黑云母)在核部还存在残余的砂状结构和重结晶现象。这些现象都说明这些残余矿物和残余结构并非岩浆成因而是因围岩混染产生的(潘鸿迪和申萍,2014)(图5.14)。

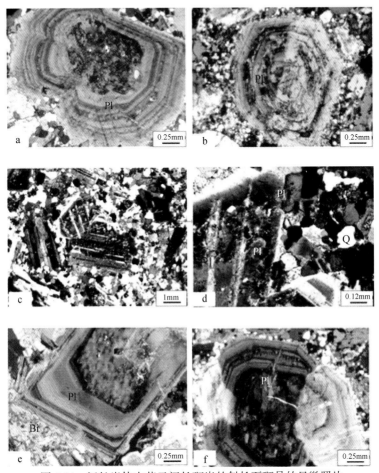

图 5.14　闪长岩体中英云闪长斑岩的斜长石斑晶的显微照片

a、b.斜长石斑晶内部具残余碎屑颗粒,斑晶边界参差不齐;c.斜长石斑晶晶簇内部包含碎屑颗粒,碎屑颗粒比基质中的碎屑略小,但形态特征相同,斑晶内的碎屑颗粒有再生长加大现象,可见碎屑颗粒重结晶形成的三结合点;d是图c的放大部分,在斑晶之外的基质中可见碎屑颗粒重结晶的二结合点,即同样具有碎屑颗粒再生长加大的现象;e.完好的斜长石环带内层具残余碎屑颗粒;f.斜长石中的碎屑颗粒和残余碎屑结构,在斜长石灰白色干涉色的背景中显现出不甚清晰的阴影状碎屑颗粒,这些阴影状碎屑颗粒构成了斜长石晶体内部的残余碎屑结构。Pl.斜长石;Hb.角闪石;
Bi.黑云母;Q.石英

2. 矿物化学成分依据

我们对包古图矿区不同岩石类型中辉石、角闪石、黑云母和斜长石进行了电子探针分析(Shen and Pan,2013,2015),包括辉长岩和闪长岩中的单斜辉石,以及辉长岩、闪长岩、英云闪长斑岩中的角闪石、黑云母和斜长石。结果见图5.15所示。辉长岩和闪长岩中的斜长石化学成分均一，但是英云闪长斑岩中的斜长石化学成分有较大的变化；辉长岩中的单斜辉石成分均一，富含透辉石，而闪长岩中的单斜辉石成分变化较大，从富透辉石到贫透辉石均有出现；辉长岩中的角闪石成分均一，以镁角闪石为主，而英云闪长斑岩中的角闪石成分则不均一（从镁角闪石到阳起石）；此外，英云闪长斑岩中的黑云母 Mg# 变化范围也很大（56 ~ 65），且 TiO_2 含量变化也较大（0.9% ~ 4.6%），说明在岩浆形成过程中混染了长英质地壳中的物质，而包古图岩体中大多数英云闪长斑岩可能是受到围岩混染后的产物。

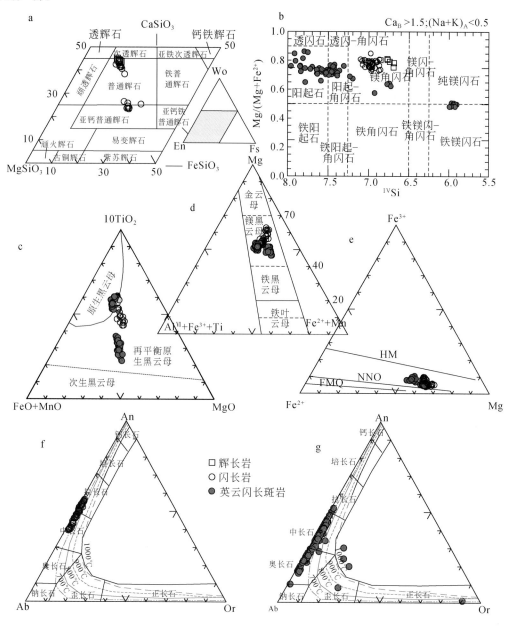

图 5.15　包古图斑岩铜矿床单矿物图解

3. 岩石地球化学依据

对包古图含矿岩体和围岩进行了主量和微量元素分析（Shen et al.，2009，2013；Shen and Pan，2013，2015）。结果表明，岩石的成分变化很大，在 TAS 图解（图 5.16a）中，样品落在了辉长闪长岩 – 花岗岩的宽广范围。在 Nb/Y–Zr/TiO$_2$ 图（图 5.16b）中，样品也落在了宽广范围，表明包古图含矿岩体的成分变化很大，可能有围岩的混入。

Mg# 值是区分岩浆来源的有力工具（Rapp and Watson，1995）。包古图岩体 Mg# 值（0.33 ～ 0.83）变化很大（图 5.16c），这说明在岩浆形成过程中有地幔和地壳物质的混合，而围岩 Mg# 较低，集中在 0.25 ～ 0.34（Shen et al.，2013c），说明在岩石形成过程中，源于地幔的岩浆可能受到了地壳物质的混染，使得 Mg# 降低。

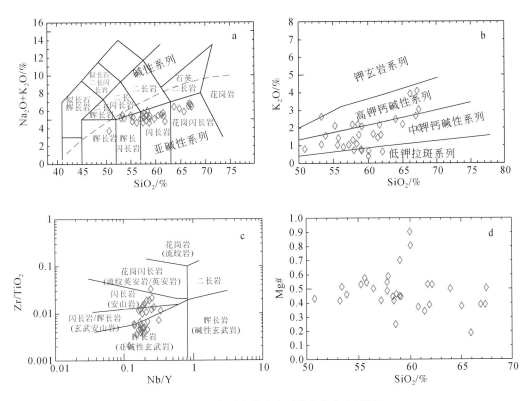

图 5.16　包古图岩浆岩岩石学分类命名图解

4. 同位素地球化学依据

我们进行了 Sr、Nd 同位素测试，结果见表 5.3。辉长岩和闪长岩 $\varepsilon_{Nd}(t)$ 变化范围为 +6.8 ～ +8.7，英云闪长斑岩具有相对低的 $\varepsilon_{Nd}(t)$ 值（+6.2 ～ +6.7）。围岩当中的凝灰岩 $\varepsilon_{Nd}(t)$ 更低（+3.7 ～ +4.4）。

表 5.3　包古图斑岩型铜矿床 Sr–Nd 同位素组成 *

样品号	岩性	Rb	Sr	$^{87}Rb/^{86}Sr$	$(^{87}Sr/^{86}Sr)_m$	$2\sigma/10^{-6}$	$(^{87}Sr/^{86}Sr)_i$	Sm	Nd	$^{147}Sm/^{144}Nd$	$(^{143}Nd/^{144}Nd)_m$	$2\sigma/10^{-6}$	$(^{143}Nd/^{144}Nd)_i$	$\varepsilon_{Nd}(t)$	T_{DM}	$f_{Sm/Nd}$
ZK203-35	G	45.94	828	0.160	0.704448	9	0.70374	1.87	8.31	0.1364	0.512861	13	0.512581	6.8	571	-0.31
ZK211-60	D							2.96	13.04	0.1371	0.512894	11	0.512613	7.4	510	-0.30
ZK211-547	D	108	460	0.685	0.706806	14	0.70376	2.92	11.05	0.1601	0.51293	14	0.512602	7.2	626	-0.19
ZK211-568	D	164	415	1.147	0.708686	9	0.70359	2.09	10.20	0.1242	0.512937	14	0.512682	8.7	363	-0.37
ZK211-144	D	41.8	751	0.161	0.704396	10	0.70368	3.59	16.34	0.1329	0.512856	15	0.512584	6.8	555	-0.32
Bgt5-1	D	39.9	770	0.150	0.704382	10	0.70372	3.68	17.32	0.1286	0.512859	9	0.512595	7.0	522	-0.35
Bgt5-3	D	34.16	750	0.132	0.704456	13	0.70387	4.11	18.7	0.1327	0.512865	11	0.512593	7.0	537	-0.33
Bgt5-4	D	13.27	770	0.050	0.703922	12	0.70370	3.67	13.57	0.1636	0.512947	10	0.512612	7.4	618	-0.17
Bgt5-2	D	14.73	634	0.067	0.704051	9	0.70375	3.21	14.14	0.1372	0.512887	10	0.512606	7.2	525	-0.30
ZK211-455	TP	68.1	500	0.394	0.705431	10	0.70368	4.58	22.67	0.1221	0.51283	14	0.51258	6.7	533	-0.38
ZK211-519	TP							4.04	19.93	0.1227	0.512803	11	0.512551	6.2	582	-0.38
BT18-2	T	81	473	0.495	0.707847	14	0.70565	3.87	19.3	0.1216	0.51271	7	0.512447	4.4	729	-0.38
BT22-3	T	46.4	434	0.310	0.706304	10	0.70493	4.06	20.1	0.1221	0.512675	7	0.512415	3.7	791	-0.38
BT40-2	A	43	610	0.2038	0.705187	11	0.70425	2.19	8.42	0.1573	0.512875	10	0.512541	6.3	570	
BT46-1	A	32.5	1002	0.0939	0.704348	11	0.70392	2.27	8.07	0.1703	0.512908	7	0.512547	6.4	556	
BT15-4	D	60.2	587	0.2967	0.705245	11	0.70388	3.23	16.4	0.1192	0.512773	7	0.512520	5.8	606	
BT48-1	D	81.4	512	0.4599	0.706173	20	0.70405	3.67	18.6	0.1194	0.512692	13	0.512439	4.3	736	
BT42-2	D	45.4	443	0.2961	0.705163	10	0.70379	2.13	12.8	0.1006	0.512729	10	0.512516	5.8	616	

* 计算方法同表 2.1；岩体数据来源：Shen et al., 2009; Shen and Pan, 2013, 2015; 围岩数据来源：Shen et al., 2013c。

虽然包古图含矿岩体岩石样品具有较高的、相对均一的 Nd 同位素组成，但是这不意味着包古图岩体未经过围岩混染。T_{DM} 较为年轻（363～626Ma）说明包古图含矿岩浆未受到古老地壳的混染，但是可能受到年轻地壳的混染。本区含矿岩体的围岩为包古图组，具有中等的 Nd 同位素组成 [$\varepsilon_{Nd}(t)$ =+3.7～+6.4]，因此，围岩混染作用导致包古图英云闪长斑岩 [$\varepsilon_{Nd}(t)$ =+6.2～+6.7] 略偏低。

这一研究也表明，在包古图地区，识别围岩混染最重要的依据是岩相学依据，其次是矿物化学数据，而同位素证据不明显。

5.1.5　原始岩浆氧逸度及演化

包古图矿区岩石类型主要有辉长岩、闪长岩和英云闪长斑岩，岩浆直接结晶形成辉长岩和大多数闪长岩，而岩浆受到围岩混染形成英云闪长斑岩。因此，我们利用辉长岩和闪长岩研究原始岩浆的氧逸度，而利用英云闪长斑岩研究混染岩浆的氧逸度。包古图原始岩浆为氧化性岩浆，由于含碳质围岩的混染导致含矿岩浆氧逸度降低。

1. 原始岩浆为氧化岩浆

1）岩相学依据

辉长岩和闪长岩含有原生的磁铁矿 + 钛铁矿 + 楣石组合（图 5.17），表明辉长岩和闪长岩的原始岩浆为氧化岩浆。

2）矿物化学依据

电子探针数据显示（图 5.15b、d、e），辉长岩和闪长岩中的褐色原生角闪石属于高 Mg#（0.73～0.81）镁角闪石，闪长岩中的原生黑云母属于高 Mg#（0.60～0.70）镁黑云母。在 Fe^{3+}–Fe^{2+}–Mg 三角图中，黑云母样品都落在了 NNO 和 HM 之间。这些证据都表明，形成包古图岩体的岩浆为氧化岩浆。

电子探针数据显示，在 T–$\log f_{O_2}$ 图（图 5.18）中，磁铁矿和钛铁矿位于 NNO 曲线之上，辉长岩的 f_{O_2} 为 –12.3～–13.1，闪长岩的 f_{O_2} 为 –14.3～–15.6，均位于 NNO 曲线之上。根据角闪石电子探针数据计算获得的辉长岩和闪长岩的氧逸度 f_{O_2} 值变化于 NNO+1.1 和 NNO+1.8 之间，78 个成分数据的平均为 NNO+1.4。表明辉长岩和闪长岩的原始岩浆为氧化岩浆。

对闪长岩中的原生磷灰石（图 5.17d）进行了电子探针分析，结果表明，磷灰石的 SO_3 含量变化于 0.17%～0.61% 之间（图 5.19），平均为 0.28%，表明闪长岩的原始岩浆为氧化岩浆。相反，对英云闪长斑岩中的混染成因的磷灰石（图 5.17e、f）进行了电子探针分析结果表明，磷灰石的 SO_3 含量变化于 0.01%～0.1% 之间（图 5.19），平均为 0.05%，表明混染成因的岩浆为还原岩浆。

原始岩浆阶段(a~d)

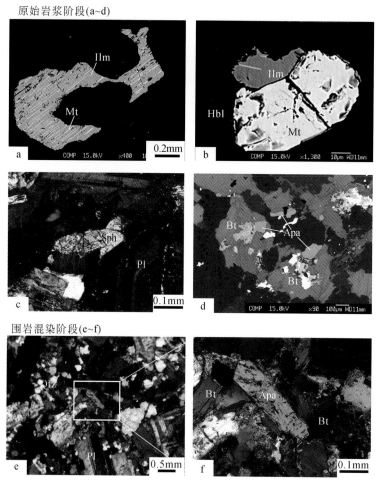

图 5.17 a～c. 辉长岩和闪长岩中的磁铁矿＋钛铁矿＋榍石组合；d. 原生磷灰石；e～f. 英云闪长斑岩中混染成因磷灰石

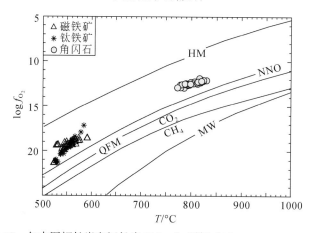

图 5.18 包古图辉长岩和闪长岩 T–logf_{O_2} 图解（Shen and Pan，2013）

HM. 赤铁矿 – 磁铁矿缓冲体系；NNO. 镍 – 氧化镍缓冲体系；QFM. 石英 – 铁橄榄石 – 磁铁矿缓冲体系（Chou，1987）和 CO_2–CH_4（Candela，1989）

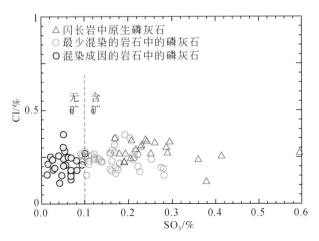

图 5.19　包古图闪长岩和混染成因英云闪长斑岩的 SO_3–Cl 图解（Shen and Pan，2015）（含矿非含矿界线据 Imai，2004）

3）锆石微量元素依据

对包古图斑岩铜矿含矿岩体（闪长岩）进行锆石 Ce^{4+}/Ce^{3+} 值及其氧逸度的分析。结果表明，含矿岩浆中锆石均具有 Ce 的正异常（图 5.20a），锆石的 Ce^{4+}/Ce^{3+} 值均较高，且变化大（28～110），平均为 54。在 Ce^{4+}/Ce^{3+}–$1/T$ 图（图 5.20b）中，包古图位于 NNO 线之上，表明闪长岩原始岩浆为氧化岩浆。

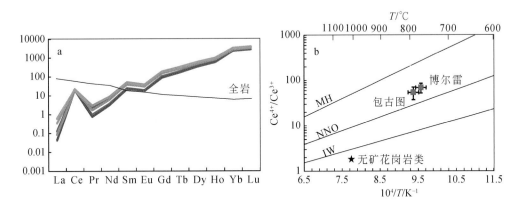

图 5.20　包古图闪长岩 Ce^{4+}/Ce^{3+}–$1/T$ 图解（Shen et al.，2015c）

4）流体包裹体证据

我们选择了岩浆阶段形成的闪长岩和混染阶段形成的英云闪长斑岩，对其中发育的石英进行了流体包裹体激光拉曼研究，结果表明，闪长岩中的石英流体包裹体包括富 H_2O 和少量的 CO_2 包裹体，属于 CO_2+H_2O 组合（图 5.21），表明闪长岩原始岩浆为氧化岩浆。

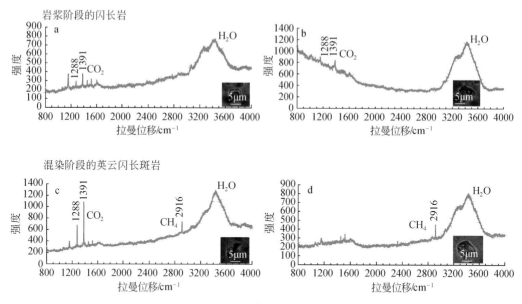

图 5.21 包古图岩浆阶段和混染阶段形成的石英流体包裹体激光拉曼图解

2. 混染岩浆为还原岩浆

1）岩相学依据

对辉长岩、闪长岩和英云闪长斑岩进行了系统的岩相学研究，仅在混染成因的英云闪长斑岩发现有原生的磁黄铁矿，呈填隙状（图 5.22），表明英云闪长斑岩形成于还原条件。

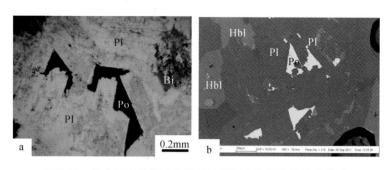

图 5.22 包古图混染成因英云闪长斑岩中的填隙状磁黄铁矿

2）矿物化学依据

前已述及，英云闪长斑岩中的混染成因磷灰石 SO_3 含量变化于 0.01%～0.10%（图 5.17），表明英云闪长斑岩中的混染成因磷灰石为还原条件的产物。

3）流体包裹体依据

英云闪长斑岩中的石英流体包裹体包括富 H_2O、富 CH_4、富 CO_2 包裹体，流体属于

$CH_4+CO_2+H_2O$ 体系（图 5.21），表明混染阶段岩浆为还原岩浆。

5.1.6　还原流体的来源

1. 围岩中有机碳含量和碳同位素组成

对包古图矿区出露的包古图组围岩进行了碳含量及同位素分析（表 5.4），围岩中有机碳含量为 0.21%～ 0.79%，平均为 0.45%。无机碳含量变化范围较大，从 0.16%～ 1.43%，平均值为 0.51%。$\delta^{13}C$ 为 −23.1%～ −25.8%，平均值为 −25.0%。

表 5.4　包古图组地层碳含量及碳同位素

样品号	岩性	有机碳 /%	无机碳 /%	$\delta^{13}C/\%$
ZK4–1–7	含泥粉砂质凝灰岩	0.41	0.14	−25.8
ZK4–1–14	凝灰质粉砂岩	0.49	0.16	−23.1
ZK4–4–21	泥质石英砂岩	0.47	1.2	
ZK4–4–27	凝灰质粉砂岩	0.42	0.31	−25.2
ZK4–4–30	泥质石英砂岩	0.62	1.43	−25.8
BT21–3	含泥粉砂质凝灰岩	0.24	0.6	
BT22–3	含泥粉砂质凝灰岩	0.79	0.48	
BT50–3	含泥粉砂质凝灰岩	0.21	0.45	
BT51–1	杂砂岩	0.28	0.21	
BT52–2	杂砂岩	0.58	0.16	

数据来源：Shen and Pan，2015。

2. 成矿流体中碳同位素组成

流体包裹体 CH_4 和 CO_2 中的 C 同位素组成结果（表 5.5）显示，$\delta^{13}C_{CH_4}$ 和 $\delta^{13}C_{CO_2}$ 的值变化范围均较大，分别为 −28.2‰～ −36.0‰和 −6.8‰～ −20.0‰，而利用 C 同位素求得的平衡温度变化范围为 294 ～ 830℃。根据已有数据，我们认为 CH_4 和 CO_2 的含量与 C 同位素组成没有明显的相关性。

表 5.5　包古图铜矿流体包裹体中 CH_4 和 CO_2 的 C 同位素

样品号	阶段	$\delta^{13}C_{CH_4}/‰$	$\delta^{13}C_{CO_2}/‰$	$\Delta^{13}C_{CO_2-CH_4}/‰$	平衡温度 /℃
ZK104–90	1B	−28.4	−11.8	16.6	464
ZK211–413	1B	−34.7	−14.0	20.7	374

样品号	阶段	$\delta^{13}C_{CH_4}$/‰	$\delta^{13}C_{CO_2}$/‰	$\Delta^{13}C_{CO_2-CH_4}$/‰	平衡温度 /℃
ZK211–276	1B	−29.0	−12.7	15.3	500
ZK102–458	1B	−28.7	−19.6	9.1	774
ZK211–424	1B	−30.7	−10.3	20.4	370
ZK211–262	1B	−31.8	−7.9	23.8	310
ZK106–456	1B	−31.8	−6.8	25.0	294
ZK106–188	1B	−31.6	—	—	—
ZK102–274	1C	−28.2	−20.0	8.2	830
ZK203–490	1C	−32.4	−17.1	15.3	500
ZK211–508	1C	−34.2	−10.7	23.5	316
ZK211–395	1C	−36.0	—	—	—
ZK211–427	1C	−30.8	—	—	—

数据来源：Shen and Pan，2015。

3. CH₄ 和 CO₂ 来源

包古图斑岩铜矿床成矿流体中含有大量 CH_4，这与世界上绝大多数斑岩铜矿床的成矿流体有很大差异。一般而言，CH_4 的来源主要有三种（Ueno et al.，2006；Fiebig et al.，2007）：①细菌通过新陈代谢产生的 CH_4；②有机物热分解产生的 CH_4；③由地幔去气或非生物作用下的简单无机反应（如费托反应）产生的 CH_4。不同成因的 CH_4 具有截然不同的 C 同位素组成：①生物作用产生的 CH_4 的 $\delta^{13}C_{CH_4}$ 从 –69.2‰～ –66.1‰（Schoell，1988）；②有机物热分解产生的 CH_4 的 $\delta^{13}C_{CH_4}$ 从 –30‰～ –20‰（Giggenbach，1995），这种情况在大陆热液系统中经常出现；③地幔来源的 CH_4 的 $\delta^{13}C_{CH_4}$ 常 ＞ –25‰（Jenden et al.，1993）。

包古图矿床中 CH_4 的 $\delta^{13}C_{CH_4}$ 从 –36.0‰～ –28.2‰（表5.5），平均值为 –31.4‰，说明包古图地区的 CH_4 并非源于生物成因或地幔去气。如果 CH_4 源于热分解作用，那么包裹体中气相成分中除了大量 CH_4 外就应该有较高含量的碳氢化合物（如 C_2H_6、C_3H_8 等），并且 $CH_4/(C_2H_6+C_3H_8)$ 值小于100。这些特征都与包古图矿床流体中气相成分分析结果相似。如图 5.23 所示，包古图样品中的 CH_4 大多数落在了有机质热分解成因范围内，少量落在了地热气体范围中。通常来说，加热成因 CH_4 与有机物热分解（$T ＞ 150℃$）密切相关。由此可见，包古图矿区中的 CH_4 可能源于含碳围岩中有机碳热分解，少量来源于地热气体。

CO_2 中的 C 同位素进一步证明了含碳地层对成矿流体组分的贡献。$\delta^{13}C_{CH_4}$ 从 –36.0‰～ –28.2‰ 属于典型的源于沉积物中有机碳的 CH_4，$\delta^{13}C_{CO_2}$ 从 –20.0‰～ –6.8‰ 属于 CH_4 氧化形成的 CO_2 而非古生代海相碳酸盐（–3‰～ +3‰）产生的 CO_2。另外，实验数据显示 $\Delta^{13}C_{CO_2-CH_4}$ 从 8.2‰～ 25‰。这些都说明热液流体中的 C 来源于沉积岩中的含碳物质，比如包古图组地层，而热液流体中的 CH_4 则主要来源于地层中有机碳热分解。

当然，我们也应该考虑非生物成因生成 CH_4 的可能性，比如费托反应，结果表明，

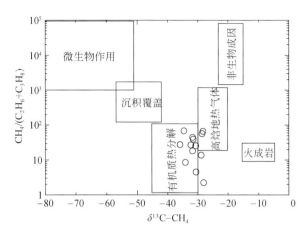

图 5.23 包古图铜矿流体包裹体中 $CH_4/(C_2H_6+C_3H_8)-\delta^{13}C-CH_4$ 图解（Cinti et al., 2011；方格据 Hunt, 1996）

包古图铜矿的 CH_4 不可能为非生物成因来源，依据如下：①地质上判断 CH_4 为非生物成因的标准十分模糊。一种标准为 $\delta^{13}C_{CH_4} > -25‰$ 或是在 $-26‰\sim-9‰$（Welhan，1988；Ueno et al., 2006），另一种标准为 $\delta^{13}C_{CH_4}$ 与微生物成因 CH_4 值一样低（Horita and Berndt，1999）。我们获得的包古图矿床中的 $\delta^{13}C_{CH_4}$（$-36.0‰\sim-28.2‰$）低于 $-26‰$，但远高于微生物成因 CH_4 的 $\delta^{13}C_{CH_4}$。②如果所有 CH_4 都为非生物成因来源（例如费托反应），那么气体中就不应该出现 C_2H_6 等气体，而包古图斑岩铜矿中流体包裹体气相成分中明显含有 C_2H_6 等气体，因此，CH_4 不可能为非生物成因来源。③当有含 Fe^{2+} 矿物相作为催化剂时，费托反应可以解释在温度低于 500℃时 CO_2 和 CH_4 气体的化学和同位素交换（Giggenbach，1997；Horita and Berndt，1999）。包古图矿区含矿岩体中广泛分布着含 Fe^{2+} 的矿物，但是同位素地质温度计显示，它们的形成温度部分在 294～500℃，部分大于 500℃，这表明 CH_4 并非全部来源于费托反应。④为了判定 CO_2 和 CH_4 在岩浆热液体系中是否达到化学平衡，我们用 $\log(X_{CH_4}/X_{CH_2})-T$ 进行投图分析（图 5.24），从图中可以看到，所有数据点均远离气液相平衡曲线，这表明在热液系统中 CO_2 和 CH_4 未能达到化学平衡。综上所述，CH_4 不可能为非生物成因来源（Shen and Pan，2015）。

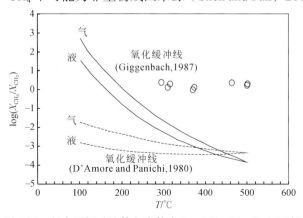

图 5.24 包古图铜矿流体包裹体中 $\log(X_{CH_4}/X_{CH_2})-T$ 图解

5.1.7　矿床成因和成矿模式

1. 矿床成因

在上述研究基础上，我们认为，包古图斑岩铜矿含矿原始岩浆为氧化性岩浆，岩浆侵位之后发生了同化混染作用，含碳质围岩的加入导致原始岩浆氧逸度降低，与此同时，含碳质围岩中的有机碳发生了热分解，形成了甲烷、乙烷等还原流体，导致包古图斑岩铜矿还原流体形成，这种还原流体与闪长岩体发生热液蚀变作用，形成具有还原特点的蚀变（强烈的钛铁矿化）及成矿作用（磁黄铁矿化和毒砂化）。

2. 成矿模式

包古图斑岩铜矿含矿岩浆和热液流体形成经历了如下的过程（图 5.25）：

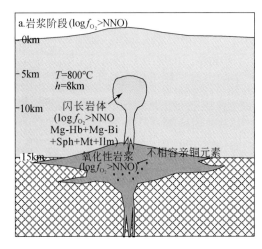
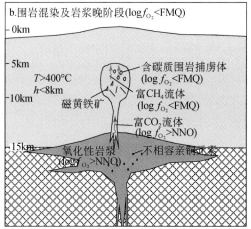
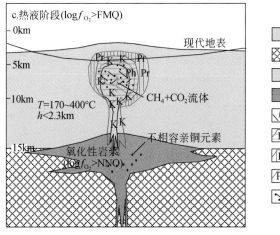

图 5.25　包古图铜矿成矿过程和氧逸度演化示意图

（1）原始岩浆阶段：岩浆侵位于地下约 8km 处，温度达 800℃；矿物组合为镁角闪石＋镁黑云母＋榍石＋磁铁矿＋钛铁矿；岩浆－热液流体属于 CO_2+H_2O 体系；岩浆氧逸度 $\log f_{O_2}>$ NNO 或 FMQ+1，为氧化性岩浆。

（2）同化混染岩浆阶段：岩浆上升，温度 >400℃；出现晚岩浆阶段磁黄铁矿；岩浆－热液流体属于 $CH_4+CO_2+H_2O$ 体系；岩浆氧逸度 $\log f_{O_2}<$ FMQ，为还原性岩浆。虽然原始岩浆为氧化性岩浆，但是含碳质围岩的混染作用导致岩浆出溶流体富含甲烷，形成磁黄铁矿、钛铁矿等还原性矿物组合。

（3）成矿热液阶段：以还原流体为主，其中，钾硅酸盐化阶段成矿流体性质以还原性流体为主（$CH_4+C_2H_6$），热液蚀变以出现大量钛铁矿为显著特征，出现金属硫化物沉淀；在绢英岩化阶段，除了还原性流体（$CH_4+C_2H_6$）外，还出现了少量 CO_2 气体和大量磁黄铁矿，发生金属硫化物沉淀（Shen and Pan，2015）。

5.2　其他铜矿床及矿点

5.2.1　石屋斑岩铜金矿点

西准噶尔发育的斑岩铜矿均不同程度地含有甲烷、乙烷等还原流体，除了包古图之外，还有石屋和吐克吐克斑岩铜矿，我们主要介绍石屋斑岩型铜金矿点。

1. 矿区地质特征

石屋斑岩型铜－金矿点位于新疆西准噶尔地区巴尔鲁克断裂南东侧。矿区地层主要为中泥盆统巴尔鲁克组和下石炭统包古图组（图 5.26）。巴尔鲁克组上段主要由凝灰质粉砂岩、长石岩屑砂岩、晶屑岩屑玻屑凝灰岩、沉凝灰岩组成，下段主要由灰绿色熔结凝灰岩、沉火山尘凝灰岩、灰绿色安山质火山角砾岩和安山岩组成；包古图组主要由灰色细粒长石岩屑砂岩、凝灰质粉砂岩、凝灰岩、不均匀互层夹灰岩透镜体组成。矿区内断裂构造发育，主要为北东向和近东西向断裂。

矿区岩体发育，包括闪长岩、石英闪长岩、石英闪长玢岩、英云闪长斑岩、花岗闪长斑岩、花岗斑岩（图 5.26），以闪长岩和石英闪长岩为主。蚀变矿化与石英闪长玢岩密切相关，蚀变主要有钾化、电气石化、硅化、绢云母化、青磐岩化和碳酸盐化，其中钾化包括钾长石和黑云母，青磐岩化包括绿泥石和绿帘石化。矿化类型以脉状、细网脉状和浸染状为主，常见脉系有：钾长石－石英脉（图 5.27a）、电气石－石英脉、石英－绢云母脉、电气石－黄铜矿－黄铁矿脉（图 5.27b）、石英－电气石－黄铜矿－黄铁矿脉、石英－黄铜矿－黄铁矿脉（图 5.27c）、石英－黄铁矿－黄铜矿脉、石英－绿泥石－黄铜矿－黄铁矿脉、石英－

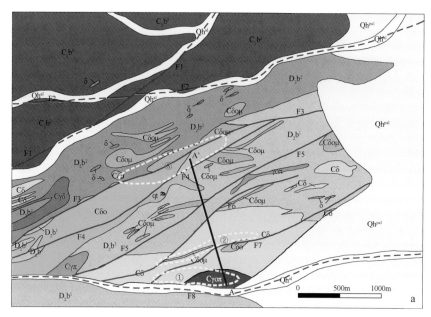

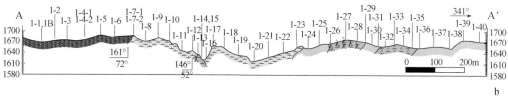

图例

Qh^al	第四系冲积层、砂、砾、松散堆积物	Qh^pal	第四系洪冲击砂、砾、亚黏土	C₁b²	下石炭统包古图组上段	D₂b² 中泥盆统巴尔鲁克组上段

Qh^al 第四系冲积层、砂、砾、松散堆积物　Qh^pal 第四系洪冲击砂、砾、亚黏土　C₁b² 下石炭统包古图组上段　D₂b² 中泥盆统巴尔鲁克组上段

D₂b¹ 中泥盆统巴尔鲁克组下段　Cγπ 浅肉红色花岗斑岩　Cγοπ 浅肉红色英云闪长斑岩　Cγδ 浅黄色蚀变花岗闪长斑岩

Cδομ 灰绿色石英闪长岩　Cδομ 浅灰绿色蚀变石英闪长玢岩　Cδ 浅绿色蚀变中粒-细粒闪长岩　δ 闪长岩脉

qt 黑色石英电气石脉　F 断层　矿化　γοπ 石英霏细岩脉

图 5.26 石屋 Cu-Au 矿床矿区地质图（a）（据黄玮等，2015 修改）和 A-A′ 实测剖面图
（b）（Li et al.，2016）

早阶段钾长石-石英脉　　　主阶段电气石-黄铜矿（-黄铁矿）脉

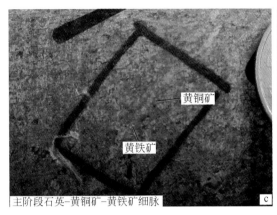

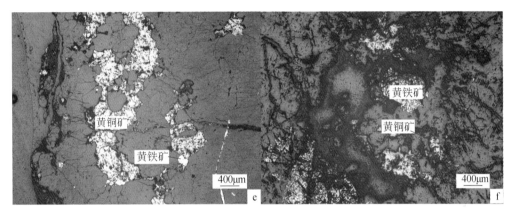

图 5.27　不同阶段脉系手标本照片

a. 早阶段钾长石 – 石英脉；b. 主阶段电气石 – 黄铜矿（– 黄铁矿）脉被后期石英细脉截切；c. 主阶段石英 – 黄铜矿 –
黄铁矿细脉；d. 晚阶段方解石 – 石英 – 绿泥石脉；e. 脉体中黄铜矿与黄铁矿共生；f. 岩体中半自形黄铁矿与半自形 –
他形黄铜矿共生

绿泥石脉、方解石（– 石英）– 绿泥石脉（图 5.27d）、方解石脉。矿石矿物主要为黄铜矿
和黄铁矿。脉石矿物主要为石英、钾长石、电气石、绿泥石、绿帘石和方解石。矿石结构
为半自形 – 他形粒状结构（图 5.27e、f），矿石构造为浸染状（图 5.27f）、脉状（图 5.27e）
和细脉浸染状。

　　基于矿化与石英闪长玢岩相关，具有斑岩型矿床常见的热液蚀变，矿化类型以浸染状、
细脉浸染状和脉状为主等特点，我们将石屋铜 – 金矿初步确定为斑岩型矿床。随着对矿床
勘探及研究的深入，必将对石屋铜 – 金矿得到更全面的认识。

　　石屋铜 – 金矿成矿过程可分为 3 个阶段：①早阶段主要为钾化，蚀变组合为钾长石
+ 石英 + 黑云母 + 磁铁矿 + 电气石 + 方解石，发育浸染状矿化和脉状矿化，前者包括黄
铁矿和少量的黄铜矿，后者包括钾长石 – 石英脉、石英 – 电气石脉（图 5.28a）、方解
石（– 硬石膏）脉（图 5.28b）和石英脉，脉宽 0.5 ～ 1.5cm。②主阶段主要为绿泥石化和
石英绢云母化，蚀变组合为绿泥石 + 石英 + 绢云母 + 电气石 + 绿帘石，发育浸染状和细

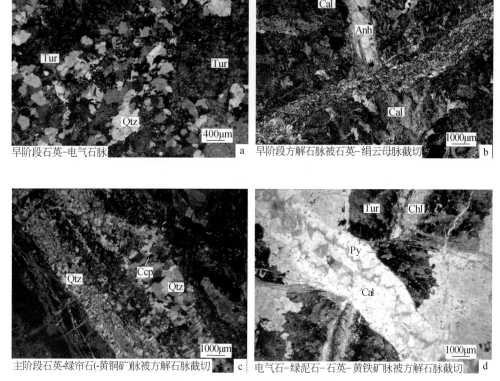

图 5.28 不同阶段脉系显微照片

a. 早阶段石英 – 电气石脉；b. 早阶段方解石脉被石英 – 绢云母脉截切；c. 主阶段石英 – 绿帘石（ – 黄铜矿）脉被方解石脉截切；d. 电气石 – 绿泥石 – 石英 – 黄铁矿脉被方解石脉截切

脉浸染状矿化，浸染状矿化包括黄铜矿、黄铁矿，脉状矿化包括石英 – 黄铜矿 – 黄铁矿脉、石英 – 绢云母脉、石英 – 绿泥石 – 黄铜矿 – 黄铁矿脉、石英 – 绿帘石脉（ – 黄铜矿）脉（图 5.28c）、石英 – 电气石 – 黄铜矿 – 黄铁矿脉、石英 – 黄铁矿 – 黄铜矿脉和电气石 – 石英 – 绿泥石 – 黄铁矿脉（图 5.28d），脉宽 0.4 ～ 0.8cm。③晚阶段主要为碳酸盐化，蚀变组合为方解石 + 绿泥石 + 石英，方解石主要以脉状形式出现。主要脉系类型包括石英脉、方解石 – 绿泥石脉（图 5.27d）、方解石 – 石英 – 绿泥石脉、方解石（细）脉和石英 – 黄铁矿脉，脉宽 2 ～ 4cm。矿物生成顺序见表 5.6。

2. 流体包裹体特征

1）流体包裹体岩相学特点

不同成矿阶段中流体包裹体均发育，寄主矿物主要为石英、方解石。根据室温下流体包裹体的岩相学特征和均一方式，将原生包裹体分为 3 种类型（表 5.7，图 5.29）。

表 5.6　矿物生成顺序表

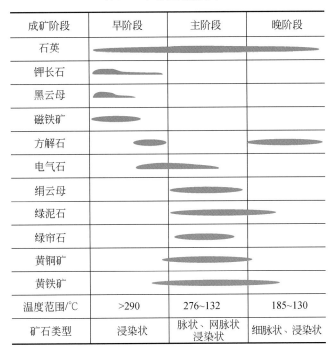

成矿阶段	早阶段	主阶段	晚阶段
石英			
钾长石			
黑云母			
磁铁矿			
方解石			
电气石			
绢云母			
绿泥石			
绿帘石			
黄铜矿			
黄铁矿			
温度范围/℃	>290	276~132	185~130
矿石类型	浸染状	脉状、网脉状浸染状	细脉状、浸染状

表 5.7　石屋铜 – 金矿流体包裹体特征

包裹体类型	相态	形态	长轴大小 /μm	分布状态	气液比 /%	发育情况
Ⅰ型	液相＋气相（L+V）	长柱状、椭圆形、不规则状	3～15	群状分布、孤立分布	5～45	各阶段均发育
Ⅱ型	气相＋液相（V+L）	椭圆形、不规则状	4～14	群状分布、孤立分布	50～90	早和主阶段发育
Ⅲ型	液相＋气相＋固相（L+V+S）	椭圆形、不规则状	4～10	孤立分布	10～40	仅在早阶段发育

2）流体包裹体显微测温

测温结果见图 5.30。根据 Hall 等（1988）提出的 $H_2O-NaCl$ 体系盐度 – 冰点公式及盐度 – 石盐熔化温度公式获得各类型流体包裹体盐度。根据 Bodnar（1983）的由均一温度和盐度计算流体密度的经验公式得到低盐度流体包裹体密度。根据刘斌（2001）的中高盐度 $NaCl-H_2O$ 包裹体密度公式得到中高盐度流体包裹体密度。根据邵洁涟和梅建明（1986）的成矿压力计算公式得到各脉系的捕获压力和捕获深度。

3）流体包裹体成分

石屋铜 – 金矿中的石英流体包裹体激光拉曼分析结果表明：在早阶段Ⅲ型包裹体中除石盐子矿物外，还存在着赤铁矿（峰值为 293.6、411.4 和 1317.7，图 5.31a）、方解石两种子矿物（峰值为 1087.5，图 5.31b）。但是未见 CH_4 等还原性气体和 CO_2 的特征峰值。

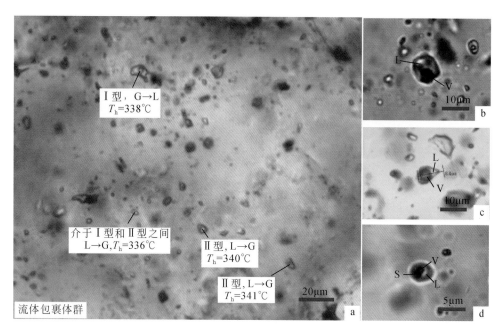

图 5.29　石屋铜 – 金矿流体包裹体显微照片

a. 流体包裹体群显微照片；b. 富液相包裹体显微照片（周围亮点有的为纯气相包裹体）；c. 富气相包裹体显微照片（周围有富液相包裹体）；d. 含子矿物包裹体显微照片；V. 气相，L. 液相，S. 子晶

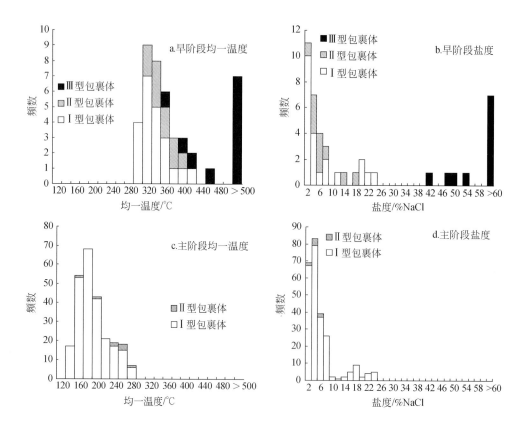

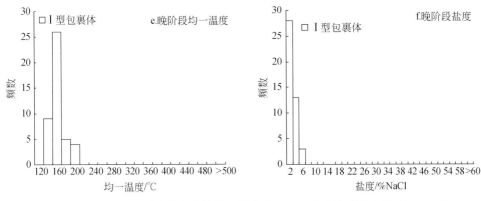

图 5.30　石屋 Cu–Au 矿流体包裹体均一温度（a、c、e）和盐度直方图（b、d、f）

为了查明成矿流体中的气相成分，我们选择了主阶段和晚阶段共计 4 件样品进行群体包裹体气相成分分析，结果见表 5.8。主阶段和晚阶段流体包裹体气相成分均以 H_2O 为主，含有 CO_2、CH_4 和 C_2H_6 等，属于 H_2O–$NaCl$–CO_2–C_2H_6–CH_4 体系。

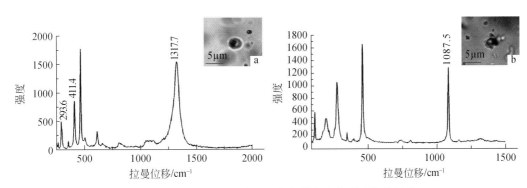

图 5.31　石屋 Cu–Au 矿中的石英流体包裹体激光拉曼图谱

表 5.8　石屋 Cu–Au 矿主阶段流体包裹体气相成分分析

样品编号	成矿阶段	脉系类型	H_2O	N_2	Ar^*	O_2	CO_2	CH_4	C_2H_6	H_2S	CH_4/C_2H_6
ZK1501–644	主阶段	Qz–Ccp–Py 脉	98.330	0.111	0.078	—	1.166	0.139	0.175	0.0013	0.794
ZK1501–489	主阶段	Qtz–Ccp–Py 脉	98.160	0.101	0.077	—	1.438	0.124	0.096	—	1.292
ZK1501–524	晚阶段	Qtz 脉	97.905	0.131	0.071	—	1.669	0.098	0.119		0.824
SW1+BZK1501–257	晚阶段	Qtz 细脉	97.660	0.160	0.089	—	1.894	0.167	0.028		5.964

矿物简写说明：Qtz. 石英，Ccp. 黄铜矿，Py. 黄铁矿。

注：　"—"表示未检出，"*"表示仅供参考。

3. 成矿物理化学条件

石屋铜-金矿成矿过程分为早、中、晚三个阶段（图5.30）。早阶段Ⅰ型、Ⅱ型、Ⅲ型包裹体均发育，均一温度均在290℃以上，集中在300～360℃，属于中高温流体，盐度分为中低盐度和高盐度两类（0～26% NaCl和>46% NaCl），但是未能发现明显的流体沸腾现象，并且部分Ⅲ型包裹体升温至500℃时仍未达到均一。主阶段Ⅰ型、Ⅱ型包裹体较为发育，均一温度变化较大，从130～260℃（但集中在140～200℃），盐度从0～26% NaCl，推测主阶段流体为一种中低温中低盐度流体，这一特点与新疆东天山土屋-延东斑岩型铜矿相似（Han et al.，2006）。晚阶段只发育Ⅰ型包裹体，均一温度从120～200℃，集中在140～160℃，盐度也进一步下降到0～6% NaCl，推测晚阶段流体为一种低温低盐度流体。

通过流体包裹体计算成矿压力和深度存在一定困难，因为流体包裹体圈闭可能在静水压力和静岩压力间变化（Bouzari and Clark，2006）。根据所测得的均一温度和冰点温度，通过计算进一步获得了各阶段流体捕获压力（邵洁涟和梅建明，1986）：早阶段脉体中不同脉系捕获平均压力从217～377bar；主阶段脉体中不同脉系捕获压力从124～175bar；晚阶段脉体中不同脉系捕获压力从98～105bar。总体来看，石屋铜-金矿成矿过程为一个减压过程，从早阶段到晚阶段成矿压力逐渐降低。按照静岩压力（30MPa/km）计算，石屋铜-金矿区早阶段脉体形成深度从0.72～1.26km，主阶段脉体形成深度从0.41～0.58km，晚阶段脉体形成深度从0.33～0.35km。由于脉系贯通等因素的影响，主阶段和晚阶段都可能处于静水压力下，所以我们得到的主阶段和晚阶段形成深度应该为最小形成深度。由于未能发现UST结构，所以早阶段脉体形成深度也不能代表流体出溶时的深度，但它一定小于岩体侵位的最浅深度。

根据激光拉曼光谱分析，石屋矿区早阶段流体包裹体中含有赤铁矿子晶，属于高氧逸度流体。群体包裹体气相成分分析结果表明，主阶段和晚阶段流体中都具有一定含量的CH_4和C_2H_6，表现出了不同程度的还原性，分别属于$H_2O-NaCl-CO_2-C_2H_6-CH_4$体系和$H_2O-NaCl-CO_2-CH_4-C_2H_6$体系。

4. 成矿物质来源

我们挑选了早阶段和主阶段9个样品中共计12件进行S同位素分析，结果见表5.9和图5.32。早阶段黄铁矿、黄铜矿的$\delta^{34}S$从0.58‰～1.89‰，$\delta^{34}S_{黄铜矿}$>$\delta^{34}S_{黄铁矿}$，不满足硫化物平衡时矿物的^{34}S富集顺序辉钼矿>黄铁矿>闪锌矿≈磁黄铁矿>H_2S>黄铜矿>方铅矿，表明在矿质沉淀时，硫同位素未能达到平衡。主阶段黄铜矿、黄铁矿$\delta^{34}S$‰从-0.20～+2.67，部分样品$\delta^{34}S_{黄铜矿}$>$\delta^{34}S_{黄铁矿}$，也说明在矿质沉淀时硫同位素未能达到平衡。但无论是早阶段还是主阶段，$\delta^{34}S_{黄铜矿}$与$\delta^{34}S_{黄铁矿}$相差不大，未表现出明显的分馏现象。

表 5.9　石屋铜 – 金矿硫同位素分析结果

样品号	ZK0401–66	ZK1501–370	ZK1501–370	BZK1501–285	ZK1501–558	ZK1501–107
成矿阶段	早阶段	早阶段	早阶段	早阶段	主阶段	主阶段
矿物	Py	Py	Ccp	Py	Py	py
矿化类型	浸染状，与电气石伴生	浸染状，与电气石伴生	浸染状，与电气石伴生	浸染状	Qtz–Py 脉	浸染状
$\delta^{34}S/‰$	0.58	1.53	1.53	1.89	0.83	2.22
样品号	ZK1501–107	ZK1501–137	ZK1501–137	ZK0401–130	ZK0401–30	ZK1501–489
成矿阶段	主阶段	主阶段	主阶段	主阶段	主阶段	主阶段
矿物	Ccp	Py	Ccp	Py	Py	Ccp
矿化类型	浸染状	浸染状	浸染状	浸染状	细脉状	Qtz–Ccp–Py 脉
$\delta^{34}S/‰$	2.18	2.02	2.67	–0.20	1.91	1.16

矿物简写说明：Qtz. 石英，Ccp. 黄铜矿，Py. 黄铁矿。

石屋矿区早阶段和主阶段的黄铜矿、黄铁矿 $\delta^{34}S$ 变化范围分别从 0.58‰ ~ 1.89‰ 和 –0.20‰ ~ +2.67‰，主要集中在 +1.5‰ ~ +2.3‰（图 5.32），从深部到浅部，$\delta^{34}S$ 值逐渐变大，但部分黄铜矿、黄铁矿 $\delta^{34}S$ 值未达到硫同位素平衡时所表现的 $\delta^{34}S_{黄铁矿} >$ $\delta^{34}S_{黄铜矿}$。这些情况表明成矿流体中的 S 来源单一，具有岩浆硫特征（$\delta^{34}S = 0 \pm 3‰$），可能来自上地幔或下地壳的深部岩浆，但未达到完全平衡。

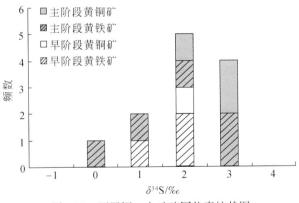

图 5.32　石屋铜 – 金矿硫同位素柱状图

5. 成矿流体演化和成矿机制

本次测试得到的早阶段流体分为高盐度和中低盐度流体两类，中低盐度流体盐度集中在 1% ~ 26% NaCl，考虑到高压条件下出溶流体初始盐度很高，即使盐度会随着结晶作用的进行而降低，但很难降到 1% NaCl 左右，因此我们认为流体出溶时更可能处于中 – 低压环境。对于早阶段的高盐度流体，因为含子矿物包裹体的均一方式为以子矿物的消失达到均一，我们推测这类包裹体形成于过压条件下（Cline and Bodnar，1994）。

在成矿流体氧逸度演化方面，由于早阶段含石英矿脉中包裹体数量有限，未能得到早阶段石英中流体包裹体气相成分分析结果，但是通过单个包裹体激光拉曼分析表明，早阶段流体包裹体中存在赤铁矿，所以早阶段为高氧逸度。主阶段流体包裹体气相成分分析表明，该阶段 $CH_4+C_2H_6$ 含量较高，表现出了一定的还原性。这一现象表明成矿流体的氧逸度从早阶段到主阶段逐渐降低。晚阶段流体包裹体中 $CH_4+C_2H_6$ 总量较主阶段略微降低，CO_2 含量比主阶段略微升高，这表明从主阶段到晚阶段成矿流体从还原性流体向氧化性流体转变。

通过流体包裹体盐度 – 温度双变量图解（图 5.33），我们将石屋铜 – 金矿床的流体演化及矿质沉淀过程总结如下：流体在早阶段为中高温 – 中低盐度流体，早阶段中出现的中高温 – 高盐度流体可能与过压环境有关。主阶段流体表现为中低温 – 中低盐度流体，该阶段温度逐渐降低但盐度较早阶段中低盐度流体没有明显变化，由于成矿流体上升导致的降温、降压现象和流体与围岩发生的水岩反应导致的 pH 升高造成了成矿物质的大规模沉淀。晚阶段的流体表现为低温 – 低盐度，并且其均一温度与主阶段的均一温度出现部分重叠，这可能代表了一种在温度、压力等条件快速变化下的矿质快速沉淀现象，这使得在温度变化较小的情况下从矿质大量沉淀的主阶段过渡到晚阶段。石屋铜 – 金矿床矿质沉淀是由流体上升、围岩蚀变等过程所引起的成矿流体温度和压力的降低及 pH 的升高所引起的。

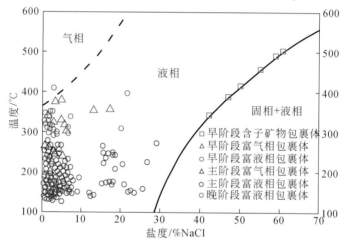

图 5.33　流体包裹体盐度 – 温度双变量图解

6. 还原流体成因

在新疆西准噶尔地区发现的矿床中，大部分矿床成矿流体中均存在还原性气体且气体含量变化较大（Shen et al.，2010a，b；鄢瑜宏等，2014，2015；Shen and Pan，2015；钟世华等，2015）。但是除包古图外，这些矿床的特征与已提出的还原性斑岩铜矿特征（Rowins，2000）并不相似。以石屋铜 – 金矿为例，该矿床成矿岩体中含有磁铁矿，早阶段包裹体中更是含有赤铁矿子晶，这表明早阶段成矿流体氧逸度较高，而还原性斑岩型铜矿中却广泛发育有磁黄铁矿。但是该矿床主阶段和晚阶段成矿流体中又含有 CH_4 等还原性气体，表明主阶段和晚阶段成矿流体具有一定程度的还原性。那么，这种富含 CH_4 等还原性气体的成矿流体是怎样产生的？地质上，CH_4 的来源通常可以分为微生物新陈代谢释放的 CH_4、有机物热分解形成的 CH_4、源于地幔或是非生物作用的 CH_4（Ueno et al.，2006；Fiebig et al.，

2007），并且有机物热分解过程中还会形成 C_2H_6 等气体，其 CH_4/C_2H_6 值一般小于 100（Fiebig et al., 2009）。通过流体包裹体气相成分分析发现，石屋矿床 $CH_4+C_2H_6$ 含量为 $0.195 \sim 0.314$，CH_4/C_2H_6 值为 $0.79 \sim 5.96$（表 5.9）。因此，我们认为石屋铜 – 金矿还原性气体来源于有机质热分解作用，它们可能是热液向上运移过程中围岩中的有机质碳受热分解的产物。

5.2.2　吐尔库班套铜镍矿点

吐尔库班套铜镍矿点位于萨吾尔成矿带北部，岩体长约 6km，宽 $0.2 \sim 0.5km$，呈带状沿中泥盆统蕴都喀腊组上、下亚组接触面侵入，蕴都喀腊组上亚组为泥质板岩，薄层硅质岩与泥质岩互层，石英粉砂岩，砂岩及灰岩透镜体，下亚组为英安岩、粗面质凝灰岩及英安质火山角砾岩。岩体由橄榄岩、辉石岩、辉长岩和闪长岩组成。以基性岩为主，超基性岩在地表只是呈脉状、透镜状分布于基性岩中（图 5.34）。

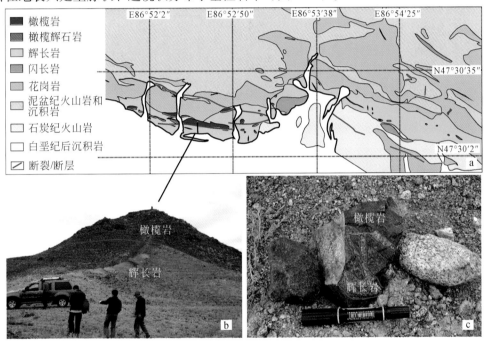

图 5.34　a. 吐尔库班套岩体地质简图（郭旭吉，2009）；b. 橄榄岩与辉长岩野外接触关系；c. 辉长岩穿插橄榄岩野外照片

岩体内矿（化）体分布有 4 条，长 $140 \sim 250m$，宽 $20 \sim 25m$。Ni：$0.03\% \sim 0.26\%$，Cu：$0.02\% \sim 2.17\%$，伴生有 Au、Pt、Pd。金属硫化物呈星点状、稀疏浸染状、细脉状分布，局部见似海绵陨铁结构。主要金属矿物为磁黄铁矿、镍黄铁矿、黄铜矿、黄铁矿和磁铁矿。吐尔库班套岩体母岩浆经历了充分的结晶分异作用，具有形成岩浆铜镍硫化物矿床的条件。矿区内铜镍矿化主要见于辉长岩相中，其次为橄榄岩相（图 5.35），矿化类型为熔离型、接触带型、裂隙型（郭正林，2009；赵晓健，2012）。

我们通过岩体辉长岩中锆石 LA–ICP–MS 测得岩体成岩年龄为 $370.3 \pm 4.8Ma$（图

5.36），指示岩体形成于晚泥盆世，与前人研究结果相似。

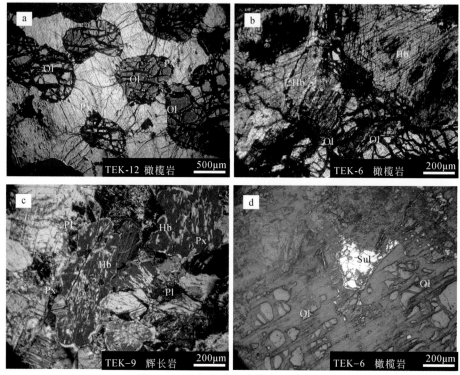

图 5.35　吐尔库班套岩体岩石学特征

a. 橄榄岩中辉石包裹橄榄石（正交偏光）；b. 橄榄岩中角闪石包裹橄榄石（正交偏光）；c. 辉长岩中辉长结构；d. 橄榄岩中硫化物（反射光）。Ol. 橄榄石；Px. 辉石；Pl. 斜长石；Hb. 角闪石；Sul. 硫化物

　　我们进行了电子探针分析，结果表明，吐尔库班套岩体中橄榄岩和辉长岩中辉石主要为透辉石，没有发现斜方辉石，其化学成分与阿拉斯加型杂岩体相似（图 5.37a）。在 TiO_2-Al_z 图解中，岩体样品主要投点沿岛弧堆晶岩趋势展布，并与阿拉斯加型岩体投影范围相似（图 5.37b）。

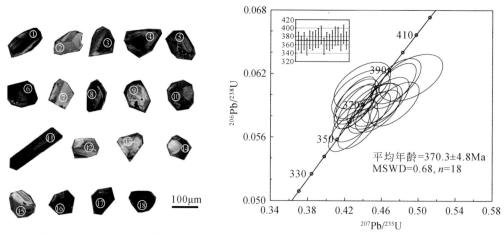

图 5.36　吐尔库班套岩体中辉长岩锆石阴极发光照片和 LA-ICP-MS U-Pb 年龄谐和图

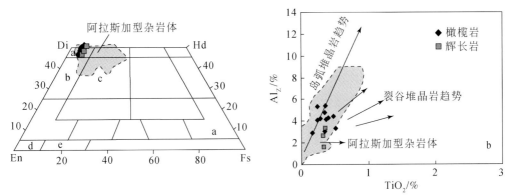

图 5.37　吐尔库班套岩体矿物化学成分图（Poldervaart and Hess，1951；Le Bas，1962；Loucks，1990）

我们进行了全岩主量和微量元素分析，在微量元素蛛网图中，样品富集大离子亲石元素（如 Rb、Th、U、La），亏损高场强元素（如 Nb、Ta、Ti），配分型式与新疆北部阿拉斯加型菁布拉克岩体相似。微量元素含量与菁布拉克岩体相似。轻稀土元素相对重稀土轻微富集，稀土元素含量及配分型式与菁布拉克岩体相似（图 5.38）。

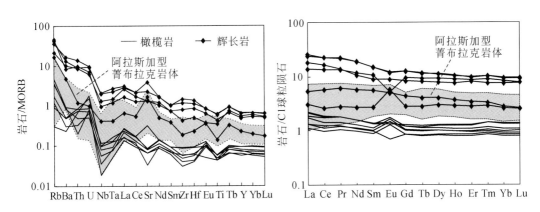

图 5.38　吐尔库班套岩体微量元素蛛网图和稀土元素配分型式图
吐尔库班套岩体数据来自郭正林（2009），MORB 和球粒陨石数据来自 Pearce（1982）、Talor 和 McLennan（1985）

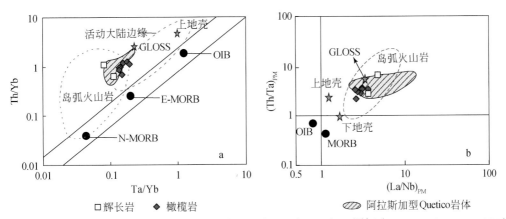

图 5.39　吐尔库班套岩体 Ta/Yb–Th/Yb 以及（La/Nb）$_{PM}$–（Th/Ta）$_{PM}$ 图解（Pearce and Peate，1995）

在微量元素构造判别图解中（图5.39），吐尔库班套岩体样品投点在岛弧火山岩区域，说明岩石形成于与俯冲有关的构造环境中。

吐尔库班套杂岩体与该地区存在的蛇绿岩年龄相近，岩体中心为橄榄岩，边部为辉长岩和闪长岩，具有典型的阿拉斯加型同心环状岩相特征（Thakurta et al., 2008）。吐尔库班套岩体橄榄岩与辉长岩在微量元素蛛网图及稀土元素配分型式图中显示出同源结晶演化关系。岩体富集大离子亲石元素，亏损高场强元素，配分型式与新疆北部阿拉斯加型菁布拉克岩体相似，原始岩浆可能来源于俯冲流体交代地幔，上述特征说明吐尔库班套岩体可能为形成于岛弧环境中的阿拉斯加型岩体。蛇绿岩套岩石堆晶岩中辉长岩位于橄榄岩之上，但是吐尔库班套岩体中辉长岩位于橄榄岩之下（图5.34），说明岩体是多次岩浆侵入形成，而并非蛇绿岩套堆晶岩。另外，在野外见闪长岩中含辉长岩捕房体，辉长岩呈脉状侵入到橄榄岩中，说明岩体为热侵位形成。在西准噶尔以及相邻的东准噶尔和阿勒泰造山带内，发育有大量的泥盆纪蛇绿混杂岩、中酸性侵入岩和火山岩，并且在中酸性岩中发现有斑岩型铜-金矿床（王登红等，2009；郭丽爽等，2009；杜世俊等，2010），研究证明这些岩浆岩以及斑岩矿床都形成于弧环境中。因此，我们认为准噶尔地体周围地区在泥盆纪时期发育古洋盆，伴随有强烈的弧岩浆活动和成矿作用，其中包括吐尔库班套镁铁-超镁铁岩体。对比吐尔库班套岩体与阿拉斯加型岩体，发现他们具有很多相似的地质特征，说明两者具有相似的成因（表5.10）。

表5.10　吐尔库班套岩体与阿拉斯加型岩体地质特征对比

	阿拉斯加型岩体	吐尔库班套岩体
年代	大多数为显生宙	晚泥盆世
构造背景	俯冲阶段末期，增生碰撞之前	俯冲阶段
岩体规模	$12 \sim 40km^2$	约$3km^2$
岩体形态	岩石大致呈环状分布，超镁铁岩在中心，镁铁质岩在边部，无冷凝边	岩石大致呈环状分布，超镁铁岩在中心，镁铁质岩在边部，无冷凝边
岩相侵位顺序	基性岩和闪长岩较晚侵位	基性岩和闪长岩较晚侵位
岩石类型	纯橄榄岩，橄榄岩，角闪岩，单斜辉石岩，辉长岩和少量闪长岩和正长岩	橄榄岩，角闪岩，单斜辉石岩，辉长岩和少量闪长岩
岩石结构	堆晶结构，可能存在残余晶间岩浆	堆晶结构，可能存在残余晶间岩浆
矿物学	大量单斜辉石，岩浆成因角闪石和磁铁矿；在超镁铁岩中缺少斜方辉石和斜长石	大量单斜辉石，岩浆成因角闪石和磁铁矿；在超镁铁岩中缺少斜方辉石和斜长石
铬铁矿	普遍出现在纯橄榄岩中	普遍出现在橄榄岩中
矿物化学	高镁橄榄岩，透辉石单斜辉石岩，金云母，高钙角闪石	高镁橄榄岩，透辉石单斜辉石岩
全岩地球化学	相容元素含量低，大离子亲石元素含量高，高场强元素含量低，无Eu异常	相容元素含量低，大离子亲石元素含量高，高场强元素含量低
矿化	铂族元素矿化，部分发育铜镍矿化	铜镍矿化

5.2.3　那林卡拉铜钼矿点

那林卡拉铜钼矿点位于萨吾尔成矿带西段。其西部有南马克苏特中型岩浆铜镍矿床，东部有喀拉通克大型铜镍矿床，著名的喀拉通克 – 锡泊渡铜镍成矿基性 – 超基性岩带向西经过本区。那林卡拉铜矿产出于石炭系中统恰其海组中性火山岩及火山碎屑岩中，在岩体南缘有少量恰其海组砂砾岩分布，岩体地表形态为一不规则椭圆状，东西长 1.7km，南北宽 1.1km，面积 1.5km^2（图 5.40）。

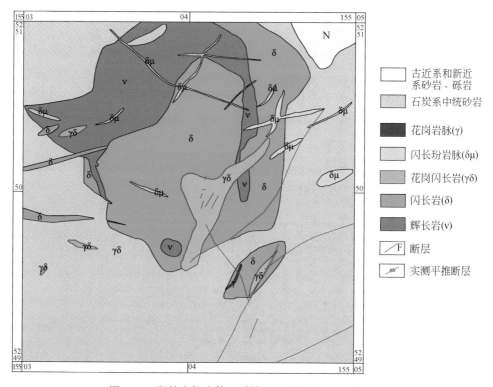

图 5.40　那林卡拉岩体地质简图（袁峰等，2015）

那林卡拉岩体由中粗粒含橄辉长岩、辉长岩、闪长岩、花岗闪长斑岩组成。我们进行了辉石闪长岩和花岗闪长斑岩的锆石 SHRIMP U–Pb 年龄分析，结果表明辉石闪长岩锆石 SHRIMP U–Pb 年龄为 293.1 ± 1.8Ma（图 5.41a，b），花岗闪长斑岩锆石 LA-ICP-MS U–Pb 年龄为 313.6 ± 3.1Ma（图 5.41c，d），表明那林卡拉岩体形成于晚石炭世，并且花岗闪长斑岩形成年龄早于辉石闪长岩。这一年龄与该地区碰撞后环境中基性岩（287 ± 5Ma）及中酸性岩形成年龄（290 ～ 340Ma）相似（韩宝福等，2004；Zhou et al.，2006，2007，2008；袁峰等，2006a，b），指示该岩体形成于碰撞造山后环境中。那林卡拉已有的岩心辉长岩中硫化物含量较少，深部含橄辉长岩并未见底，因此该矿点是否具有铜镍找矿潜力，有待进一步的钻探揭露。

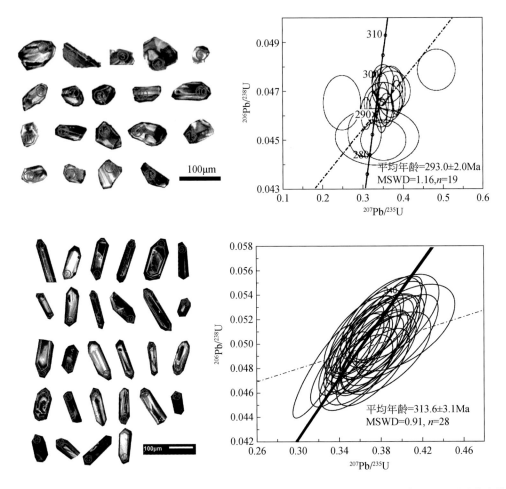

图 5.41　上图为那林卡拉铜矿点辉石闪长岩锆石阴极发光照片和 SHRIMP U–Pb 谐和图，下图为那林卡拉铜矿点花岗闪长玢岩锆石阴极发光照片和 LA–ICP–MS U–Pb 谐和图

　　花岗闪长斑岩体局部含铜矿化和钼矿化，矿化大多分布于石英脉中，钼品位最高达 0.11%（杜兴旺，2011）。矿区内花岗闪长斑岩蚀变呈面状分布，主要蚀变类型有碳酸盐化、黄铁矿化、泥化、绢云母化、青磐岩化、硅化等（图 5.42a，b，c，d），蚀变多为两种或两种以上组合发育，主要蚀变组合有碳酸盐化、青磐岩化－泥化－绢云母化、硅化－黄铁矿化等，硅化－黄铁矿化主要发育在岩体深部，伴随有辉钼矿化。矿石矿物主要有黄铜矿、黄铁矿、辉钼矿、毒砂、磁铁矿等（图 5.42c，d，f）。硫化物中 $\delta^{34}S$ 为 $-1.56‰ \sim -0.59‰$，与幔源硫同位素值相似，指示成矿物质可能来源于地幔。那林卡拉铜钼矿石石英包裹体测温显示成矿温度介于 $190 \sim 456℃$ 之间，为中高温热液。

　　根据上述蚀变特征与矿物组合认为其属于斑岩型矿化，但是并未见到钾长石化，由于岩体还未见底，热液矿化中心可能还在深部。

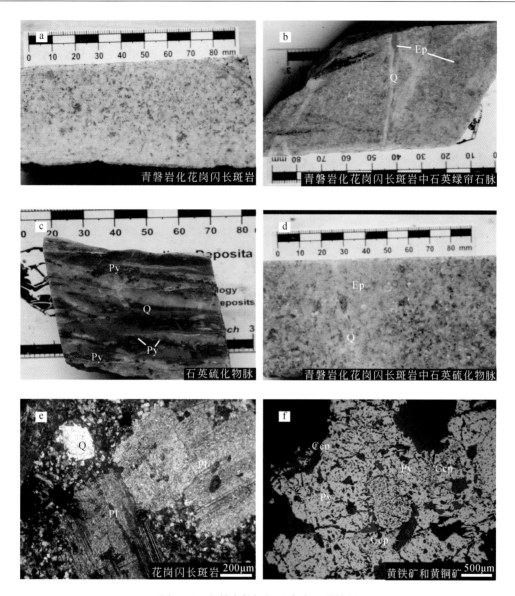

图 5.42　那林卡拉铜钼矿床岩石学特征

a. 青磐岩化花岗闪长斑岩；b. 青磐岩化花岗闪长斑岩中石英绿帘石脉；c. 石英硫化物脉；d. 青磐岩化花岗闪长斑岩中石英硫化物脉；e. 花岗闪长斑岩（正交偏光）；f. 黄铁矿和黄铜矿共生（反光镜）。Pl. 斜长石；Q. 石英；Ep. 绿帘石；Py. 黄铁矿；Ccp. 黄铜矿

　　我们进行了全岩主量和微量元素分析，结果表明，辉长岩 SiO_2 含量介于 50.1%～56.6%，闪长岩 SiO_2 含量介于 58.0%～61.3%，花岗闪长斑岩 SiO_2 含量介于 67.7%～67.9%，围岩中安山岩 SiO_2 含量为 62.9%。在洋中脊玄武岩标准化微量元素蛛网图解中，所有样品富集大离子亲石元素，高场强元素（如 Nb、Ta 和 Ti）亏损，安山岩微量元素含量最高，其次为闪长岩和花岗闪长斑岩，辉长岩中微量元素含量最低。稀土元素配分

型式图中，轻稀土元素相对重稀土富集，（La/Yb）$_{PM}$介于3.72～7.36之间，闪长岩、花岗闪长斑岩和安山岩中见Eu异常，而辉长岩Eu异常不明显（图5.43）。所有样品微量元素配分型式相似，指示岩石具有相同的岩浆源区。硫化物中δ^{34}S为−1.56‰～−0.59‰，与幔源硫同位素值相似，指示成矿物质可能来源于地幔。萨吾尔地区发育晚石炭–早二叠世双峰式火山岩，其地球化学特征指示火山岩形成于碰撞造山后伸展环境（周涛发等，2006）。

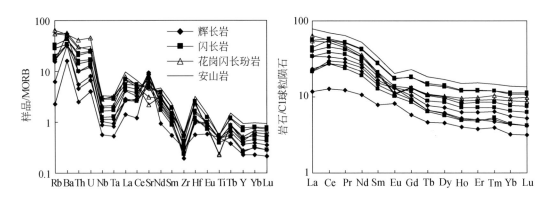

图5.43　那林卡拉岩体微量元素蛛网图和稀土元素配分型式图

MORB和球粒陨石数据来自Pearce（1982）、Taylor和McLennan（1985）

在构造环境判别图解中（图5.44），辉长岩投影在火山弧玄武岩区域内，而部分中酸性岩投影在火山弧型花岗岩和后碰撞花岗岩区域内，说明那林卡拉岩体原始岩浆可能是俯

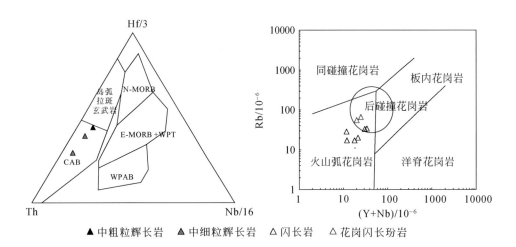

▲中粗粒辉长岩　▲中细粒辉长岩　△闪长岩　△花岗闪长斑岩

图5.44　那林卡拉岩体构造环境判别图

a. Hf/3–Th–Nb/16构造环境判别图（据Wood，1980），N-MORB为正常洋中脊玄武岩，E-MORB+WPT为富集型洋中脊玄武岩和板内拉斑玄武岩，WPAB为碱性板内玄武岩，CAB为火山弧玄武岩；b.（Y+Nb）–Rb构造环境判别图（Pearce et al，1984）

冲流体交代地幔在后碰撞阶段发生部分熔融形成。闪长岩和花岗闪长斑岩可能是基性岩浆底侵在下地壳之下，促使下地壳发生部分熔融形成了中酸性岩浆，并与基性岩浆发生混合，再经历结晶分异形成，辉长岩可能是底侵的基性岩浆后期侵位形成的。在辉石闪长岩中发育的暗色包体也指示在其成岩过程中发生了岩浆混合作用。

5.2.4　布拉特铜矿点

布拉特铜矿点（图 5.45）位于谢米斯台成矿带东段。我们在谢米斯台山东段开展了系统的地质、地球化学研究工作，基本确定了布拉特地区发育火山岩型和斑岩型两类铜矿化，标志着西准噶尔谢米斯台地区铜矿找矿取得了新的突破。

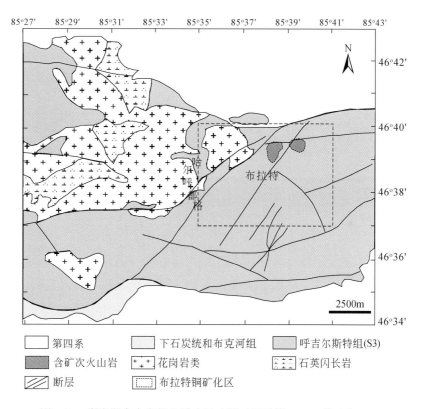

图 5.45　谢米斯台中东部地质略图（据王居里等，2014 修改）

1. 火山岩型自然铜矿化

火山岩型自然铜矿化主要是发育于区内玄武岩和安山岩中的自然铜矿化，主要分布在布拉特铜矿化区的西南部。矿化的玄武岩和安山岩是区内同期岩浆喷发活动形成的不同岩相，二者在空间上紧密相连，时间上可能紧密相随，蚀变特征和矿化特征相同。

自然铜矿化主要发育于蚀变玄武岩及其中的晚期热液脉中（图 5.46），局部伴生自然银矿化，在玄武岩杏仁体中也见星点状自然铜。自然铜主要呈他形粒状或不规则状，浸染状或细脉浸染状分布，粒度 0.1 ~ 2.5mm，被赤铜矿不同程度交代（图 5.46）； 伴生的微细粒自然银可与自然铜共生，或产于自然铜外围的赤铜矿中，或单独产出。初步研究表明，区内自然铜的形成与火山热液作用有关，属于火山岩型自然铜矿化（王居里等，2013a）。

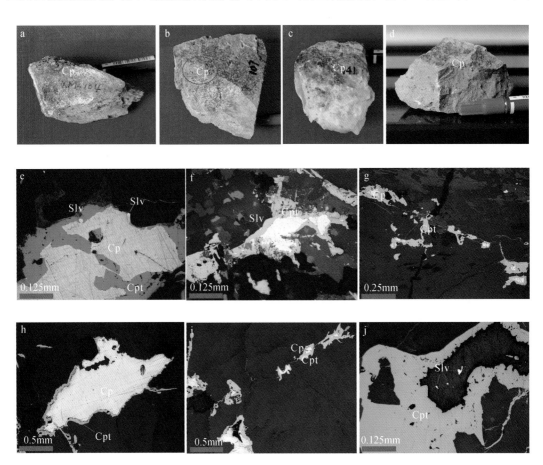

图 5.46　布拉特铜矿区玄武岩及热液脉中的自然铜和自然银

a，b.蚀变玄武岩中的自然铜（Cp），标本 XM-104、XM-107； c，d.玄武岩中的热液脉中的自然铜，标本 XM-141、XM-102a； e.蚀变玄武岩中的自然铜（Cp）、自然银（Slv）及赤铜矿（Cpt），光片 XM-132； f.蚀变玄武岩中的自然铜（Cp）、自然银（Slv）及赤铜矿（Cpt），光片 XM-102； g.蚀变玄武岩中的细脉浸染状自然铜（Cp）和赤铜矿（Cpt），光片 XM-132； h，i.葡萄石脉中的自然铜（Cp）和赤铜矿（Cpt），光片 XM-121； j.绿帘石石英沸石脉中的自然银（Slv）和赤铜矿（Cpt），光片 XM-141

　　金属矿物成分电子探针分析结果表明，自然铜比较纯（Cu 97.45% ~ 99.51%），矿化脉中自然铜的纯度高于矿化火山岩中自然铜的纯度，普遍含 As（0.05% ~ 0.89%）和 Fe（0.02% ~ 0.52%），个别测点含 Ag 最高 0.066%。自然银比较纯（Ag 95.17% ~ 97.17%），普遍含 Cu（2.69% ~ 5.35%），说明区内自然银与自然铜矿化有成因联系。

自然铜矿化也发育于蚀变安山岩及其中的晚期热液脉中。自然铜主要呈他形粒状或不规则状，浸染状或细脉浸染状分布，常见粒度 0.1 ～ 2.5mm，最大粒度略小于矿化玄武岩中自然铜的粒度。自然铜被赤铜矿、孔雀石不同程度交代（图 5.47）。矿石主要呈他形粒状结构、交代结构，浸染状构造、细脉浸染状构造。

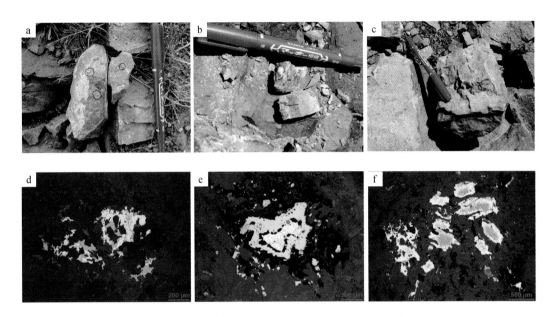

图 5.47　布拉特铜矿区蚀变安山岩中的自然铜矿化

a. 蚀变安山岩中的自然铜；b. 安山岩中发育的绿帘石碳酸盐葡萄石脉，脉中发育自然铜矿化；c. 蚀变安山岩中发育的石英绿帘石团块，强烈自然铜矿化；d. 蚀变安山岩中的他形自然铜（Cp），具微弱赤铜矿（Cpt）化，光片 XM4-90；e. 蚀变安山岩中的他形自然铜（Cp），强烈赤铜矿（Cpt）化，光片 XM4-174；f. 石英绿帘石团块中的他形自然铜（Cp），轻微赤铜矿（Cpt）化，光片 XM4-178

初步研究表明，区内火山岩中的自然铜矿化经历了火山热液成矿作用期和表生成矿作用期。火山热液期可进一步分为三个成矿阶段：第一阶段形成蚀变玄武岩和安山岩中的自然铜（银）矿化，与火山热液蚀变密切相关；第二阶段形成蚀变玄武岩杏仁体中的自然铜矿化，与晚期火山热液蚀变密切相关；第三阶段形成火山岩中热液脉（绿帘石石英脉、绿帘石碳酸盐葡萄石脉、绿帘石碳酸盐沸石脉等）及其中的自然铜矿化，是晚期含矿热液沿裂隙充填的产物。表生期即次生矿化期，主要是原生自然铜发生氧化，形成赤铜矿、黑铜矿、孔雀石、蓝铜矿等。

前人研究表明，自然铜产出较少，是各种地质作用中还原条件下的产物（陈武和季寿元，1985；潘兆橹，1993），有原生和次生两种成因。自然铜最为常见的是形成于含铜硫化物矿床氧化带，往往与赤铜矿、孔雀石伴生，有时与辉铜矿及其他矿物伴生，是由铜的硫化物变化而成。如黄铜矿变成自然铜（潘兆橹，1993）：

$$CuFeS_2+4O_2 \longrightarrow CuSO_4+FeSO_4$$

$$2CuSO_4+2FeSO_4+H_2O \longrightarrow Cu_2O+Fe_2(SO_4)_3+H_2SO_4$$

$$Cu_2O+H_2SO_4 \longrightarrow CuSO_4+H_2O+Cu$$

自然铜在氧化条件下不稳定，经常变化成铜的氧化物、碳酸盐，如赤铜矿、黑铜矿、孔雀石、蓝铜矿等。热液成因的自然铜，往往呈散粒状与沸石、方解石等共生。充填于玄武岩气孔中，与沸石、葡萄石等矿物共生的自然铜，其成因与火山热液作用有关（陈武和季寿元，1985）。

在布拉特铜矿区，自然铜、自然银产状上主要产于蚀变火山岩中以及火山岩中的绿帘石碳酸盐葡萄石脉、绿帘石葡萄石石英碳酸盐脉、绿帘石碳酸盐沸石脉、石英绿帘石脉中，火山岩杏仁中也有星点状自然铜产出。从组构方面讲，自然铜的形态多呈他形不规则粒状，多数颗粒边缘遭受后期交代作用，被赤铜矿不同程度交代。在已发现的铜矿物中，除了大量的赤铜矿与自然铜呈交代关系外，未发现相关铜的硫化物。从两类矿化的关系讲，尚未发现二者具有相容性，而且黄铜矿、斑铜矿与自然铜产出情况、矿物粒度等具有明显的差异。因此，布拉特铜矿区内自然铜矿化与火山热液作用关系密切，而不是含铜硫化物矿床氧化带次生变化的产物，属于火山岩型铜矿化。

布拉特铜矿区内自然银可与自然铜共生，或产于自然铜氧化形成的赤铜矿中，或单独产出，其中普遍含铜较高，含量2.69%～5.35%。推测其形成与自然铜相同，也应该与火山热液有关，但不排除自然铜遭受氧化形成赤铜矿过程中分散状银重新聚集形成的可能性（次生）。

总之，谢米斯台山布拉特铜矿区自然铜矿化与我国西南峨眉山玄武岩铜矿中的自然铜矿化（朱炳泉等，2002；李厚民等，2004）、新疆东天山长城山、十里坡自然铜矿化（董连慧等，2003；崔彬等，2006；袁峰等，2006，2010）的特征、构造背景以及岩浆活动时代等具有明显的差异。

2. 斑岩型矿化

谢米斯台山的布拉特地区斑岩型矿化，主要发育于前人所划的中泥盆统呼吉尔斯特组英安斑岩和流纹斑岩中，我们选择了英安斑岩和流纹斑岩进行了锆石 U-Pb 定年分析，英安斑岩年龄数据点位于一致曲线上及其附近（图 5.48b），$^{206}Pb/^{238}U$ 表观年龄为 $422 \pm 7 \sim 449 \pm 7Ma$，$^{206}Pb/^{238}U$ 加权平均年龄为 $434.9 \pm 2.3Ma$（$n=35$，$MSWD=0.82$），形成时代为早志留世。流纹斑岩年龄数据点位于一致曲线上及其附近（图 5.48d），$^{206}Pb/^{238}U$ 表观年龄为 $421 \pm 5 \sim 428 \pm 12Ma$，$^{206}Pb/^{238}U$ 加权平均年龄为 $423 \pm 1.8Ma$（$n=29$，$MSWD=0.17$），形成时代为晚志留世。因此，谢米斯台山的布拉特地区斑岩型矿化形成于志留纪。

布拉特地区英安斑岩和流纹斑岩蚀变强烈，主要发育绿帘石化、绿泥石化、碳酸盐化、硅化，局部见较明显的泥化。英安斑岩矿石为细脉浸染状构造，浸染状构造，半自形－他形粒状结构，交代结构，固溶体分离结构（图 5.49）。矿化英安斑岩中见原生矿物黄铜矿、斑铜矿被灰黑色粉尘状辉铜矿包围，再外圈为孔雀石，构成圈层状构造。

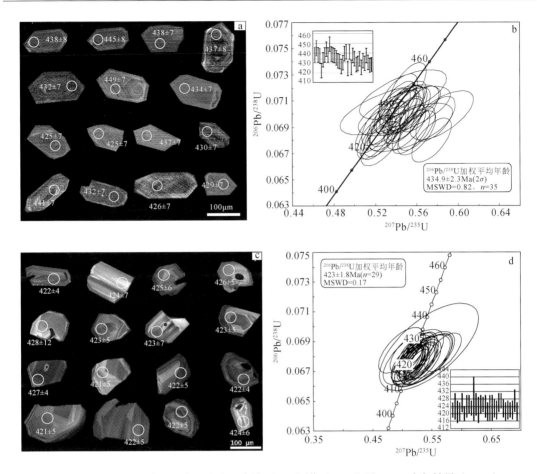

图 5.48 布拉特地区英安斑岩和流纹斑岩锆石 CL 图像（a，c）及 U−Pb 定年结果（b，d）

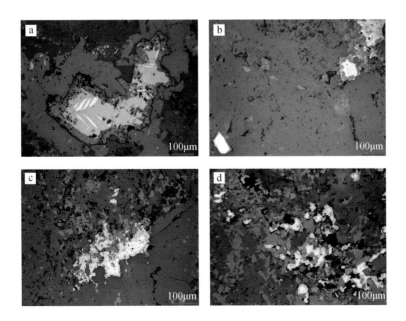

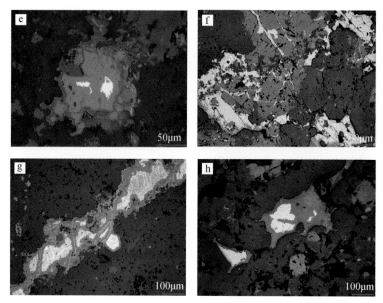

图 5.49　矿化英安斑岩中的斑铜矿、黄铜矿、黄铁矿及其次生变化

　　流纹斑岩中的铜矿化与英安斑岩中的铜矿化相似。蚀变强烈，主要发育绿帘石化、硅化、碳酸盐化，局部见黏土化，蚀变呈面状和脉状或不规则脉状分布。石英脉（网脉）、绿帘石石英脉、碳酸盐脉发育，与铜矿化关系密切。硫化物主要是黄铜矿、斑铜矿和黄铁矿，呈细 – 中粒半自形 – 他形粒状，浸染状或细脉浸染状分布。矿石为细脉浸染状构造，浸染状构造，半自形 – 他形粒状结构，交代结构，固溶体分离结构（图 5.50）。矿化英安斑岩中见原生矿物黄铜矿、斑铜矿被灰黑色粉尘状辉铜矿包围，再外圈为孔雀石，构成圈层状构造。

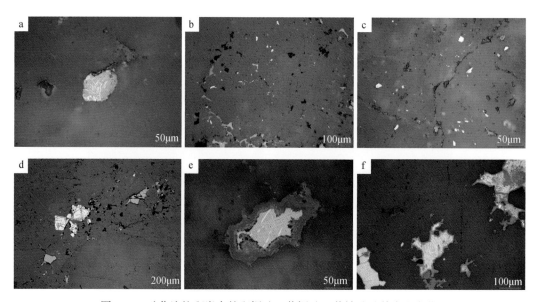

图 5.50　矿化流纹斑岩中的斑铜矿、黄铜矿、黄铁矿及其次生变化

已有研究表明，上述区内次火山岩及其中的矿化明显受到区域构造、岩性及其蚀变控制。区内北东向断裂与近东西向断裂交汇部位控制着矿化次火山岩的分布，铜矿化与强烈绿帘石化、绿泥石化、硅化、碳酸盐化等关系密切（王居里等，2014）。

斑岩型铜矿化经历了岩浆期后热液成矿期和表生成矿期（次生氧化成矿期）。第一期为原生矿化期，形成黄铜矿、斑铜矿、黝铜矿、黄铁矿等矿化。可进一步分为 3 个阶段：第一阶段为蚀变斑岩中的铜矿化，硫化物呈浸染状、细脉浸染状分布，与岩浆期后热液活动关系密切；第二阶段为发育于斑岩中的细小脉体（宽度＜几厘米）中的铜矿化，可能形成黄铜矿、斑铜矿、黝铜矿、黄铁矿等矿化，也与岩浆期后热液活动关系密切；第三阶段为大型绿帘石石英脉（宽度＞几十厘米，可达几米）中的铜矿化，是晚期含矿热液沿较大型构造裂隙充填交代的产物。第二期为次生矿化期，形成黑铜矿、辉铜矿、孔雀石、蓝铜矿等次生铜矿物，是地表近地表氧化带次生变化产物。次生矿化期具有明显的富集作用，导致部分地表矿品位明显增高。

5.2.5　谢米斯台铜矿点

我们对谢米斯台地区进行了矿点检查与评价，新发现了 S24 等铜矿点，并将其命名为谢米斯台铜矿，该矿床是西准噶尔地区形成于早古生代的火山–次火山岩型铜矿（申萍等，2010a）。

我们进行了谢米斯台铜矿矿区 1∶2000 的 0.96km^2 范围的火山岩构造–岩相填图（图5.51），认为谢米斯台铜矿区发育火山机构。矿区火山岩具有安山岩–流纹岩组合，发育安山岩、流纹岩、霏细岩、安山质火山角砾岩、流纹质火山角砾岩和晶屑玻屑凝灰岩等。矿区断裂构造发育，包括火山机构放射状断裂系和区域北东向断裂构造（图 5.51）。

本区矿化蚀变带主要赋存于区域北东向断裂构造带中，该断裂带是由几个高角度的北东向次级断裂组成，地表控制断裂带长度约 1300m，宽约 50～60m，断裂带内岩石破碎，裂隙发育，热液蚀变强烈，伴随着强烈的孔雀石化，局部地段达到工业品位，形成了工业矿体。本区矿化蚀变带也赋存于近东西向的断裂系中，此外，三个矿化蚀变带呈放射状分布于 340°～350° 走向的断裂系中（图 5.51）。总体上，谢米斯台铜矿化体受区域北东向断裂构造和火山机构断裂系的控制，二者叠加处形成工业矿体，目前地表圈出了 5 个矿化体，其中北东向断裂带中圈出了 3 个工业矿体（图 5.51）。

谢米斯台铜矿化体主要产于流纹岩中，少量产于安山岩中，围岩蚀变发育，主要为硅化、泥化、绿帘石化等（图 5.52）。在强硅化流纹岩中普遍发育有孔雀石网脉，原生金属矿物很少，主要为黄铜矿、黄铁矿、闪锌矿。

为了快速地评价地表蚀变矿化的资源潜力，我们使用了便携式 X 荧光金属元素快速分析仪，对地表的蚀变岩石和土壤样品进行了成矿元素地球化学勘测，采用线距 10m 进行了 14 条地球化学剖面测量（图 5.53），每条剖面按照点距 5～10m 网度进行取样，重点地段加密到 1m，在矿化带中圈定了 3 个矿体。

为了探测矿化体及火山机构在地下深部的形态，我们进行了 EH4 双源大地电磁测深。

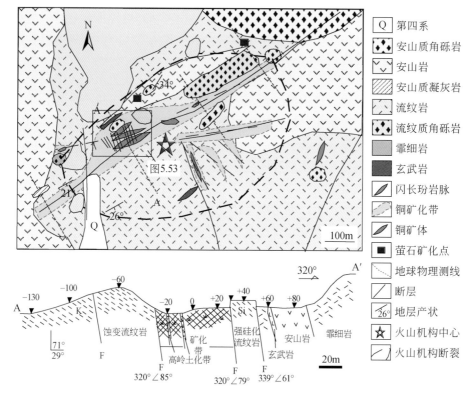

图 5.51　谢米斯台铜矿床地质图及 AA′ 剖面图（实测）

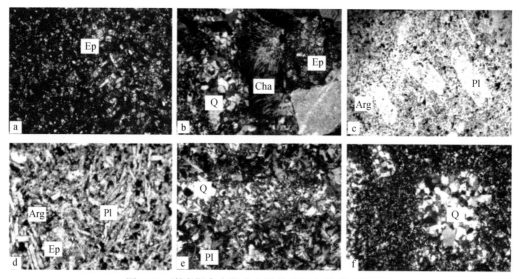

图 5.52　谢米斯台中段火山岩热液蚀变类型显微照片

a. 安山岩发生绿帘石化；b. 流纹岩发生绿帘石化、硅化；c. 安山岩发生青磐岩化和泥化；d. 安山岩发生青磐岩化
和泥化；e. 安山岩中有石英脉穿插；f. 英安岩发生强烈硅化；长边长度为 1.25mm；c、d 为单偏光；其余为正交偏光。

Ep. 绿帘石；Pl. 斜长石；Q. 石英；Cha. 玉髓；Arg. 泥化

在垂直于北东向断裂的方向上，布置了 4 条地球物理测线（图 5.51），分别为 S24-01、S24-02、S24-03、S24-04，采用线距 400m 和极距 10m 网度进行测量，测量选择 1（10Hz ～ 1kHz）、7（1.5 ～ 99kHz）频段，信号弱的观测点叠加了 4（300Hz ～ 3kHz）频段甚至几个频段多次叠加，测量 E_X 和 H_Y，随着频段改变，获得每个频点的卡尼亚电阻率值。

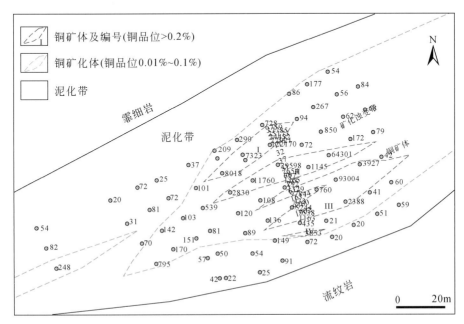

图 5.53　谢米斯台铜矿地表测量铜含量平面图（位置见图 5.51 所示）

对测量结果进行了二维反演，得到了视电阻率（Ω·m）-深度（m）剖面图（图 5.54），图中显示两种不同的电性体：①中低电阻率（1 ～ 800Ω·m）电性体，剖面上中低电阻率电性体呈形态不规则的漏斗状，延深由地表向下 400m；②中高电阻率（1000 ～ 3000Ω·m）电性体，分布于中低电阻率电性体的外围。各个测深剖面中均出现中低阻异常，与地表已知矿化带对比可知，这些低电阻率异常应为矿致异常。

总体上，中低电阻率异常具有向上发散、向下收敛的漏斗状特点，尤其以 XM2404 测线最为明显，反映了火山机构断裂系控矿的特点，这从地球物理异常方面证实了地质研究的结果。该成矿构造带的地球物理异常的下限为地表向下 400m，在 XM03 和 X24M 剖面中，中低电阻率异常向深部没有封闭，含矿构造带向北东方向还可能继续延伸。因此，本区存在很大的找矿空间。

二维反演结果还显示，在剖面深部有明显的中高电阻率异常，如 X24A 和 XM2404 剖面，结合地质研究结果（该区发育火山机构），说明剖面深部大约 400m 以下可能存在次火山斑岩体，矿化类型可能发生变化，即由浅部的火山岩型矿化转变为深部的斑岩型矿化，这在进一步的勘探工作中应引起高度重视。

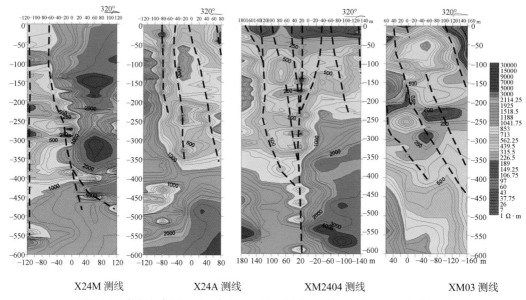

图 5.54 谢米斯台铜矿点 4 条测线 EH4 测量视电阻率 – 深度（m）剖面图

上述研究表明，矿区地表矿化强烈，控矿断裂构造在走向和倾向上均有一定的规模，已具备形成铜矿的地质条件，可以作为进一步找矿勘查的靶区。

谢米斯台铜矿是西准噶尔发现的第一个早古生代铜矿，而邻区哈萨克斯坦波谢库尔 – 成吉思成矿带发育早古生代大型铜矿床，谢米斯台地区与其构造 – 岩浆岩带直接相连，可以认为是波谢库尔 – 成吉思成矿带的东延部分；谢米斯台铜矿的发现，将提高人们对新疆早古生代成矿作用的认识程度，有助于预测和发现西准噶尔早古生代矿化。

5.2.6 洪古勒楞铜矿床

洪古勒楞铜矿床位于准噶尔盆地西北缘，谢米斯台成矿带东部的沙尔布尔提山（图1.4）。该矿床是新疆地质矿产开发局第四地质大队和物探队于本世纪初发现的，随后，企业投入资金进行勘探，目前已达中型规模，随着勘探的进行，储量还有可能增加。该矿床的发现不仅是西准噶尔北部地区近年来勘探取得的重要成果，同时也说明了哈萨克斯坦北部的波谢库尔 – 成吉思成矿带向东可延至西准噶尔北部的沙尔布提山，该矿床的研究具有明显的理论和实际意义。

我们对洪古勒楞铜矿进行了系统的研究，包括野外地质填图、地表地球化学扫面和深部地球物理测量、矿区含矿岩石的岩石学和地球化学研究、矿床地质等，提出洪古勒楞铜矿区发育火山机构，矿化与中基性火山活动密切相关（潘鸿迪等，2012；Shen et al.，2015a；申萍等，2015b），并受断裂构造的控制，该矿床是与火山岩有关的铜多金属矿床。

1. 地质概况及火山机构

矿区出露地层主要为中志留统沙尔布尔组中基性火山岩，矿区断裂构造非常发育，主要为北东向，其次为近南北向和近东西向，少量为北西向，矿区内侵入岩不发育，仅在局部地区有花岗细晶岩脉和正长斑岩脉产出（图5.55）。

我们进行了矿区火山岩岩相填图（图5.55），认为矿区发育火山机构。矿区内发育火山岩及火山碎屑岩，有少量的沉积岩，地层的总体走向为40°，倾角为55°。火山岩属于玄武岩 – 安山岩组合，以玄武岩为主，岩性主要为玄武岩、玄武安山岩、安山岩、玄武质和安山质火山角砾岩和集块岩、玄武质和安山质角砾熔岩、安山质晶屑玻屑凝灰岩等（图5.56）。该区火山岩具有明显的韵律性，至少可划分出三个岩相：①溢流相（玄武岩和安山岩）；②爆发相（火山角砾岩和集块岩、角砾熔岩）；③火山沉积相（凝灰岩和层凝灰岩）。以溢流相为主，其次为爆发相，火山沉积相仅在局部地区有出露。

矿区玄武质集块岩发育，表明其附近存在火山口；局部地段有隐爆角砾岩出露，指示

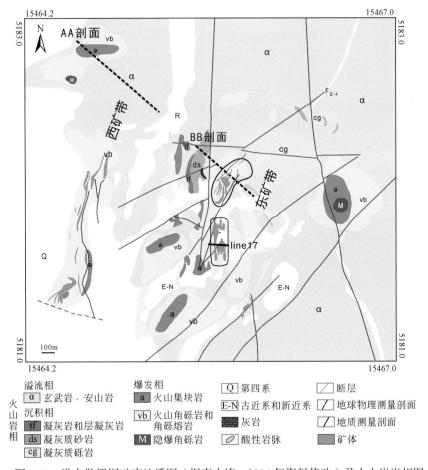

图 5.55 洪古勒楞铜矿床地质图（据李志涛，2014年资料修改）及火山岩岩相图

火山口的位置；中部有少量的凝灰岩和层凝灰岩出露，以夹层的形式分布在玄武岩、安山岩和火山角砾岩之间，层凝灰岩出现，表明有火山口塌陷存在。矿区内多个方向的断裂构造发育，且规模较小，延伸不远。另外，矿化蚀变带沿构造带分布，并普遍发生弯曲。基于此，我们提出洪古勒楞矿区发育火山机构，矿床的形成与火山机构有关。

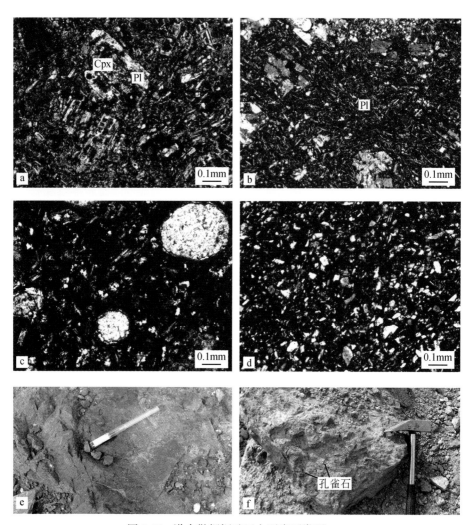

图 5.56　洪古勒楞铜矿区主要岩石类型
a. 玄武岩；b. 安山岩；c. 杏仁状玄武岩；d. 凝灰岩；e. 玄武质角砾熔岩；
f. 安山质火山角砾岩及其胶结物中的铜矿化（孔雀石）

　　前人研究认为，洪古勒楞地区发育西北部矿床和东南部矿床。我们进行了含矿岩石、矿床地质和地球物理测量研究，认为洪古勒楞西北部矿床和东南部矿床为同一矿床的两个矿带，并将其统一称为洪古勒楞铜矿。根据目前勘探在矿区西部第四纪盖层之下发现了隐伏矿体的进展，我们将矿区划分为西矿带和东矿带两部分（图 5.55），西矿带主要是位于第四纪盖层之下的隐伏矿体，东矿带主要是采坑内及深部的矿体。

2. 含矿岩石及控矿构造

矿区地质填图和剖面测量研究表明，矿区内金属矿物主要产于火山岩中的杏仁（气孔）中或角砾岩的胶结物孔隙内（图 5.56f），容矿岩石主要为火山角砾岩和角砾熔岩（图 5.57），其次为杏仁状玄武岩和安山岩。可见，含矿岩石主要位于熔岩流的上部，分布于火山岩溢流相和爆发相中的孔隙性、渗透性最好的层面中（即熔岩中的杏仁体和角砾岩中胶结物的孔隙）。

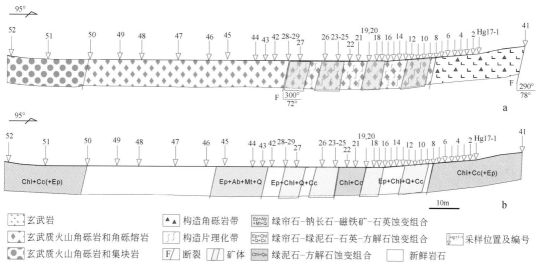

图 5.57　洪古勒楞铜矿区东南矿带 17 勘探线剖面图

a. 含矿岩石、构造和矿体剖面图；b. 热液蚀变和矿体剖面图

矿区内断裂构造发育，大致可分为 4 组，分别为北西向断裂、北东向断裂、近南北向断裂和近东西向断裂，以北东向和近南北向断裂为主。北西向断裂常为压扭性断裂，走向在 120°～155° 之间。北东向断裂是张性断裂，走向在 25°～55° 之间，东西向断裂分布较少，走向在 85°～105° 之间，具有平移的特征，南北向构造是张性和压扭性断裂，走向在 5°～10° 之间（李志涛等，2014）。矿化蚀变带主要赋存于近南北向断裂和北东向断裂中。控矿断裂带内岩石强烈破碎，劈理化发育（图 5.57a，图 5.58），可见劈理切穿火山角砾。矿化蚀变带延伸不远，且普遍发生弯曲（图 5.55），可能与区域断裂构造同火山机构断裂联合作用有关。

洪古勒楞铜矿床内的矿体呈似层状、透镜状和不规则状等形态产于破碎带中（图 5.57），分布于火山机构中孔隙性、渗透性较好的层面，即气孔和构造裂隙发育的岩石中。总之，洪古勒楞铜矿形成受两种因素控制：首先是高渗透性岩石，其次是叠加其上的断裂。

3. 热液蚀变及矿化

矿区热液蚀变发育，包括绿帘石化、绿泥石化、方解石化、硅化、纤闪石化、绢云母化、赤铁矿化、磁铁矿化等。按照蚀变发育程度及其与矿化的关系看，以绿帘石化、绿泥石化

图 5.58　洪古勒楞铜矿床构造破碎带和有关的矿化照片

为主，方解石化、硅化次之（图 5.57b，图 5.59）。杏仁状矿化以及浸染状矿化有关的蚀变中，除了绿泥石化和绿帘石化外，方解石化和硅化也较为重要；与脉状矿化有关的蚀变中，绿帘石化、绿泥石化、方解石化、硅化等均颇为发育；与块状和透镜状矿化有关的蚀变，除了绿泥石化、方解石化、硅化外，还出现绢云母化。

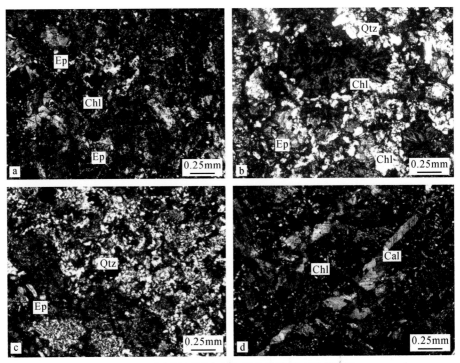

图 5.59　洪古勒楞铜矿床主要的热液蚀变显微照片

a. 玄武岩发生强烈的绿帘石化和少量的绿泥石化；b. 玄武岩气孔中充填有绿泥石，外围有绿帘石化和硅化；c. 玄武岩发生硅化和绿帘石化；d. 玄武岩发生强烈的碳酸盐化和绿泥石化。Ep. 绿帘石，Chl. 绿泥石，Cal. 方解石，Qtz. 石英矿石矿物主要是黄铜矿，其次是闪锌矿、辉铜矿和斑铜矿等，含有银、金等伴生金属元素，地表可见孔雀石和褐铁矿等。脉石矿物包括绿帘石、绿泥石、方解石、石英、黄铁矿、赤铁矿、磁铁矿等。

洪古勒楞铜矿发育浸染状铜矿化和裂隙充填脉状和块状矿化，矿石结构比较简单，主要为他形－半自形粒状结构，其次为交代结构；矿石构造为气孔充填状、浸染状、脉状和块状构造等。相应地，矿石类型包括气孔充填状矿石、浸染状矿石、脉状矿石、块状矿石等（图 5.60）。

图 5.60　洪古勒楞铜矿床主要矿石类型

a.气孔充填状矿石，玄武岩气孔中充填的黄铜矿，氧化后形成孔雀石；b.浸染状矿石，黄铜矿呈浸染状分布于安山岩中；c.脉状矿石，黄铜矿－方解石细脉切穿安山岩；d.块状矿石，黄铜矿和方解石团块。Cpy. 黄铜矿，Cal. 方解石

火山岩气孔内充填杏仁体发生矿化，杏仁体的成分为方解石、石英、绿泥石、绿帘石和黄铜矿，杏仁体的大小从 0.2cm 到 1cm 不等，构成气孔充填状矿石。浸染状矿石一般是充填小裂隙或微裂隙、火山碎屑角砾岩胶结物或熔岩流的角砾中，构成了稀疏到中等浸染状矿化。脉状矿石一般沿着小裂隙分布，呈不规则状，脉宽 1mm～1cm，常见黄铜矿－绿帘石－绿泥石脉、黄铜矿－石英脉、黄铜矿－绿泥石脉、黄铜矿脉、黄铜矿－绿帘石脉等。脉状矿石中，在局部地段可见厚度达 2～3m 的致密块状透镜体，赋存于构造断裂带中，为块状矿石，按照矿物组合特点，块状矿石可进一步分为黄铜矿－石英、黄铜矿－方解石、黄铜矿－绿泥石、黄铜矿－黄铁矿－石英、黄铜矿－绿泥石－石英、黄铜矿－绢云母－石英等类型。

4. 成矿阶段和矿物生成顺序

根据矿区围岩蚀变和矿化特点，将成矿作用分为四个阶段：石英－磁铁矿阶段、早成矿阶段（浸染状矿化）、主成矿阶段（脉状矿化）和碳酸盐化阶段。第一阶段，为成矿前阶段，发育绿帘石化、钠长石化、磁铁矿化、硅化，一般不含矿。第二阶段，金属硫化物充填杏仁体、小裂隙、火山碎屑角砾岩胶结物或熔岩流的角砾中，构成了稀疏到中等浸染状矿化，主要矿物为黄铜矿、黄铁矿，广泛发育绿帘石化、绿泥石化、硅化和碳酸盐化，也发育磁铁矿化和赤铁矿化，形成本区的贫矿体。第三阶段，是本区的主要成矿阶段，硫化物呈脉状或透镜体状赋存于构造带中，构成本区的富矿体，主要矿物为黄铜矿、黄铁矿，广泛发育绿泥石化、硅化和碳酸盐化。第四阶段，为碳酸盐阶段，沿裂隙充填方解石脉和方解石－石英脉，一般不含矿。矿区成矿阶段和矿物生成顺序如图 5.61 所示。

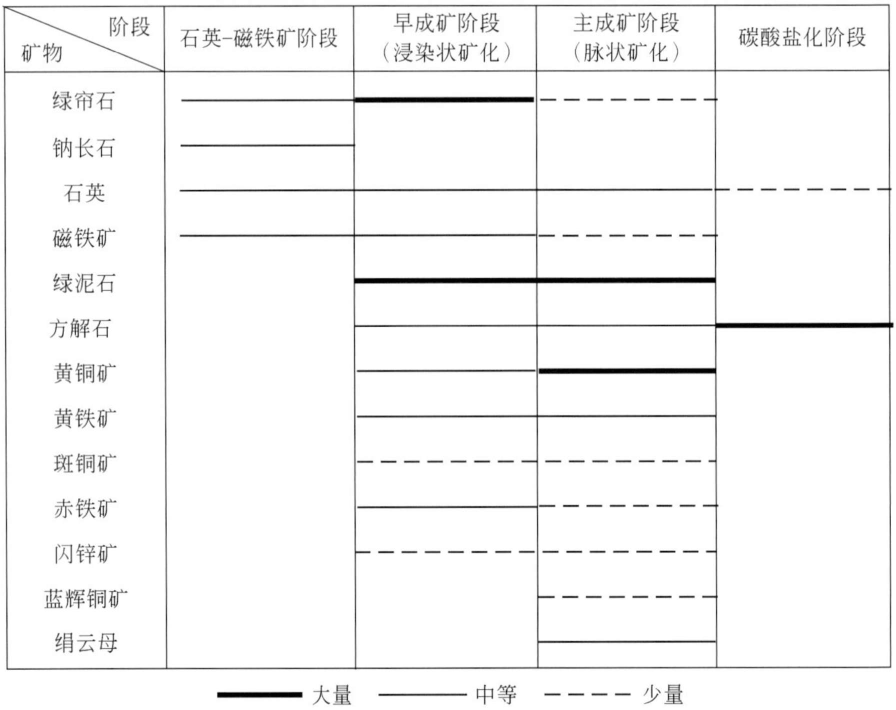

阶段 矿物	石英－磁铁矿阶段	早成矿阶段 （浸染状矿化）	主成矿阶段 （脉状矿化）	碳酸盐化阶段
绿帘石				
钠长石				
石英				
磁铁矿				
绿泥石				
方解石				
黄铜矿				
黄铁矿				
斑铜矿				
赤铁矿				
闪锌矿				
蓝辉铜矿				
绢云母				

━━━━ 大量　──── 中等　－－－－ 少量

图 5.61　洪古勒楞铜矿床成矿阶段及矿物生成顺序图

5. 双源大地电磁测量

洪古勒楞铜矿的矿体明显受断裂构造控制，其中，西矿带控矿断裂和矿体均向东南倾，东矿带前人认为控矿断裂和矿体也向东南倾，我们进行了矿床地质研究，发现东矿带断裂构造及其矿体均向西北倾，且矿化较西矿带强烈。为了获取矿区两个矿带控矿断裂和矿体的产状及可能的最大矿化下限，我们开展了 EH4 双源大地电磁测深。

我们在两个矿带各进行了一条 EH4 测量，测线位置见图 5.55。西矿带的 AA 测线沿

4 号勘探线分布，测线方向 320°，测线长 800m；测线 0m 测点在 TC200 号探槽揭露的矿体相应位置上，测线向北西方向延伸 100m，向南东方向延伸 700m。东矿带 BB 测线长 580m，测线方向 320°，测线长 580m；其 0m 测点的位置同样取在地表主矿体相应的位置上，测线向北西方向 420m，向南东方向 160m。

　　矿区为无人区，整个测区无电磁干扰，所获得的数据均符合质量要求，点距为 20m，极距为 10m。在视电阻率 – 深度剖面图中（图 5.62、图 5.63），每一个测点由地表向深部，各数据点（红色十字）的分布是随机的，向深部逐渐变稀，说明采集数据的质量符合要求，测区近场干扰影响不大。视电阻率等值线图中不同电阻率区均由多个数据点所控制，这些电阻率区所反映出的电效应形态是真实的。

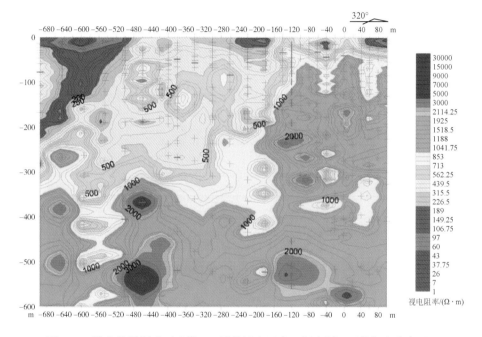

图 5.62　洪古勒楞铜矿西矿带 AA 测线视电阻率 – 深度剖面及数据点分布图

　　在图 5.62 和图 5.63 中，均可以区分出四种电性体：高阻（蓝色，>2000Ω·m）、中高阻区（绿色，2000 ～ 850Ω·m）、中阻区（黄色，853 ～ 500Ω·m）和低阻区（紫 – 红色，<200Ω·m）。在 AA 测线的 –520 ～ –640m 测点位区间，形成一个向南东倾斜低阻体，深度达地下 200m 深度未封闭。此外，在 –230m、–40m 和 50m，也出现了有一定延深的低阻体，表明可能有多条断裂构造及其可能的矿化体，推测矿化深度可以达到地下 300m。总体上，AA 测线的南东端深部的低阻体是矿化有利地段，应开展进一步勘查。

　　在 BB 测线从地表向深度 –360m 区间内，有一明显的向北西倾斜的低电阻率异常体。该低阻体在浅部（–20m 深度以上）产状陡，向深部至 –360m 区间，其倾角明显变缓。根据地表矿化蚀变破碎带位置及产状，我们认为向北西方向倾斜延深的断裂系，应为地表主矿化体及其构造向地下深部展布的形态、规模和产状。

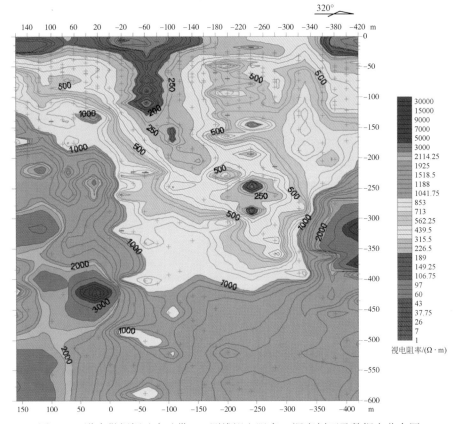

图 5.63 洪古勒楞铜矿东矿带 BB 测线视电阻率 – 深度剖面及数据点分布图

两条测线地球物理测量结果表明，浅部的低阻体与已知地表蚀变带及矿体相吻合，确定了这些低阻体是矿致异常体，以此推出深部的矿致异常形态及产状，并确定出本铜矿区的矿化下限应在地下 300～400m。此外，东矿带深部矿致强度强于西矿带深部矿致强度，与地质研究结果相吻合。更重要的是，西矿带深部的低电阻率异常明显向南东倾斜，与地质研究和钻探获得的勘探线剖面图的产状一致；而东矿带的低电阻率异常明显向西北倾斜，与我们进行的地质研究的产状一致，这从地球物理方面证实了东矿带的矿化构造带倾向西北，而非倾向南东。目前，企业已根据本电磁测深成果，在深部的低阻区探查到铜矿体。

矿区地质研究表明，本区存在火山机构，地球物理测量发现，西矿带控矿构造向西南倾和东矿带控矿构造北西倾，表明这可能是一个火山机构漏斗状断裂系，也可能有区域断裂构造的叠加。因此，洪古勒楞铜矿矿化带向深部延深较稳定。

第6章 西准噶尔钼矿床

斑岩型钼矿床是新疆西准噶尔地区近几年新发现的钼矿床，以苏云河斑岩钼矿床和宏远钼矿床为代表。苏云河斑岩型钼矿床位于西准噶尔南部巴尔鲁克山西段，目前是新疆最大的钼矿床，具有钼金属 $57 \times 10^4 t$，随着勘探的进行，其储量还有可能进一步扩大。宏远钼矿床位于西准噶尔南部达拉布特断裂南部，具中型规模。我们对苏云河钼矿床和宏远钼矿床进行了研究，认为这两个矿床与世界上大多数斑岩型钼矿床不同，成矿流体含有 CH_4 和 C_2H_6 等还原流体。

6.1 苏云河斑岩钼矿床

6.1.1 含矿岩体特征

矿区侵入岩发育，岩体侵位到中泥盆统巴尔鲁克组火山－沉积地层中（图 6.1a）。矿区构造主要为北东向断裂，也发育北东东向以及北西向断裂，其中，北东向断裂控制着矿带的展布。矿化主要发育在岩体与围岩的外接触带（图 6.1）。

我们进行了矿区地质剖面测量、钻孔岩心编录和岩石学、岩相学研究，结果表明，矿区侵入岩由深部的花岗岩体和浅部的斑岩岩株以及大量切穿地层的岩脉组成（图 6.1a），以深部的花岗岩体为主。浅部斑岩岩株由花岗闪长斑岩、花岗斑岩、二长花岗斑岩以及英云闪长斑岩组成。岩脉由霏细岩、花岗岩和少量闪长岩组成。

花岗岩位于现存剥蚀表面以下 $100 \sim 300m$（图 6.1b），侵入到巴尔鲁克组火山沉积岩内。花岗岩具有半自形粒状结构，可细分为细粒花岗岩（$1 \sim 2mm$）与中粒花岗岩（$2 \sim 5mm$）（图 6.2a，c），以中粒花岗岩为主。中粒花岗岩位于花岗岩侵入体内部，细粒花岗岩宽度很窄，分布在侵入体边缘。两种花岗岩都含有钾长石、斜长石、石英以及黑云母矿物（图 6.2a，c），以发育少量钾化和广泛的绿泥石－白云母蚀变为特征。

三个斑岩岩株位于花岗岩侵入体的上部（图 6.1a，b），由花岗闪长斑岩、花岗斑岩、二长花岗斑岩以及英云闪长斑岩组成。花岗闪长斑岩主要出露于Ⅰ号与Ⅲ号岩体，花岗斑岩主要出露于Ⅱ号岩体，英云闪长斑岩主要出露于Ⅲ号岩体（图 6.1a）。二长花岗斑岩出露于Ⅰ号岩体深部（图 6.1b）。二长花岗斑岩、花岗斑岩以及花岗闪长斑岩发育少量的钾

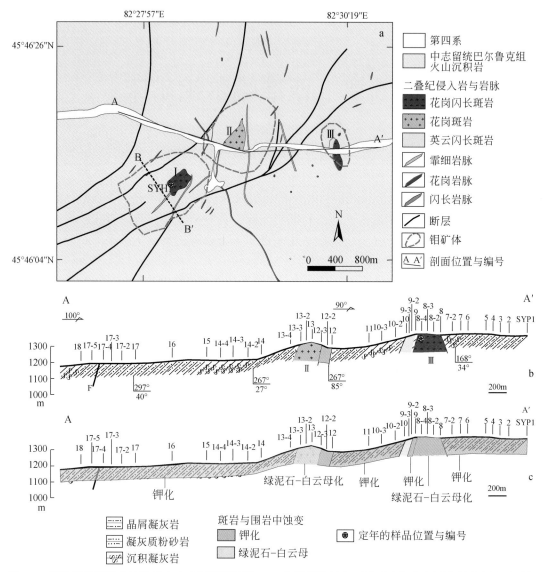

图 6.1　苏云河斑岩钼矿地质图（a）（据郑国平等 2014 年资料修编）、剖面图（b）和围岩蚀变图（c）（据
Shen et al.，2017）

化（黑云母 – 钾长石 – 石英），并被后期绿泥石 – 白云母蚀变所叠加。这两种蚀变主要与
浸染状矿化以及石英 – 硫化物脉状矿化关系密切。英云闪长斑岩不发育这些蚀变以及相关
的矿化，是矿化后的侵入岩。

岩脉包括霏细岩、花岗岩以及闪长岩，侵入到岩体或围岩内（图 6.1a），代表苏云河
矿区最晚的岩浆活动。霏细岩与花岗岩岩脉常见，南北走向的霏细岩脉和花岗岩脉宽度小
于 2～5m，长度 50～1000m 左右。岩脉与花岗斑岩岩体以及地层的接触关系清楚（图 6.1a），
缺乏蚀变以及矿化组合，是矿化后的岩脉。霏细岩和花岗岩的矿物成分相似，均含有钾长
石、斜长石、石英和黑云母等矿物。不同之处在于其结构，花岗岩具中粗粒花岗结构，霏细岩

具隐晶质霏细结构。闪长岩含有斜长石、角闪石、黑云母以及少量的榍石、金红石、磷灰石。

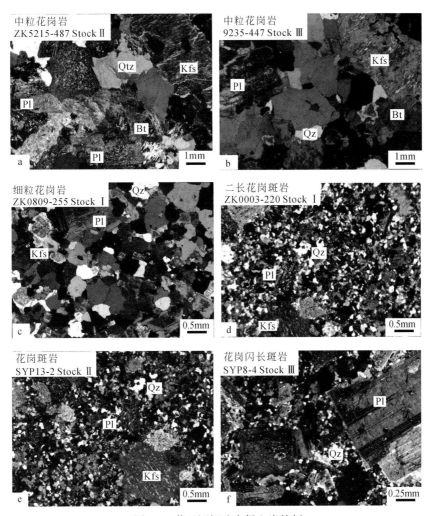

图 6.2　苏云河钼矿床侵入岩特征

6.1.2　矿床地质特征

1. 矿体特征

矿体以似层状为主，少量呈透镜状，与围岩没有明显的界线，显示渐变过渡关系。
I 号岩株中，0.03％品位圈定的 Mo 矿化组成了一个宽度接近 800m，深度超过 300m 的
矿带（图 6.3）。在 II 岩株内，0.03％品位圈定的矿体是一个宽度 900m、深度超过 500m
的漏斗状矿带，钼金属量占总资源储量的 62.9％，是矿区内最大的矿体。III 号岩株内矿
化较弱。

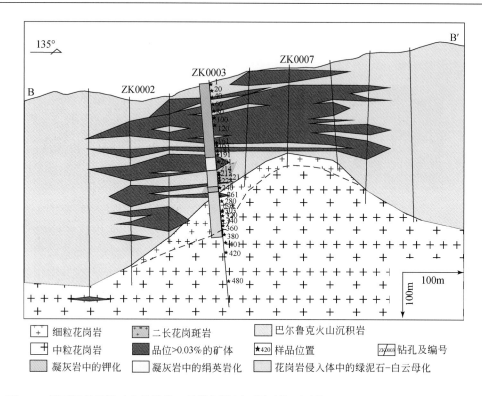

图 6.3　苏云河斑岩钼矿 I 号岩体 0 号勘探线剖面图（郑国平等，2014；Shen et al.，2017）

2. 围岩蚀变

侵入体和围岩发育热液蚀变，特别是在侵入体附近的围岩中，热液蚀变强烈。与钼矿化相关的围岩蚀变包括钾硅酸盐化，绿泥石 – 白云母化，绢英岩化蚀变等。

钾硅酸盐化蚀变：是本区早期蚀变，存在于外接触带中（图 6.1、图 6.3），主要为黑云母 + 钾长石 + 石英组合，常见钾长石交代斜长石（图 6.4a），也可见黑云母 – 石英细脉以及钾长石 – 石英脉。

绿泥石 – 白云母化蚀变：是本区成矿主期发育的蚀变，存在于岩体中（图 6.1、图 6.3）。白云母通常呈放射状集合体沿斜长石解理或裂隙发育（图 6.4b）。绿泥石通常交代早期黑云母（图 6.4c）。

绢英岩化蚀变：是本区成矿主期发育的蚀变，存在于围岩中（图 6.3）。绢云母沿石英脉两侧分布，部分或者完全交代早期钾长石而呈其假象（图 6.4d）。

方解石化蚀变：是本区晚期发育的蚀变，在岩体和围岩中均发育，呈石英 – 方解石脉、方解石细脉。

3. 矿石特征

苏云河发育网脉状矿化和少量浸染状矿化。石英脉宽一般为 0.5 ～ 2cm（图 6.5），

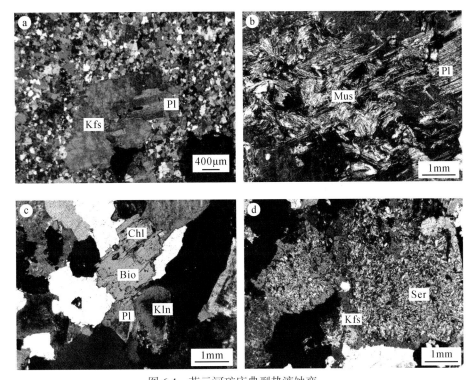

图 6.4　苏云河矿床典型热液蚀变

a. 钾长石交代斜长石；b. 白云母交代斜长石；c. 绿泥石交代黑云母；d. 绢云母交代钾长石

少量可达 30cm。Mo 矿化主要发生在石英脉或石英细脉中（图 6.5 d，e，g）。金属矿物主要为辉钼矿、白钨矿、黄铜矿、辉铜矿、斑铜矿、黄铁矿、钛铁矿与少量磁黄铁矿等；脉石矿物主要为石英、钾长石、斜长石及少量方解石、钠长石、绢云母、绿泥石、绿帘石、角闪石、黑云母、萤石、榍石、磷灰石等。矿石结构主要有鳞片结构、残余结构和交代溶蚀结构；矿石构造有浸染状、放射状和脉状构造。

4. 成矿阶段

根据各种脉的穿插关系和热液矿物的共生关系，我们确定了四个成矿阶段及有关的热液脉，特征如下：

第一阶段：主要发育石英＋钾长石 ± 黑云母 ± 辉钼矿脉（图 6.5a），石英＋磁铁矿＋钾长石脉（图 6.5b，c），以及无矿的石英脉（图 6.5f）。脉宽度通常为 0.1 ～ 3cm（图 6.5a，b），磁铁矿或黄铁矿通常呈粒状晶体分布于石英脉内（图 6.5b，c）。辉钼矿通常与钾长石伴生，分布在石英脉的脉壁处（图 6.5a）。热液蚀变包括钾长石化、黑云母化、硅化，它们通常被后期的绿泥石化 – 白云母化蚀变所交代。

第二阶段：主要发育石英＋辉钼矿 ± 钾长石 ± 黄铁矿脉。脉的宽度 <1~3cm（图 6.5d，e）。辉钼矿通常呈片状或浸染状分布于石英脉内（图 6.5e），或者沿着石英脉的脉壁分

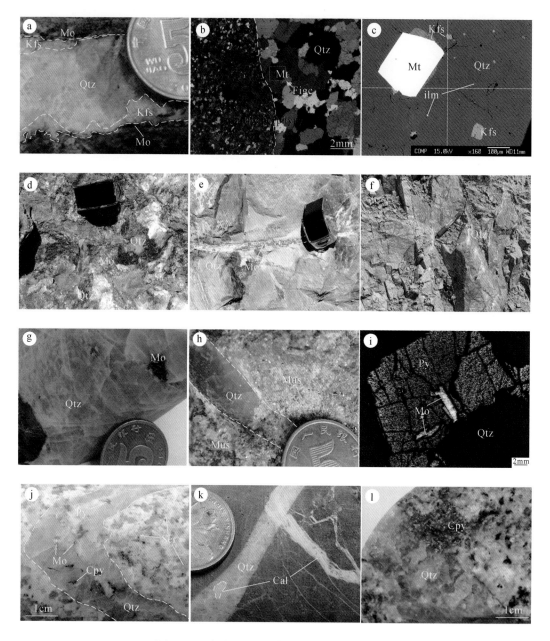

图 6.5　四个阶段热液脉体与相关的蚀变和矿化

a. 石英＋钾长石＋辉钼矿脉，辉钼矿沿着脉体两侧对称分布；b. 石英＋磁铁矿＋钾长石脉，钾长石呈不规则粒状分布于石英脉中；c. 石英＋磁铁矿＋钾长石脉，磁铁矿呈自形结构分布于石英细脉中；d. 石英＋辉钼矿脉，辉钼矿沿着脉体与围岩接触带分布；e. 石英＋辉钼矿细脉；f. 无矿石英脉；g. 石英＋辉钼矿脉；h. 石英＋白云母＋黄铁矿脉；i. 石英＋黄铁矿＋辉钼矿脉；j. 石英＋多金属硫化物脉；k. 石英＋方解石脉，方解石脉；l. 石英＋黄铜矿脉布（图 6.5d）。黄铁矿通常与辉钼矿共生，呈自形 – 半自形的立方体，粒度为 0.2 ～ 3mm（图 6.5i）。热液蚀变是白云母化与绿泥石化（图 6.5f，h）。

第三阶段：主要发育石英 + 多金属硫化物脉，脉宽 1 ～ 5cm（图 6.5j）。辉钼矿、黄铜矿与黄铁矿呈浸染状分布于石英脉内（图 6.5j），黄铜矿也可呈薄膜状分布于石英脉或脉旁蚀变岩石中（图 6.5l），热液蚀变是石英 – 绢云母化、绿泥石化（图 6.5g，h）以及少量的方解石化（图 6.5i）。

第四阶段：发育大量的石英 + 方解石 ± 黄铁矿脉，方解石脉及无矿石英脉，脉宽为 0.5 ～ 20cm。此外，还可见方解石 – 石英脉（图 6.5k）。热液蚀变主要是方解石化。各种矿物生成顺序见图 6.6。

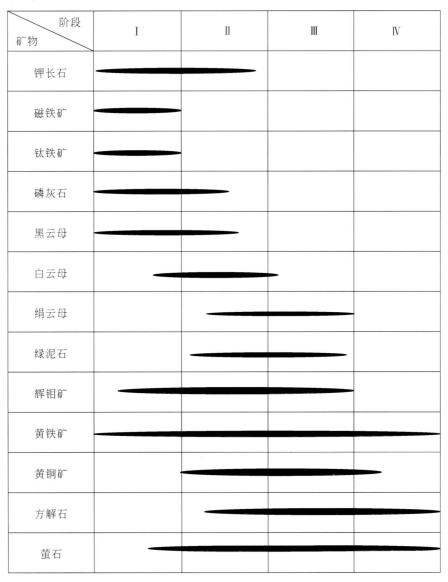

矿物＼阶段	I	II	III	IV
钾长石	▬▬▬▬▬▬▬			
磁铁矿	▬▬▬			
钛铁矿	▬▬▬			
磷灰石	▬▬▬▬			
黑云母	▬▬▬▬▬			
白云母		▬▬▬▬		
绢云母		▬▬▬▬▬		
绿泥石		▬▬▬▬▬		
辉钼矿	▬▬▬▬▬▬▬			
黄铁矿	▬▬▬▬▬▬▬▬▬▬▬			
黄铜矿		▬▬▬▬▬▬		
方解石		▬▬▬▬▬▬▬▬		
萤石	▬▬▬▬▬▬▬▬▬			

图 6.6　苏云河钼矿床中矿物生成顺序图

6.1.3 成矿流体特征

1. 包裹体岩相学特征

根据包裹体内的成分特征，包裹体类型可分为以下四类：

S 型包裹体（含子晶多相包裹体）：主要呈不规则状，占包裹体总数比例 < 5%，长轴长度集中在 9 ~ 15μm 之间，固相组分包括 NaCl，KCl，$CaCO_3$ 以及不透明子晶，其中 NaCl 主要呈立方体状，镜下为浅蓝色或无色（图 6.7a，d，f），；KCl 子晶一般为浑圆状（图 6.7c），$CaCO_3$ 子晶形状不规则（图 6.7h）。含石盐子晶包裹体主要分布在成矿的第一阶段，其次是第二阶段，在成矿第三与第四阶段没有出现，几乎所有盐类包裹体以气相先消失子晶后消失的方式均一。

C 型包裹体：该类型包裹体在室温下主要由三相（$L_{H_2O}+L_{CO_2}+V_{CO_2}$）组成，约占包裹体总数量的 5% 左右，形状主要为椭球状与不规则状，长轴长 5 ~ 20μm，其中 $L_{CO_2}+V_{CO_2}$ 所占比例 5% ~ 60%，该类型包裹体分布广泛，主要分布在成矿的第二与第三阶段（图 6.7e）。

V 型包裹体：该类型包裹体在室温下主要由两相（$L_{H_2O}+V_{H_2O}$）组成，其中 V_{H_2O} 所占比例大于 50%，形状多样，有负晶形，长方形，椭圆形以及不规则状，长轴长在 8 ~ 12μm 居多，该类型包裹体约占包裹体总数的 30% 左右，且主要出现在成矿的第一阶段与第二阶段（图 6.7b，g）。此外，不同成矿阶段 V_{H_2O} 所占比例大小也不等，在成矿第一阶段 V_{H_2O} 所占比例一般在 90% 以上（图 6.7b），第二阶段 V_{H_2O} 所占比例 50% ~ 90%，平均 60% 左右（图 6.7g）。并且不同成矿阶段，该类型包裹体的均一方式不同，第一成矿阶段包裹体均一方式主要均一为气相，而第二阶段包裹体有的均一为气相，有的均一为液相（图 6.7i），第三阶段包裹体主要均一为液相。

W 型包裹体：该类型包裹体在室温下主要由两相（$L_{H_2O}+V_{H_2O}$）组成，其中 V_{H_2O} 所占比例小于 50%，形状主要为椭圆形，负晶形，三角形以及不规则状。长轴长 6 ~ 10μm 居多，该类型包裹体约占包裹体总数的 60% 以上，并且从成矿的早阶段到晚阶段所占包裹体总数比例逐渐升高。

2. 包裹体显微测温

苏云河钼矿床成矿期次分成 4 个主要阶段（图 6.8）：第一阶段的流体以高温、高盐度、高密度为特征，主要发育的包裹体类型是少量含 S 型包裹体以及少量的 V 型包裹体，S 型包裹体的均一温度 491 ~ 539℃，盐度 58.6% ~ 65.18% NaCl，密度为 1.18 ~ 1.26g/cm³，均一方式主要是气泡先消失子晶后消失；V 型包裹体均一温度为 481 ~ 549℃，盐度为 1.91% ~ 8.9% NaCl，密度为 0.43 ~ 0.48g/cm³，均一方式是均一为气相。

第二阶段以发育中高温、中高盐度、中高密度流体为特征，主要发育大量的 V 型包裹体，W 型包裹体，少量的 S 型包裹体以及 C 型包裹体；V 型包裹体均一温度为 216 ~ 401℃，盐度为 0.18% ~ 6.3% NaCl，密度为 0.48 ~ 0.86g/cm³，均一方式为均一为

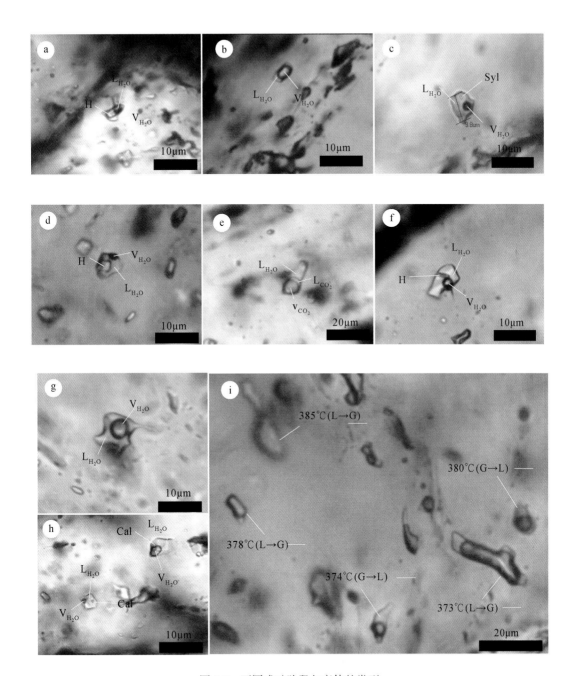

图 6.7　不同成矿阶段包裹体的类型

a. 含石盐子晶包裹体；b. Ⅴ型包裹体；c. 含钾盐子晶包裹体；d. 含石盐子晶包裹体；e. 含 CO_2 三相晶包裹体；f. 含石盐子晶包裹体；g. Ⅴ型包裹体；h. 含方解石子晶包裹体；i. 阶段Ⅱ沸腾包裹体群。H. NaCl 子晶；Syl. KCl 子晶；Cal. $CaCO_3$ 子晶

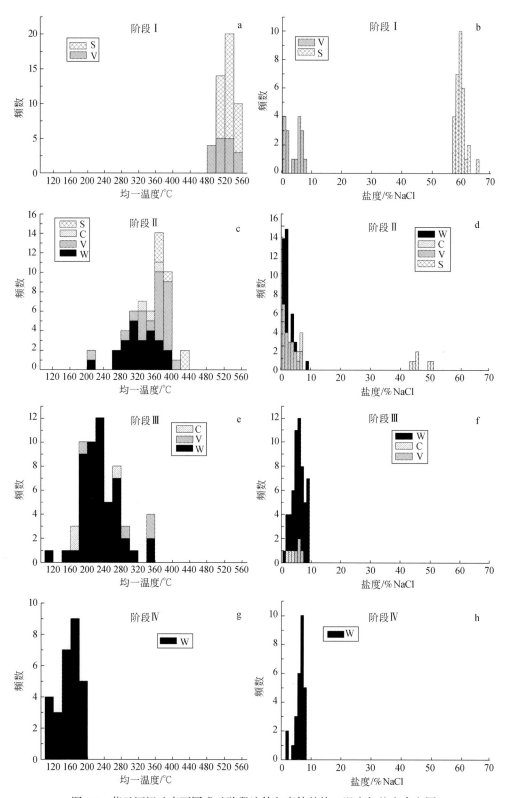

图 6.8　苏云河钼矿床不同成矿阶段流体包裹体的均一温度与盐度直方图

液相或均一为气相（图 6.8i）；W 型包裹体均一温度为 210～397℃，盐度为 0.35%～8.00% NaCl，密度为 0.48～0.87g/cm³，均一方式为均一为液相；S 型包裹体完全均一温度为 360～427℃，盐度为 43.36%～49.90% NaCl，密度为 1.07～1.09g/cm³，C 型包裹体初溶温度 –59.0℃～–56.6，笼形物消失温度 6.8～7.1℃，部分均一温度 27.2～31℃，完全均一温度 330～360℃，盐度 5.60%～6.12% NaCl，密度 0.67～0.72g/cm³。

第三阶段的流体以中低温、低盐度为特征，发育 W 型包裹体以及少量的 V 型包裹体和 C 型包裹体，均一温度为 116～348℃，平均 232℃，盐度为 4.65%～8.5% NaCl，密度 0.61～0.97g/cm³，均一方式为均一为液相。

第四阶段流体以低温低盐度中密度为特征，包裹体均一温度为 100～185℃，盐度 1.05%～7.16% NaCl，密度为 0.92～0.99g/cm³。

3. 成矿压力与深度估计

在显微测温的过程中，我们发现苏云河矿床阶段 Ⅰ 与阶段 Ⅱ 都有含石盐子晶包裹体存在，均一方式多以子晶消失为标志，它们可以被捕获在盐度饱和流体中（Cloke and Kesler，1979； Wilson et al.，1980），也可能捕获于较高的压力条件下（Rusk et al.，2008），还可能是捕获后发生了水的损失（Sterner et al.，1988）。所以，我们选择以气相或液相消失为均一标志的包裹体计算流体的成矿压力。根据 NaCl–H₂O 体系 P–T–X 相图（图 6.9）投图得出苏云河钼矿阶段 Ⅰ 成矿流体在稳定环境下的捕获的压力为 500～600bar；阶段 Ⅱ 流体捕获压力为 100～300bar；阶段 Ⅲ 与阶段 Ⅳ 由均一温度计算的压力为流体捕获的最小压力，成矿流体捕获压力 < 100bar。

根据各阶段的捕获压力，如果覆盖苏云河矿床的岩石密度为 2.5g/cm³，第一阶段，第二阶段，第三、四阶段矿化深度分别为 2.4～5km，1～1.2km，<1km 范围内。可见，苏云河矿床初始成矿深度（2.4～5km）不超过 5km，它与世界上大多数斑岩型矿床的矿化深度（1～5km）是一致的（Pirajno，2009）。

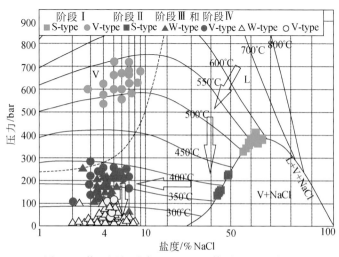

图 6.9　苏云河钼矿床 NaCl–H₂O 体系 P–T–X 相图

4. 流体成分特征

对于不同成矿阶段的单个包裹体激光拉曼分析结果显示，每个阶段气相或液相组分中都能观察到 H_2O 峰值（图 6.10a，f）。在第二阶段，第三阶段以及第四阶段的石英脉中的流体包裹体中都能观察到明显的 CO_2 峰值（图 6.10b，c，d）和 CH_4 峰值（图 6.10a，b，d），第四阶段脉体中 CO_2 与 CH_4 的峰强度比第二阶段和第三阶段弱得多，在第一阶段包裹体中，

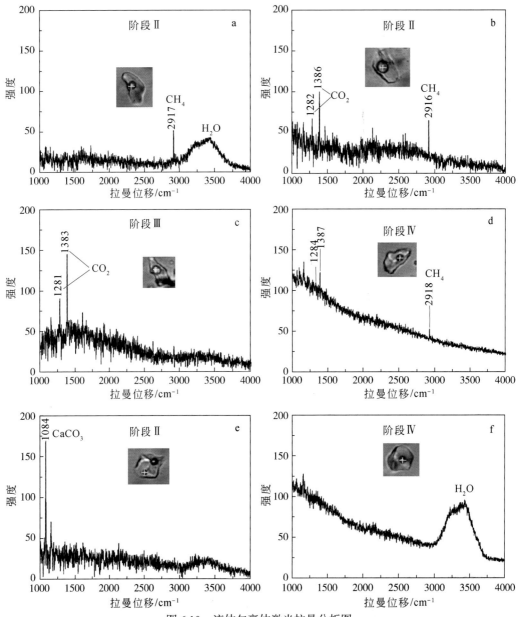

图 6.10　流体包裹体激光拉曼分析图

a. 第二阶段包裹体气相中 CH_4 与 H_2O 峰值；　b. 第二阶段包裹体气相中 CH_4 与 CO_2 峰值；　c. 第三阶段包裹体气相中 CO_2 峰值；　d. 第四阶段包裹体气相中 CH_4 与 CO_2 峰值；　e. 第二阶段 S- 型包裹体子晶 $CaCO_3$ 峰值；　f. 第四阶段包裹体气相中 H_2O 峰值

没有观察到明显的 CH_4 峰值。对 S 型包裹体子晶矿物的激光拉曼分析中，通常观察到峰值 $1084cm^{-1}$，表明 $CaCO_3$ 子晶大量的存在（图 6.10e）。

不同成矿阶段的群体包裹体气相组分分析见表 6.1，包裹体中气相组分均以 H_2O 为主，其次是 CO_2、CH_4、C_2H_6，总体上，CO_2 含量是 $CH_4+C_2H_6$ 总量的 5～30 倍（表 6.1）。阶段Ⅰ三个样品的 $CH_4+C_2H_6$ 含量很低。阶段Ⅱ $CH_4+C_2H_6$ 含量显著升高。阶段Ⅲ的一件样品 $CH_4+C_2H_6$ 含量 0.283%。这些特征与单个包裹体激光拉曼分析结果相一致。

表 6.1　苏云河钼矿床流体包裹体气相组分（mol%）

阶段	样品编号	脉体	H_2O	N_2	Ar^*	CO_2	CH_4	C_2H_6	$CH_4+C_2H_6$	资料来源
Ⅰ	SY3-1	Q-Kfs-Mo	98.61	0.083	0.034	1.049	0.224	—	0.224	钟世华等，2015
	SY1-1	Q	98.48	0.032	0.004	1.437	0.043	0.003	0.046	
	SY1-2	Q-Kfs	98.35	0.042	0.007	1.532	0.064	0.005	0.069	
Ⅱ	SY2-1	Q-Mo	95.4	0.055	0.023	3.981	0.352	0.185	0.537	本书
	SY2-1	Q-Py	90.36	0.314	0.045	8.968	0.31	—	0.31	
	ZK9235-435	Q-Mo-Py	96.15	0.179	0.06	3.107	0.276	0.218	0.494	
	ZK7615-268	Q-Py	95.97	0.079	0.009	3.562	0.248	0.13	0.378	
	ZK0807-317	Q-Mus-Py	97.38	0.207	0.057	2.001	0.151	0.201	0.352	
Ⅲ	ZK0802-67	Q-Mo	98.37	—	0.009	1.335	—	0.283	0.283	

* 表示结果是参考值。

5. 成矿流体演化与成矿作用

根据均一温度与盐度的双变量图（图 6.11），我们可以初步对苏云河矿床成矿流体演化与成矿机制进行如下总结：

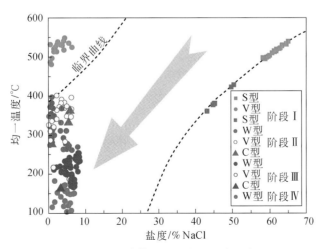

图 6.11　单个包裹体均一温度－盐度双变量图

Ⅰ成矿阶段：该阶段流体均一温度 481～549℃，盐度为高盐度（58.6%～65.18% NaCl）与低盐度（1.91%～8.9% NaCl）分离，密度为 1.18～1.26g/cm³，压力 500～600bar。

此阶段成矿流体属于 $NaCl-H_2O-CO_2$ 体系，磁铁矿发育，氧逸度较高，导致 S^{2-} 活度低，还原性气体 $CH_4+C_2H_6$ 含量很低（表 6.1），不利于硫化物的沉淀，辉钼矿矿化较弱。

II 成矿阶段：该阶段成矿温度 210～427℃，流体盐度发生分离，分别为 43.36%～49.90% NaCl 与 0.18%～8% NaCl，流体密度为 1.07～1.09g/cm³，压力为 100～300bar，成矿流体表现为中高温、中高盐度流体与中高温、低盐度的流体不混溶，在包裹体测温过程中，可见大量充填度不同气液包裹体均一方式不同，均一温度一致的现象，表现出流体强烈不混溶的特征（图 6.7i）。此阶段成矿流体属于 $NaCl-H_2O-CO_2-CH_4-C_2H_6$ 体系，石英脉或网脉在此阶段广泛发育，一般来说，引起 Mo 矿化的原因可能是多样的，但是在苏云河矿床，温度和氧逸度的降低可能是主要的原因。该阶段热液脉与包裹体子晶中均没有发现磁铁矿、赤铁矿、硬石膏等高氧逸度的矿物，还原性气体 $CH_4+C_2H_6$ 含量显著增高（表 6.1），指示此阶段流体还原性增强，导致 $Mo^{6+} \rightarrow Mo^{4+}$ 与 $SO_4^{2-} \rightarrow S^{2-}$，$S^{2-}$ 的活度升高，金属离子与 S^{2-} 结合，会导致硫化物大量沉淀（Wood et al., 1987）。此外，Klemm 等（2008）通过对 Questa 斑岩钼矿流体包裹体 LA-ICP-MS 分析表明温度从 420℃变化至 350℃时，流体中的钼含量降低了 99%。此阶段流体均一温度（表 6.8）与 350～420℃温度区间一致，所以温度的下降也可能导致流体中 Mo 的溶解度大程度下降（Klemm et al., 2008），形成大规模网脉状石英–硫化物细脉。此外，压力与流体盐度的降低也会导致 Mo 的溶解度降低，引起辉钼矿沉淀（Kudrin, 1989；Webster, 1997；Ulrich and Mavrogenes, 2008）。综上，流体温度降低、流体还原性增强、流体盐度降低对辉钼矿大规模网脉状矿化都可能具有重要作用。

III 成矿阶段：该阶段成矿温度为 116～348℃，盐度为 1.00%～8.5% NaCl，密度为 0.61～0.97g/cm³，压力小于 100bar，此阶段流体为中低温低盐度流体特征，温度与盐度较前两个阶段大幅度地降低（表 6.1），成矿流体属于 $NaCl-H_2O-CO_2$ 体系，$CH_4+C_2H_6$ 含量降低（表 6.2），表明此阶段有大气降水大量加入。Mo 等离子在流体中被大量稀释，矿质浓度降低，石英脉和围岩中广泛发育浸染状的辉钼矿、黄铜矿与黄铁矿，但是矿化程度较弱。

IV 成矿阶段：该阶段成矿温度 100～185℃，盐度为 1.05%～7.16% NaCl，密度为 0.92～0.99g/cm³，流体属于低温低盐度流体，此阶段主要发育大规模的石英–方解石–（黄铁矿）脉以及方解石脉，矿化弱。

6.1.4 成矿物质来源

1. S 同位素

不同阶段 S 同位素分析结果见表 6.3 与图 6.12，总体上硫化物 $\delta^{34}S$ 的变化范围为 -7.17‰～4.67‰，平均 1.97‰，表明 S 主要为岩浆成因。

对于含硫体系，硫元素的氧化还原状态是非常重要的，并且，较高的价态的硫比较低价态的硫更富集重同位素（Seal, 2006）。因此，^{34}S 的富集程度通常按照 $SO_4^{2-} > SO_3^{2-} > S_x^0 > S^{2-}$ 的顺序（Sakai, 1968；Bachinski, 1969；Seal, 2006）。阶段 I 石英脉中大量的磁铁矿与钾长石伴生，表明了相对较高的氧化环境，在这种环境下，硫可能主

要以 SO_4^{2-} 的形式存在。因此少量的硫化物沉淀会选择性地带走流体中的 ^{32}S，硫化物中强烈亏损 ^{34}S。这与阶段 I 硫化物中 $\delta^{34}S$ 中出现一个显著的负值（$-7‰$）一致（Ohmoto and Rye，1979；Seal，2006；Wilson et al.，2007；Pass et al.，2014）。正如方程（6.1）的证明，磁铁矿的结晶与硫酸盐的还原几乎是同时的，表明磁铁矿沉淀带走了三价铁，还原了硫酸盐（Ulrich et al.，1999；Heinrich，2005；Liang et al.，2009）。正如方程（6.2），硫酸盐的还原导致 H_2S 浓度升高，导致 Mo 的溶解度在阶段 II 急剧下降（Wood et al.，1987）。阶段 I 中 ^{32}S 的偏向性转移会导致热液流体中 ^{34}S 浓度升高，它将反过来导致后来形成的硫化物相对富集 ^{34}S（表 6.2；图 6.12；Seal，2006）。因此，阶段 I 与阶段 II 硫化物中 $\delta^{34}S$ 的差异表明了成矿流体氧逸度降低，利于 Mo 矿化。

$$8KFe_3AlSi_3O_{10}(OH)_2 + 2H_2SO_4 = 8KAlSi_3O_8（钾长石）+$$
$$8Fe_3O_4（磁铁矿）+ 8H_2O + 2H_2S \qquad (6.1)$$
$$3KAlSi_3O_8 + 2H^+ + 2H_2MoO_4 + 4H_2S = KAl_2(AlSi_3O_{10})(OH)_2（白云母）+$$
$$2K^+ + 6SiO_2 + 2MoS_2（辉钼矿）+ 6H_2O + O_2 \qquad (6.2)$$

表 6.2　苏云河钼矿床各阶段硫化物 $\delta^{34}S$ 值

阶段	样品编号	硫化物	$\delta^{34}S/‰$	平均值	资料来源
I	ZK7615-283	黄铁矿	-3.1	-2.2	钟世华等，2015
	ZK9235-305	黄铁矿	-7.1		
	ZK0802-112	黄铁矿	1.6		本书
	ZK9235-442	黄铁矿	-0.16		
II	ZK0802-138	辉钼矿	2.4	2.5	钟世华等，2015
	ZK9235-253	辉钼矿	1.8		
	ZK6819-1	辉钼矿	2.7		
	ZK0807-317	黄铁矿	3.4		本书
	ZK0809-220	黄铁矿	1.9		
	ZK0809-254	黄铁矿	3.1		
III	ZK5215-513.7	辉钼矿	3.3	3.7	本书
	ZK5215-513.7	黄铁矿	3.8		
	ZK0809-117	黄铁矿	3.6		
	ZKSIM2-4	黄铁矿	4.0		
	ZK0802-67	辉钼矿	2.5		
	ZK0809-226	黄铁矿	3.8		钟世华等，2015
IV	ZK0802-77	黄铁矿	4.6	4.6	本书

2. H-O-C 同位素分析

表 6.3 分别列出了 $\delta^{18}O_Q$，δD 和 $\delta^{13}C_{CO_2}$，$\delta^{13}C_{CH_4}$ 结果，$\delta^{18}O_{H_2O}$ 值由方程 1000

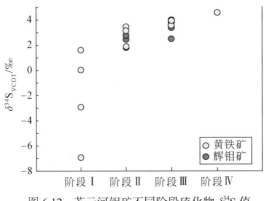

图 6.12 苏云河钼矿不同阶段硫化物 $\delta^{34}S$ 值

$\ln\alpha_{quartz-H_2O} = 3.38 \times 10^6 T^{-2} - 3.40$（Clayton et al.，1972）计算而得到，温度是流体包裹体的均一温度。第一阶段 $\delta^{18}O_{H_2O}$ 值范围是 8.5‰～ 8.9‰，平均 8.7‰；δD 值范围 -82.2‰～ -64.8‰，平均 -73.5‰，投在岩浆水的范围内（图 6.13），表明成矿流体主要来源于岩浆。第二阶段成矿流体 $\delta^{18}O_{H_2O}$ 范围是 3.8‰～ 6.3‰，平均值是 5.4‰；δD 值范围是 -95.9‰～ -60.6‰，均值是 -79.2‰，这些点几乎都投在岩浆水与大气水之间，表明此阶段成矿流体有少量大气水参与（图 6.13）。第三阶段脉体 $\delta^{18}O_{H_2O}$ 值范围是 -0.1‰～ 1.0‰，均值是 0.6‰；δD_{H_2O} 范围是 -84‰～ -80.5‰，均值是 -82.5‰，是大气水来源（图 6.13）。因此，第一阶段与第二阶段成矿流体主要来源于岩浆水，然而第三阶段与第四阶段的成矿流体主要来源于大气水。

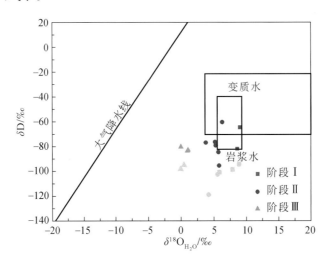

图 6.13 苏云河钼矿 δD–$\delta^{18}O$ 图解（据 Taylor，1974）。灰色数据来源于钟世华等，2015

11 件不同脉体的 $\delta^{13}C_{CH_4}$ 值见表 6.3。8 件样品的 $\delta^{13}C_{CH_4}$ 值的变化范围是 -23.2‰～ -28‰，平均值是 25.3‰；另外的 3 件样品有更高的 $\delta^{13}C_{CH_4}$ 值，范围是 -8.5‰～ -14.6‰。8 件样品的 $\delta^{13}C_{CO_2}$ 值是 -14.0‰～ 0.0‰，平均值是 -6.1‰。

3. CH₄ 与 CO₂ 来源

在苏云河斑岩钼矿床中，大多数成矿流体中 CH_4 的 $\delta^{13}C_{CH_4}$ 值具有较集中的变化范围（$-28‰ \sim -23.2‰$），而且 7 件样品 $CH_4/(C_2H_6+C_3H_8)$ 变化范围为 $0 \sim 20$（< 100）（表 6.1，表 6.3），指示了苏云河矿床成矿流体中的 CH_4 为有机质的热分解成因的。然而，与其他大多数样品不同，3 件样品的 $\delta^{13}C_{CH_4}$ 有一个变化范围（$-8.5‰ \sim -14.6‰$），明显高于 $-25‰$（表 6.3），指示 CH_4 为非生物成因。因此，苏云河矿床成矿流体中的 CH_4 可能具有两种成因，大多数 CH_4 是有机质的热分解成因，少量的 CH_4 可能是无机成因。

表 6.3　苏云河钼矿 H–O–C 同位素成分

阶段	样品编号	V 脉体	$\delta^{18}O_{石英}/‰$	$T/℃$	$\delta^{18}O_{H_2O}/‰$	$\delta D/‰$	$\delta^{13}C_{CH_4}/‰$	$\delta^{13}C_{CO_2}/‰$
I	ZK0802–124	Q–Kfs–Py	10.5	520	8.5	−82.2	−25.3	−7.9
	SZP3–2	Q	10.9	520	8.9	−64.8	−26.5	
II	ZK9235–435	Q–Mo–Py	9.2	345	3.8	−77.2	−28.0	−9.2
	ZK0807–317	Q–Mus–Py	10.7	345	5.3	−79.5	−25.1	
	ZK7615–268	Q–Py–Cpy	11.7	345	6.3	−60.6	−24.7	0.0
	ZK0809–117	Q–Py–Mo	11.2	345	5.8	−95.9	−25.4	
	ZK0802–72	Q–Py	11.1	345	5.7	−85.0	−8.5	−4.7
	ZK9235–87	Q–Mo–Py	10.6	345	5.2	−76.7	−14.6	−4.8
III	ZK0802–67	Q–Mo	10.9	232	1.0	−83.1	−23.2	−3.9
	ZK6815–605	Q–PM–Cal	9.8	232	−0.1	−80.5	−24.1	−14.0
	ZK0802–53	Q–Cpy–Py	10.8	232	0.9	−84.0	−14.6	−4.6

在西准噶尔地区，CH_4 在斑岩型矿床（例如：包古图，苏云河，宏远等）成矿流体中是广泛发育的。这个原因可以归结于西准噶尔地区广泛发育含有机碳较高的火山沉积地层，这已经在包古图（Shen and Pan，2013，2015）以及苏云河矿床得到证实。因此，当在岩浆 – 热液流体提供热量的情况下，这些地层中的有机物将发生分解，除了产生 CH_4，还产生 C_2H_6 等气体，苏云河矿床中 CH_4 主要来自于有机物的热分解，少量可能直接来源于岩浆。

不同成因的 CO_2 的 $\delta^{13}C_{CO_2}$ 也具有较大的变化，本次研究中 8 件样品的 $\delta^{13}C_{CO_2}$ 被成功检测（表 6.3）。$\delta^{13}C_{CO_2}$ 具有较大的变化范围（$-14.0‰ \sim 0.0‰$），6 件样品的 $\delta^{13}C_{CO_2}$ 值为 $-3.9‰ \sim -9.2‰$，与岩浆岩中 CO_2（$-9‰ \sim -3‰$，Taylor，1986）是一致的，指示 CO_2 主要来源于岩浆。1 件样品的 $\delta^{13}C_{CO_2}$ 值为 $0‰$，它比有机物（$-27‰$，Schidlowski，1998）、大气 CO_2（$-11‰ \sim -7‰$，Hoefs，1997）、淡水中溶解的 CO_2（$-20‰ \sim -9‰$，Hoefs，1997）、大陆地壳（$-7‰$，Faure，1986）以及地幔（$-7‰ \sim -5‰$，Hoefs，1997）含量都高，但与海洋碳酸盐（$-4‰ \sim 4‰$，Veizer and Hoefs，1976）是一致的。1 件样品具有相对较低的 $\delta^{13}C_{CO_2}$（$-14.0‰$），与淡水中溶解的 CO_2（$-20‰ \sim -9‰$，Hoefs，1997）是一致的，指示大气水来源的 CO_2。综上，苏云河成矿流体中 CO_2 可能

有多种来源，它可能直接来源于岩浆，或者来源于沉积地层中的含碳围岩的混染，少量的 CO_2 也许来源于大气淡水。

6.1.5　成岩 – 成矿年龄

1. 成岩年龄

选择深部花岗岩和浅部斑岩进行锆石 SIMS U–Pb 定年（图 6.14）。结果表明，中粒花岗岩侵位年龄为 298.4±1.9 ～ 295.3±3Ma，花岗闪长斑岩侵位年龄为 294.7±2.1 ～ 293.7±2.3Ma，指示含矿岩体形成于早二叠世（Shen et al.，2017）。

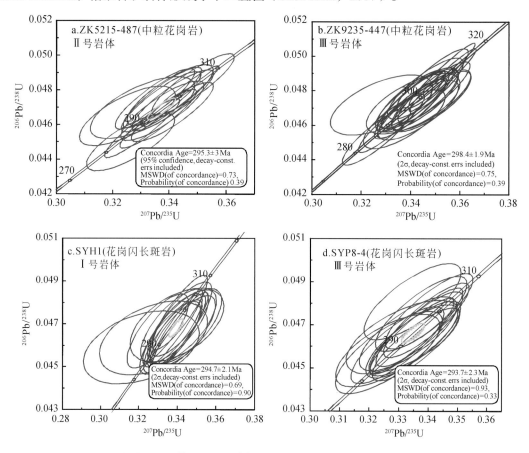

图 6.14　苏云河钼矿床侵入岩 SIMS 锆石 U–Pb 年龄

2. 成矿年龄

2013 年，我们在Ⅰ号岩体中选择了 5 件辉钼矿样品，3 件为地表出露石英脉中样品，2 件为 03 钻孔样品，结果见表 6.4 所示。5 件辉钼矿样品 Re–Os 同位素测试所得到的模式年龄具有很好的谐和性，加权平均年龄为 300.7±4.1Ma。

表 6.4　苏云河辉钼矿 Re–Os 同位素组成

样品编号	样重 /g	Re /（μg /g）		正常 Os/（ng/g）		^{187}Re/（μg /g）		^{187}Os/（ng/g）		模式年龄 /Ma	
		测定值	2σ	测定值	2σ	测定值	2σ	测定值	2σ	测定值	2σ
2013 年结果											
SyMo–2	0.00635	89.53	0.95	0.031	0.0347	56.27	0.6	284.4	2.5	302.6	4.9
SyMo–2	0.01004	95.77	0.92	0.0475	0.213	60.2	0.58	305.6	2.4	304	4.5
SyMo–4	0.00558	180.9	2	0.036	0.121	113.7	1.2	581.6	5.5	306.2	5.1
ZK03–180	0.00836	78.91	0.73	0.024	0.1344	49.6	0.46	245.2	2.1	296.1	4.4
ZK03–159	0.00573	105.3	0.9	0.0835	0.2808	66.19	0.54	327.8	3	296.5	4.4
2015 年结果											
Ⅰ–1	0.01041	71474	565	0.0134	0.2443	44923	355	221.2	2.0	294.8	4.2
Ⅰ–2	0.01076	69954	533	0.0361	0.1215	43968	335	217.0	1.8	295.5	4.1
Ⅰ–3	0.00984	97413	883	0.0377	0.0845	61226	555	301.6	2.4	294.9	4.3
Ⅰ–4	0.01048	79770	605	0.0377	0.0844	50137	380	245.6	2.0	293.3	4.0
Ⅰ–5	0.01072	84670	668	0.0386	0.0865	53217	420	261.9	2.1	294.6	4.1
Ⅱ–1	0.01055	8935	84	0.0381	0.0855	5616	53	27.69	0.22	295.3	4.3
Ⅲ–1	0.00511	10306	87	0.0095	0.1248	6478	55	32.11	0.20	296.8	4.3

资料来源：Shen et al.，2013b；钟世华等，2015。

2015 年，我们在Ⅰ、Ⅱ和Ⅲ号岩体中选择了辉钼矿样品进行 Re–Os 同位素测试，结果见表 6.4，Ⅰ号岩体的 5 件样品模式年龄介于 293.3 ± 4.0 ～ 295.5 ± 4.1Ma 之间，Ⅱ号岩体的 1 件样品模式年龄为 295.3 ± 4.3Ma，Ⅲ号岩体的 1 件样品模式年龄为 296.8 ± 4.3Ma。可见，3 个岩体的模式年龄在误差范围内基本一致，表明它们在同一时代成矿。

由于 7 件样品满足构成等时线的条件，在 ^{187}Os–^{187}Re 图上将 7 件样品的结果进行等时线加权拟合，可以回归成一条相关性很好的等时线（图 6.15），求得等时线年龄为

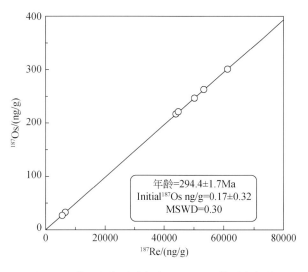

图 6.15　苏云河钼矿床辉钼矿 Re–Os 等时线年龄

294.4 ± 1.7Ma，加权平均年龄为 295.0 ± 1.5Ma，二者在误差范围内一致，并且，与含矿岩体锆石 U–Pb 年龄一致，表明苏云河钼矿床的成矿时代为早二叠世。

6.1.6　成矿模式

1. 钼的来源

关于斑岩型钼矿 Mo 金属的来源仍是有争议的。一些学者认为，因为地壳岩石比铁镁质岩浆含有更高的 Mo，且与成矿相关的侵入体来源于古老地壳，所以 Mo 金属来源于地壳（Wallace et al.，1978；Sinclair，2007）。其他学者提出 Mo 来自深源，并且与铁镁质岩浆密切相关（比如玄武质岩浆注入以及岩浆的混合）（Westra and Keith，1981；Pettke et al.，2010）。对于苏云河钼矿床，在巴尔鲁克地区没有铁镁质火山杂岩体出现，此外，闪长岩脉作为一种矿化后的岩浆活动是很有限的。因此，铁镁质 – 长英质或玄武质岩浆的注入模型不适合苏云河含矿岩石。在西准噶尔地区，前寒武基底并不发育；相反，古生代岛弧以及增生的杂岩体发育（Han et al.，1997；Chen and Jahn，2004；Shen et al.，2009；Zhang et al.，2011）。因此老地壳也不是苏云河矿床金属来源。我们认为含矿花岗岩岩浆来自初生下地壳的部分熔融。因此，Mo 金属可能来源于初生的下地壳。这个结论也被黄铁矿 He-Ar 同位素数据支持。我们获得的数据表明，黄铁矿中流体包裹体 $^3He/^4He$ 值为 0.05 ～ 0.22Ra，清楚显示地壳来源。

2. 成矿模式

我们的研究结果表明，苏云河矿床早二叠世含矿侵入体主要是高分异的 I 型花岗岩，这种花岗岩通常形成于碰撞造山带（Wu et al.，2003，2005；Han et al.，2011；Gao et al.，2011）。在 Ta-Yb 判别图解（Pearce et al.，1984）中，苏云河花岗岩投在了同碰撞花岗岩，火山弧花岗岩与板内花岗岩交叉部位，表明他们是碰撞相关的花岗岩（Shen et al.，2017）。这与北巴尔喀什成矿带早二叠世与 Mo 相关的花岗岩产生于碰撞的构造背景下是一致的（Sinclair，1995）。

在上述研究的基础上，建立了苏云河大型钼（－钨）矿床成矿模式，如图 6.16。在 298 ～ 293Ma 之间，伊犁与准噶尔地块发生碰撞，导致了晚石炭世俯冲的准噶尔洋壳发生分离或反转（Zhang et al.，2011；Shen et al.，2013a，b），使热的软流圈上涌导致初生下地壳的部分熔融以及高钾钙碱质花岗岩浆的产生。源于较浅的新生下地壳的岩浆经历高度结晶分异，形成了高分异的含矿花岗岩（例如：花岗岩，花岗斑岩以及二长花岗斑岩），然而，源于相对较深新生下地壳的岩浆经历了分异结晶，在上地壳形成了含矿的花岗闪长斑岩。所有形成于新生下地壳的含矿花岗岩都具有高的 Mo 含量，形成了苏云河斑岩型钼矿（Shen et al.，2017）。

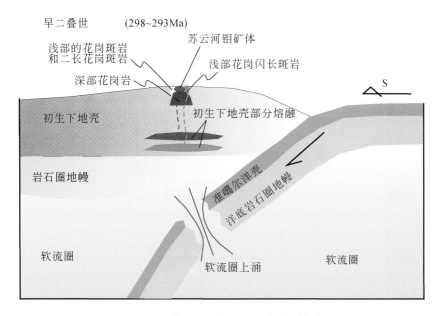

图 6.16　苏云河斑岩型钼矿床成矿模式

3. 与其他斑岩型钼矿床对比

大多数大型斑岩钼矿都产于前寒武纪基底广泛存在的科罗拉多造山带以及秦岭造山带。矿化的岩浆主要来源于老地壳，古老地壳为斑岩型钼矿形成提供了 Mo 的来源，形成了世界上两个最大的钼成矿带（Chen et al.，2000；Sinclair，2007；Audétat，2010）。与前两个钼成矿带相比，根据 Sr-Nd 同位素数据，中亚造山带主要以发育广泛的新生地壳和较少的前寒武基底为特征（Han et al.，1997；Jahn et al.，2000；Wu et al.，2003，2005；Chen and Jahn，2004；Xiao et al.，2009）。中亚造山带西部现有的同位素数据表明，含矿岩浆有三种可能的来源：①新生下地壳来源的岩浆，例如苏云河矿床，含矿花岗岩具有高的 $\varepsilon_{Nd}(t)$ 值（+4.4～+6.2）和高的正的 $\varepsilon_{Hf}(t)$ 值（+10～+15）；或者来自亏损地幔来源的岩浆，例如，中国阿尔泰山的希力库都克钼矿，含矿侵入岩具有高的正的 $\varepsilon_{Nd}(t)$ 值（+6.9～+10.8）（龙灵利等，2009）。②幔源物质混染的古老大陆壳来源的岩浆，例如，中国西天山的莱利斯高尔钼矿床，含矿侵入岩具有负的 $\varepsilon_{Nd}(t)$ 值（-0.6～-2.9）（张东阳等，2009）。③初生下地壳来源的岩浆并受到古老大陆壳的混染，例如，哈萨克斯坦的扎涅特与东科翁腊德钼矿，含矿侵入体具有低的正的 $\varepsilon_{Nd}(t)$ 值（+0.89～+1.54）；中国东天山白山钼矿，含矿侵入体具有正的 $\varepsilon_{Hf}(t)$ 值（+8.0～+11.0）（王银宏等，2015）。因此，在中亚造山带西部的斑岩型钼矿 Mo 来源是变化的，从主要来源于初生下地壳的岩浆到主要来源于古老大陆壳的岩浆，然而，在科罗拉多与秦岭造山带，Mo 主要来源于古老大陆壳的岩浆。

6.2 宏远斑岩钼矿床

6.2.1 矿床地质特征

宏远矿区位于达拉布特断裂南侧加甫沙尔苏岩体东南侧，矿区内侵入岩发育，侵入到下石炭统包古图组（C_1b）凝灰质粉砂岩和硅质粉砂岩中（图 6.17）。矿区内矿化侵入岩为宏远斑岩体，岩性主要由似斑状花岗岩、花岗斑岩和花岗岩组成，岩体总体呈 NEE 向展布，出露面积不足 1.5km²。宏远斑岩体北侧侵入于克拉玛依大岩体中，南东侧侵入于下石炭统包古图组中，岩体与围岩的接触面呈不规则状（图 6.17）。

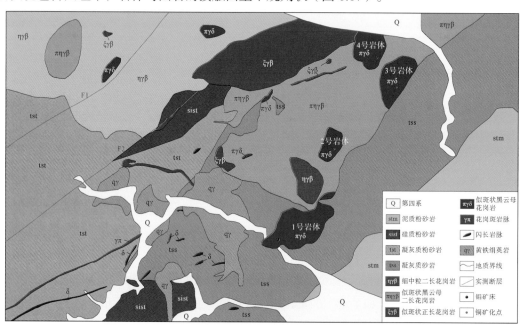

图 6.17 宏远钼矿矿区地质图（据新疆地矿局第七地质大队 2010 年资料修改）

宏远矿区发育 4 个含矿斑岩体（图 6.17），其中 1 号岩体矿化最好。1 号岩体共圈定钼矿体 10 个（其中工业矿体 7 个）。目前施工的钻孔位于 1 号岩体的中部和西南缘。矿体呈薄 – 厚大的似层状或脉状（图 6.18），厚度 1.73 ～ 12.86m 不等，平均厚度 5.5m，属厚度不稳定矿体，品位 0.036% ～ 0.177%，平均品位 0.095%。矿化富集程度主要与含辉钼矿石英脉的密集程度有关，在细脉间伴有团块状辉钼矿则矿体较富。矿体与围岩界线不清晰。矿体产状与控矿裂隙的产状相似，总体产状为 140° ∠ 30°，整体向南东方向缓倾。

辉钼矿主要赋存于石英脉中，或呈稀疏浸染状产出（图 6.19）。石英脉宽 1 ～ 5mm，最宽达 50mm，一般比较稀疏，1 ～ 5 条 /m，密集部位达 3 ～ 7 条 /m，倾角分为 30° 和

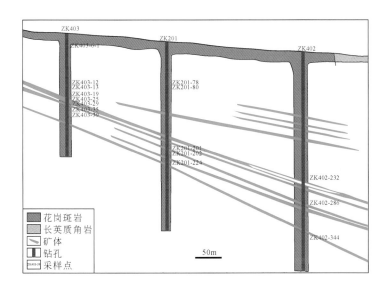

图 6.18　宏远钼矿 4-4′ 勘探
线剖面图及采样点

图 6.19　宏远矿区矿化特点
a.辉钼矿沿节理面呈脉状产出；b.稀
疏浸染状辉钼矿；c.辉钼矿在石英
脉中呈鳞片状产出；d.浸染状黄铜
矿化在地表形成的氧化晕；e.浸染
状黄铁矿化；f.黄铁矿呈细脉状产
出于石英脉中；g.云英岩中的黄铁
矿、辉钼矿、黄铜矿；h.石英脉内
辉钼矿、磁铁矿、黄铁矿。Mo.辉
钼矿；Py.黄铁矿；Cpy.黄铜矿；
Mag.磁铁矿

80°两组，以缓倾为主。含矿石英脉在平面上主要分布于岩体西南角突出部位内接触带上，在岩体东北部则少见。少量黄铜矿与黄铁矿主要呈稀疏浸染状、细脉状产出。矿化类型为斑岩型，以钼为主，伴生有铜。

　　矿区内热液蚀变发育，主要有绢云母化、硅化、白云母化，弱钾化、绿泥石化、绿帘石化、碳酸盐化等（图6.20），分带性不强。

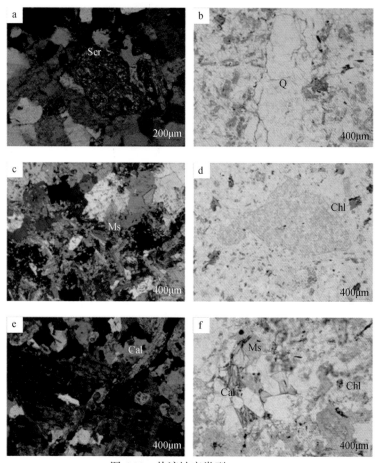

图 6.20　热液蚀变类型

a. 绢云母化；b. 硅化石英脉；c. 白云母化；d. 绿泥石化；e. 方解石化；f. 方解石化、白云母化、绿泥石化；Ser. 绢云母；Q. 石英；Ms. 白云母；Chl. 绿泥石；Cal. 方解石

　　根据蚀变和脉系特点（图6.21）及穿插关系，将成矿作用划分为三个阶段。Ⅰ成矿早阶段：伴随云英岩化蚀变，发育石英－白云母－黄铁矿－辉钼矿细脉及少量无矿石英脉。Ⅱ成矿主阶段：伴随绢云母化蚀变，主要发育石英－辉钼矿细脉、石英－辉钼矿－黄铜矿（－黄铁矿）细脉，金属硫化物（尤其是辉钼矿）大量沉淀，被后期石英－黄铁矿细脉切穿，矿化富集程度与石英脉密集程度密切相关。Ⅲ成矿晚阶段：矿化弱，发育石英－黄铁矿（－黄铜矿）细脉和方解石脉。

图 6.21　宏远钼矿矿化脉系

Q. 石英；Mo. 辉钼矿；Py. 黄铁矿；Cpy. 黄铜矿；Ms. 白云母

6.2.2　成矿流体特征及演化

1. 流体包裹体类型

根据包裹体物相组成和气液比，可将该区流体包裹体分为以下几种类型（图 6.22）：
Ⅰ气液包裹体，又可分为两个亚类：Ⅰ-1 气液比 5%～20%，分布范围较广，在包裹体中所占比例大；Ⅰ-2 气液比在 25%～50%；Ⅱ气体包裹体，气相比大于 50% 的包裹体，其中包括纯气体包裹体；Ⅲ含子矿物的包裹体，子矿物主要是方形、偏蓝色的 NaCl 子矿物，此外，也可见含多个子矿物的包裹体，一般为黑点状的不透明子矿物，可能为硫化物矿物，含子矿物包裹体室温下为三相。各成矿阶段所包括流体包裹体类型和特征如下。

Ⅰ成矿早阶段：石英脉中主要发育气液包裹体和含子矿物包裹体，气液包裹体中Ⅰ-1 型和Ⅰ-2 型均有出现，以Ⅰ-1 型为主，占包裹体总量的 70% 左右，其次为Ⅲ型含子矿物包裹体，占包裹体总量的 20% 左右。

Ⅱ成矿主阶段：Ⅰ型、Ⅱ型和Ⅲ型包裹体均发育，气液包裹体的气液比变化较大，Ⅰ-1 型和Ⅰ-2 型均有出现，以Ⅰ-1 型为主，约占总量的 70% 左右，分布最广；其次为Ⅱ型气体包裹体，包括纯气体包裹体，约占总量的 30% 左右，与小气液比包裹体共生，测试中只见到一个Ⅲ型含子矿物包裹体。

Ⅲ成矿晚阶段：主要发育Ⅰ型包裹体，95% 以上属于Ⅰ-1 型小气液比包裹体，少量Ⅰ-2

型，包裹体类型较单一，多为成群分布，数量较多。

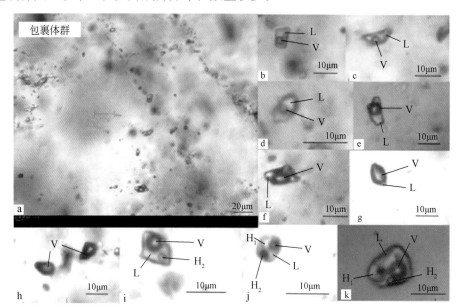

图 6.22　宏远钼矿石英流体包裹体类型

a. 包裹体群；b、c、d. 气液比小于 20% 的气液包裹体 I–1；e、f. 气液比为 20%～50% 的气液包裹体 I–2；g、h. 气体包裹体 II；i、j、k. 含子矿物包裹体（L. 液相；V. 气相；H_1. 石盐子矿物；H_2. 未知名子矿物）

2. 流体包裹体显微测温

I 成矿早阶段：均一温度范围为 230～550℃，峰值集中于 340～360℃，盐度范围较大（0.4%～59.8% NaCl），可分为高盐度含子矿物流体包裹体（均一温度 230～550℃，盐度范围 33.5%～59.8%）和低盐度气液包裹体（均一温度 270～400℃，盐度 0.4%～11.1%），多数含子矿物包裹体以子矿物的消失而达到均一。石英脉中局部可见气体包裹体、气液包裹体、含子矿物包裹体共存（图 6.23），且均一温度部分相近，表明成矿早阶段流体局部发生了沸腾作用。

II 成矿主阶段：石英－硫化物脉中流体包裹体的均一温度范围为 200～390℃，峰值为 280～300℃，冰点温度范围为 –8～–0.2℃，盐度范围主要为 0.35%～11.7% NaCl，为低盐度，此阶段气体包裹体较多，包括纯气体包裹体，部分均一到气相，可见到在同一视域中气体包裹体与气液包裹体共存（图 6.23），且均一温度相近现象，表明成矿流体经历了沸腾作用。

III 成矿晚阶段：发育气液包裹体，均一温度范围为 145～260℃，峰值集中于 160～180℃，冰点温度范围为 –8.5～–0.1℃，盐度范围为 0.18%～12.28% NaCl，属于低温低盐度流体。

均一温度和盐度见图 6.24 所示。

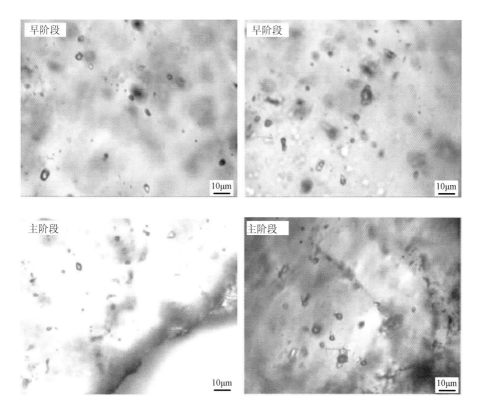

图 6.23　宏远钼矿石英脉中沸腾包裹体群

3. 流体包裹体成分

对早阶段和主阶段单个包裹体进行激光拉曼光谱分析，测试结果显示早阶段流体包裹体气相和液相的拉曼光谱图上都出现宽泛的 H_2O 峰（$3310 \sim 3610cm^{-1}$）（图 6.25）。主阶段流体包裹体以 H_2O 为主，部分包裹体含有 CO_2 和 CH_4，含 CH_4 的单个包裹体较多。

群体包裹体成分分析结果见表 6.5，成矿早阶段样品和成矿主 / 晚阶段样品分开测试。成矿早阶段液相成分中阳离子以 Na^+、K^+、Ca^{2+} 为主，阴离子以 SO_4^{2-} 为主，Cl^- 次之；气相成分以 H_2O 为主，有少量 CO_2、CH_4、C_2H_6、N_2。成矿主 / 晚阶段液相成分中阳离子以 Na^+、K^+、Ca^{2+} 为主，阴离子以 Cl^- 为主，SO_4^{2-} 次之，个别还有 F^-；气相成分以 H_2O 为主，有少量 CO_2、CH_4、C_2H_6、H_2S，其中有一个样品的 CO_2、C_2H_6 含量很高，分别达到了 20% 和 12%。从早阶段到主 / 晚阶段流体成分主要的变化是阴离子成分从 SO_4^{2-} 为主变为了 Cl^- 为主，Na^+ 含量增多，C_2H_6、H_2S 含量变多。

4. 成矿物理化学条件

宏远钼矿早、主和晚阶段流体包裹体类型有一定的差别，早阶段主要发育气液包裹体、含子矿物包裹体和少量气体包裹体，在该阶段局部存在 I 型、II 型包裹体与 III 型包裹体共

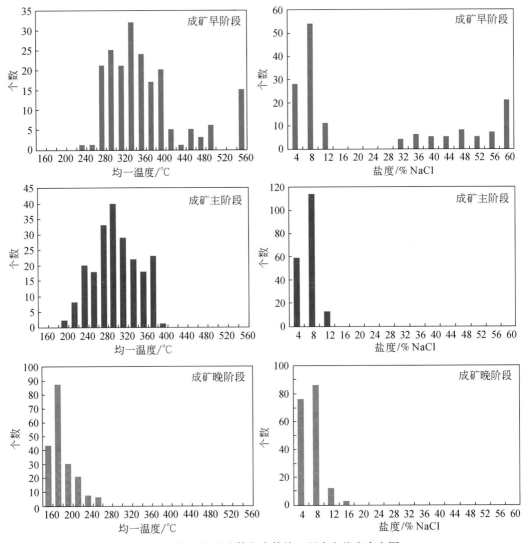

图 6.24　宏远钼矿流体包裹体均一温度和盐度直方图

存，它们的均一温度基本相近，指示这一阶段已经存在流体沸腾作用，由于这种现象并不常见，说明早阶段流体沸腾作用还不十分强烈；成矿主阶段主要发育气液包裹体和气体包裹体，气体包裹体比例较早阶段增多，且部分均一到气相，此阶段时常可见气体包裹体与气液包裹体共存，且均一温度相近，表明成矿流体经历了二次沸腾作用，并且沸腾作用强烈，导致相分离；成矿晚阶段基本只发育气液包裹体，且以 I–1 型小气液比为主，包裹体数量较多，成群出现，属于低温低盐度流体。

　　根据包裹体均一温度和盐度值，运用 Steele-MacInnis 等（2012）发表的软件计算出 NaCl–H$_2$O 型热液体系不同成矿阶段的密度值。获得 I 成矿早阶段流体密度为 0.56～1.24g/cm^3，平均值 0.89g/cm^3，II 成矿主阶段流体密度为 0.57～1.1g/cm^3，平均值 0.77g/cm^3，III 成矿晚阶段流体密度为 0.81～0.99g/cm^3，平均值为 0.92g/cm^3。根据邵洁涟计算成矿压力和深度的经验公式，获得宏远钼矿 I 成矿早、主、晚阶段成矿压力分别为

表 6.5　宏远钼矿群矿体包裹体成分分析实验结果

成矿阶段	样品编号	阴阳离子检测结果 /（μg/g）							包裹体气相结果 /（mol%）							
		F^-	Cl^-	SO_4^{2-}	Na^+	K^+	Mg^{2+}	Ca^{2+}	H_2O	N_2	Ar^*	O_2	CO_2	CH_4	C_2H_6	H_2S
早阶段	ZK201-78	—	0.345	1.65	0.573	—	—	0.099	95.21	0.400	0.129	—	3.620	0.637	—	—
	ZK201-79	—	0.385	1.50	0.566	1.08	—	0.335	97.36	0.259	0.089	—	1.919	0.371	—	0.0001
	ZK402-344								93.94	0.248	0.080	—	5.021	0.709	—	0.0003
	ZK201-182								91.65	0.387	0.318	—	6.146	0.882	0.61	0.0006
	ZK201-244								95.47	0.308	0.094	—	3.537	0.590	—	0.0002
主/晚阶段	HY403-20	—	1.28	0.440	1.27	0.264	—	0.201	94.53	0.071	0.047	—	4.895	0.195	0.260	0.001
	HY403-24	—	1.08	0.600	1.13	0.315	—	0.225	94.13	0.134	0.058	—	5.185	0.365	0.128	0.001
	HY403-25	—	1.50	0.309	1.32	0.325	—	0.263	93.56	0.115	0.057	—	5.467	0.558	0.242	—
	HY403-29	—	1.31	—	1.14	0.448	—	0.273	94.69	0.195	0.102	—	4.033	0.751	0.229	—
	HY403-35	—	0.624	0.399	0.744	0.524	—	0.319	94.35	0.005	0.069	—	4.605	0.449	0.523	—
	HY403-39	—	0.773	—	0.821	0.542	—	0.395	94.20	0.218	0.088	—	4.723	0.583	0.188	—

* 代表结果是参考值。

资料来源：鄢瑜宏等，2014，2015。

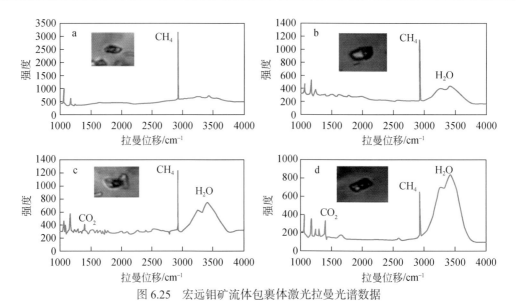

图 6.25　宏远钼矿流体包裹体激光拉曼光谱数据

a. 气相，含 CH_4 成分；b. 液相，含 H_2O 和 CH_4 成分；c. 气相，含 H_2O、CH_4 和 CO_2 成分；d. 液相，含 H_2O、CH_4 和 CO_2 成分

（500～1558）×10^5Pa、（471～1057）×10^5Pa、（255～721）×10^5Pa，对应成矿深度分别为 1.7～5.2km、1.6～3.5km、0.85～2.4km；从成矿早阶段到晚阶段，成矿深度逐渐变浅。

根据对成矿斑岩中黑云母的电子探针分析（鄢瑜宏等，2015），本区岩体的氧逸度高于 NNO 体系，含矿岩体可能是较高氧逸度条件下的产物，岩浆阶段的高氧逸度有利于 Mo、Cu 的迁移。

6.2.3　成矿流体来源及成矿过程

1. C–H–O–S 同位素组成

对包裹体中的 CH_4 进行 C 同位素分析，所获得的实验数据见表 6.6，C 同位素值分布于 –31.08‰～ –26.44‰之间。

表 6.6　宏远钼矿流体包裹体中 CH_4 的 C 同位素数据

样品编号	$\delta^{13}C$/‰	σ/‰
HY403–6–1	–28.10	0.034
HY403–20	–27.62	0.035
HY403–25	–31.08	0.026
HY403–29	–29.92	0.059
HY403–35	–29.24	0.058
HY403–39	–26.44	0.052

石英脉 H–O 同位素测试结果见表 6.7。

表 6.7　宏远钼矿脉石英 H–O 同位素数据

样品编号	石英的 $\delta^{18}O$ 值 /‰	平衡 H_2O 的 $\delta^{18}O$ 值 /‰	包裹体 H_2O 的 δD_{V-SMOW} 值 /‰	采用温度 /℃
HY403–6–1	5.57	–0.04	–92.32	340
HY403–20	8.78	7.18	–83.72	550
HY403–25	9.33	4.39	–87.29	365
HY403–29	9.43	4.82	–86.94	378
HY403–35	9.75	5.19	–87.40	380
HY403–39	9.12	4.80	–91.24	390

结合本次流体包裹体测温结果，根据石英 – 水同位素分馏方程（Clayton et al.，1972）：$1000\ln\alpha_{石英-水}=3.38\times10^6/T^2-3.4$ 分别计算各阶段热液中的水的 $\delta^{18}O$ 值。研究结果表明，热液中水的 δD 值在 –92.32‰～ –83.72‰ 之间，石英的 $\delta^{18}O$ 值为 5.57‰～ 9.75‰，计算得到平衡水的 $\delta^{18}O$ 值在 –0.04‰～ +7.18‰ 之间。

单矿物 S 同位素分析结果见表 6.8。

表 6.8　宏远钼矿硫化物 S 同位素数据

样品编号	HY404–26	HY404–32	HY404–48	HY404–27	HY404–51	HY404–53
矿物	黄铁矿	黄铁矿	黄铁矿	黄铜矿	黄铜矿	黄铜矿
$\delta^{34}S$/‰	2.14	1.09	–0.05	2.13	1.08	2.33
样品编号	HY405–7	HYMO–1	HYMO–2	HYMO–6	HY403–40	
矿物	磁黄铁矿	辉钼矿	辉钼矿	辉钼矿	辉钼矿	
$\delta^{34}S$/‰	0.41	1.7	1.3	1	1	

由分析数据可见，黄铁矿 $\delta^{34}S$ 值为 –0.05‰～ 2.14‰，黄铜矿 $\delta^{34}S$ 值为 1.08‰～ 2.33‰，1 件磁黄铁矿 $\delta^{34}S$ 值为 0.41‰，辉钼矿 $\delta^{34}S$ 值为 1‰～ 1.7‰。未满足平衡状态下 $\delta^{34}S$ 值：黄铜矿 < 黄铁矿 < 辉钼矿的组成特征，表明同位素未达到平衡，但也不排除测量样品数过少，未能显示出规律性。同时，4 种硫化物中的 S 同位素值大体相近，并未表现出明显的分馏现象。

2. 成矿流体来源

在成矿流体 $\delta^{18}O-\delta D$ 图解上（图 6.26），δD 分布范围相对较窄，所投的点落于岩浆水和大气降水线之间，靠近岩浆水，表明成矿流体源于初始岩浆水，晚期有少量大气降水的参与。

对辉钼矿、黄铁矿、黄铜矿和磁黄铁矿进行单矿物 S 同位素分析，显示 4 种硫化物的 $\delta^{34}S$ 值总体上范围为 –0.05‰～ 2.33‰，峰值为 1.5‰左右，表明成矿流体中的 S 同位素来源较单一，成矿流体中的硫来自深部岩浆。

本次对宏远流体包裹体中 CH_4 的 C 同位素分析中，$\delta^{13}C$ 值分布于 –31.08‰～ –26.44‰

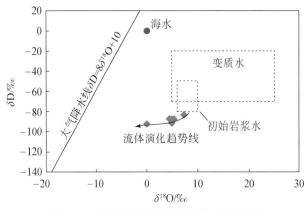

图 6.26　宏远钼矿成矿流体 $\delta^{18}O$–δD 图解

之间，接近 –30‰ 的居多，而利用黑云母电子探针分析数据已知岩浆结晶形成花岗岩时氧逸度较高，同时，包古图组地层中具有含碳质成分（Shen and Pan，2013，2015），经综合分析认为还原性组分 CH_4 主要是来自地壳有机碳，是岩浆侵位过程中受到围岩混染形成，同时有少量地幔无机碳的混合。

3. 成矿过程

由均一温度–盐度双变量图（图 6.27）可初步分析宏远钼矿热液成矿流体的演化过程。流体经历了从成矿早阶段中高温–高盐度流体和低盐度流体的不混溶，到成矿主阶段中温低盐度流体，再演化到成矿晚阶段低温低盐度流体的过程。结合各阶段流体物理化学性质以及前面的研究成果，具体描述宏远钼矿流体演化和成矿过程如下。

Ⅰ 成矿早阶段：成矿温度为 230～550℃，集中于 340～360℃，盐度分为高盐度（33.5%～59.8% NaCl）和低盐度（0.4%～11.1% NaCl），成矿流体为中高温高盐度流体和中高温低盐度流体的不混溶。此阶段流体通过不混溶作用和局部沸腾作用发生相分离形成高盐度流体和低盐度流体，流体平均密度为 0.89g/cm³。成矿流体属于 NaCl–H_2O 体系，阴离子以 SO_4^{2-} 为主，Cl^- 次之，气相成分中 H_2O 占到 90% 以上，有少量 CO_2、CH_4、C_2H_6、N_2。此阶段流体处于弱氧化条件下，S 主要以硫酸盐的形式溶解于岩浆之中，从而导致通常优先向硫化物分配的 Mo、Cu 等开始作为不相容元素向硅酸盐熔浆中富集。高盐度富液相流体被认为是金属 Mo、Cu 等搬运的主要载体（Hedenquist et al.，1998）。流体的盐度随压力的增加而增大（Kilinc et al.，1972），而 Cu、Mo 的溶解度又随着流体盐度的增加而显著增大，因此，较高的压力条件常有利于流体出溶时金属矿物向流体中富集。综上，在这种较高压、高盐度流体中，Mo、Cu 等金属矿物倾向于向出溶流体中富集，此阶段 Mo、Cu 矿化沉淀较少，局部沸腾作用引起了少量辉钼矿的沉淀。在这种高温流体作用下，发育白云母化蚀变。

Ⅱ 成矿主阶段：成矿温度为 200～390℃，集中于 280～300℃，盐度主要为 0.35%～11.7% NaCl，流体平均密度为 0.77g/cm³，成矿流体属于 NaCl–H_2O–CO_2–CH_4 体系，阴离

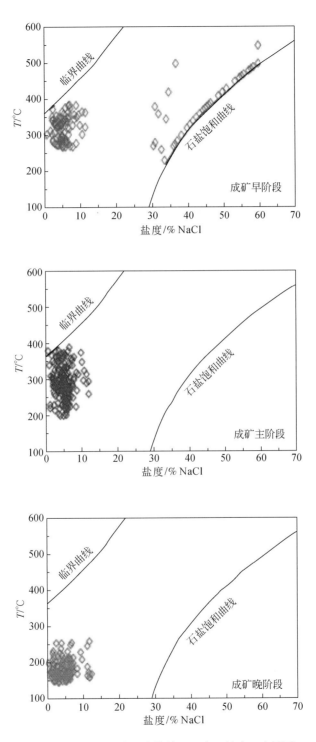

图 6.27　宏远钼矿成矿流体均一温度 – 盐度双变量图

子转化为以 Cl⁻ 为主。流体从早阶段高温高盐度流体和低盐度流体不混溶演化为中温低盐度流体。压力的减小和温度的降低引起成矿流体发生强烈二次沸腾作用，形成富气相包裹体，气液比变化大，沸腾作用更加促进了相分离，进一步促进了矿物的沉淀。近地表的大气降水与成矿流体混合，引起流体盐度大幅度降低，Mo、Cu 等金属矿物溶解度减小，矿物沉淀，形成网脉状石英－硫化物细脉。同时，流体受到围岩混染，转变为较还原的成矿流体，普遍含有 CH₄，这种还原性流体利于成矿物质的沉淀。综上，在流体强烈沸腾作用、温度盐度降低、还原性增强等综合因素共同作用下，此阶段辉钼矿化大量沉淀，形成主矿体。中温流体作用下，围岩发生了绢云母化蚀变，形成包含主矿化的石英－绢云母化带。

Ⅲ成矿晚阶段：成矿温度为 145～260℃，集中于 160～180℃间，盐度为 0.18%～12.28% NaCl，此阶段流体成分与主成矿阶段流体成分相比变化不大，属于 NaCl–H₂O–CO₂–CH₄ 体系，但流体温度大幅度降低，晚阶段演化为低温低盐度流体。成矿作用减弱，除产生石英－黄铁矿脉以外，还生成后期无矿的方解石脉。

第7章 西准噶尔金矿床

西准噶尔地区金成矿作用异常强烈，形成金矿床7处，金矿点300余处（沈远超和金成伟，1993），是新疆主要的黄金生产基地。我们主要对哈图金矿床、阔尔真阔腊金矿床和布尔克斯岱金矿床进行了典型矿床研究，对一些金矿点（塔斯特和黑山头等）也进行了初步研究。

7.1 哈图金矿床

7.1.1 矿床地质特征

哈图金矿床位于达拉布特成矿亚带中部（图1.6）。矿区出露下石炭统太勒古拉组，为一套连续的基性火山岩、火山碎屑岩夹火山沉积岩和碧玉岩组合（图7.1）。区域上断裂构造发育，主要为北东东向安齐断裂和哈图断裂，这两条断裂带沿走向延伸60~70km，宽约100~400m，倾向北北西，倾角60°~80°。区域上岩浆活动强烈，矿区西北部约10km处发育哈图花岗岩体，矿区西南部约7km处发育阿克巴斯套花岗岩体（图1.6）。

1. 容矿岩石和控矿构造

哈图金矿床容矿岩石主要为玄武岩和少量晶屑玻屑凝灰岩、凝灰质粉砂岩（图7.2）。玄武岩具有斑状结构，斑晶为单斜辉石和斜长石（图7.3），基质为细粒斜长石和微晶斜长石，具有次辉绿结构。晶屑玻屑凝灰岩在成分上属于流纹质，主要由斜长石玻屑和少量的晶屑组成。凝灰质粉砂岩中包括一些碳质，为含碳凝灰质粉砂岩（图7.3b）。

哈图金矿床受北东东向的安齐断裂及其次级断裂控制。断裂带韧性剪切变形普遍，主要由糜棱岩化岩石、糜棱岩和构造片岩组成（图7.3c～d）。在剪切带中，绢云母、绿泥石等蚀变矿物广泛发育，表明浅绿片岩相变质作用普遍。安齐断裂的上盘发育大量次级断裂，大多数金矿体位于其中（图7.2）。

2. 围岩蚀变及成矿阶段

哈图金矿围岩为玄武岩和少量晶屑玻屑凝灰岩、凝灰质粉砂岩，围岩遭受了强烈蚀变，

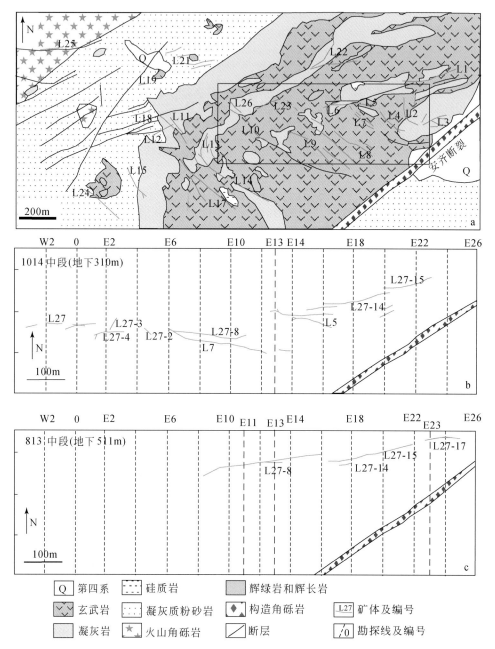

图 7.1 哈图金矿地质图（沈远超和金成伟，1993；肖飞等，2010；朱永峰等，2013）和中段平面图（据 Shen et al.，2016a）

主要有碳酸盐化、硅化、绢云母化和绿泥石化（图 7.4）。其中，碳酸盐化和硅化发育最为广泛（图 7.4a、b），绿泥石化则广泛发育于玄武岩中（图 7.4c），绢云母化主要沿韧性剪切带发育，绢云母常与石英和黄铁矿共生（图 7.4d）。围岩蚀变带宽度从数米到数十米，在蚀变岩中，蚀变强度由矿体向围岩逐渐减弱。根据矿物组合关系，我们认为哈图金矿可以分为 3 个蚀变阶段：

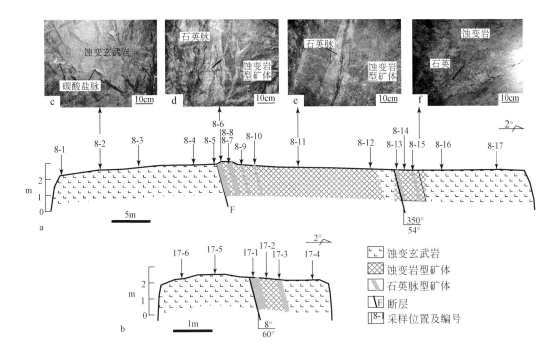

图 7.2　哈图金矿含矿岩石和含矿石英脉照片以及剖面图（据 Shen et al.，2016a）

a. E11 勘探线 813 水平地质剖面图；b. E23 勘探线 813 水平地质剖面图；c～f. 含矿岩石及矿化类型照片（c. 蚀变玄武岩；d. 石英脉型和蚀变岩型矿体；e. 蚀变玄武岩；f. 蚀变岩型矿体）

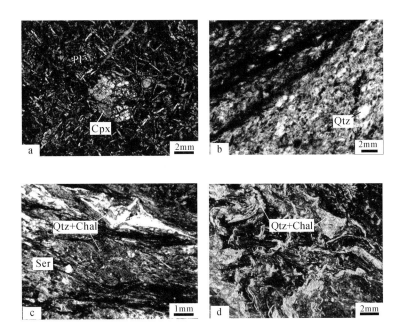

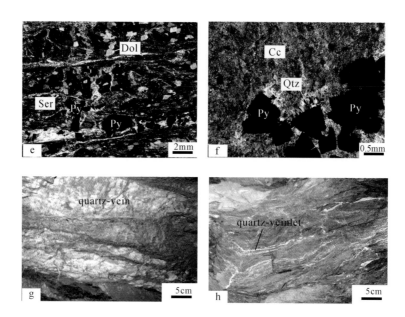

图 7.3　哈图金矿含矿及变形岩石和石英脉显微及野外照片

a. 玄武岩中的单斜辉石和斜长石；b. 含碳凝灰质粉砂岩；c. 由变形石英和绢云母组成的糜棱岩；d. 发生弯折的糜棱岩；
e. 糜棱岩中的黄铁矿 – 绢云母细脉；f. 黄铁矿压力影；g. 813 中段的石英脉；h. 813 中段的弯曲石英细脉

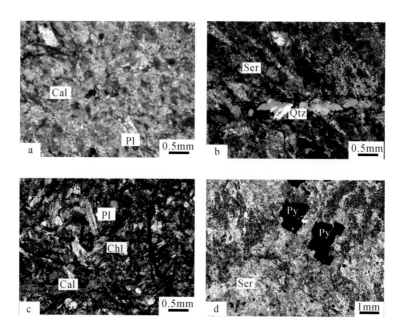

图 7.4　哈图金矿热液蚀变照片

a. 玄武岩碳酸盐化；b. 玄武岩中的硅化和绢英岩化；c. 玄武岩中的绿泥石化和碳酸盐化；d. 绢英岩化蚀变带中矿物共
生组合 Ser+Py+Qtz

石英（－黄铁矿）阶段：最早的热液蚀变阶段，以发育具有碳酸盐、绢云母和绿泥石蚀变晕的乳白色石英脉为特征，并有细小黄铁矿出现。此阶段石英脉常被晚阶段具有强烈绢云母化和绿泥石化的脉体穿切。

石英－黄铁矿－毒砂阶段：多金属硫化物－石英脉和细脉在本阶段广泛发育，并以大量出现自然金为特征。金颗粒大小变化较大，但石英中的显微金颗粒直径均小于 1mm。金属硫化物主要为黄铁矿、毒砂，其次为磁黄铁矿、黄铜矿、黝铜矿，并伴有少量方铅矿、闪锌矿。此阶段主要为石英脉型和低品位蚀变岩型矿化。

方解石（± 石英 ± 铁白云石 ± 黄铁矿）阶段：该阶段主要发育碳酸盐蚀变，矿物组合为方解石、铁白云石和石英，并含少量黄铁矿。

3. 矿体及矿石特点

哈图金矿矿体赋存于蚀变强烈的下石炭统玄武岩和少量凝灰岩中，空间上受安齐断裂的次级断裂控制，走向延伸 > 2000m，宽约 200 ~ 400m，向下延伸 > 1200m。目前已发现 30 条矿体，其中以 L27-8 号矿体最大（图 7.2b，c）。

L27-8 号矿体由若干连续的矿脉组成，分布与剪切带一致（图 7.5）。矿体总体走向为北东东向或近东西向，倾向北北西向，倾角 35° ~ 60°，矿体长 800m，厚度 1 ~ 25m（平均 4.2m），向下延伸达 700m。金平均品位 4.99g/t，最高可达 300g/t（肖飞等，2010）。

根据矿物组合和形态，哈图金矿的金矿化可以分为石英脉型和蚀变岩型，前者包括石英－绢云母－黄铁矿脉和石英－绢云母－黄铁矿－毒砂脉；后者包括方解石－黄铁矿－绢云母化蚀变玄武岩和绢英岩化蚀变岩（图 7.4d），在绢英岩化蚀变岩中也存在弱矿化的

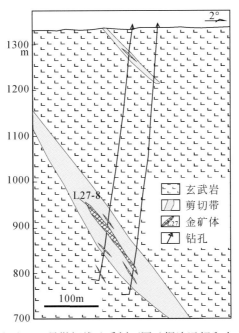

图 7.5　哈图金矿 E13 号勘探线地质剖面图（据沈远超和金成伟，1993）

石英脉和石英细脉。这两种金矿化硫化物含量均小于3%，矿化类型在空间上呈渐变过渡，从地表到地下400m范围内，主要为石英脉型矿化，在地下400～1200m深度内，主要为蚀变岩型矿化。哈图金矿金以自然金的形式呈包裹金、粒间金和裂隙金存在于石英、黄铁矿及毒砂中。主要的金属矿物为黄铁矿、毒砂、黄铜矿、磁黄铁矿、黝铜矿等，脉石矿物主要为石英、绢云母、绿泥石、碳酸盐等。

7.1.2 流体包裹体特征

1. 流体包裹体岩相学特点

哈图金矿包裹体十分发育，以气液包裹体（W型）及富CO_2包裹体（C型）为主。对不同成矿阶段的石英流体包裹体进行了测温，结果表明见图7.6。成矿早阶段发育石英（–黄铁矿）脉，石英中两类包裹体均发育，但以W型为主，W型包裹体均一温度为295～381℃，盐度为0.88%～3.39% NaCl。C型包裹体均一温度为345℃，盐度为4.14% NaCl。石英–黄铁矿–毒砂阶段发育含金石英脉或含金方解石–石英脉，石英和方解石中均发育W型包裹体，石英中发育少量C型包裹体。W型包裹体的均一温度为213～285℃，盐度为0.53%～3.87% NaCl；C型包裹体均一温度为222～245℃，盐度为2.03%～3.57% NaCl。晚阶段发育石英方解石脉或方解石脉，石英和方解石中仅发育W型包裹体，均一温度为125～209℃。

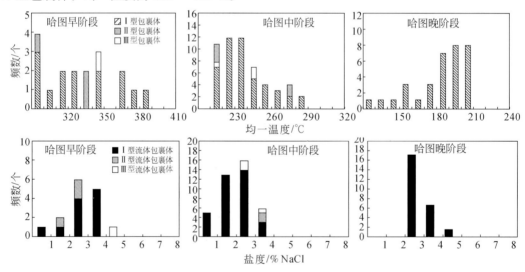

图7.6 哈图金矿各成矿阶段均一温度–盐度直方图（李晶等，2016）

2. 流体包裹体成分

对哈图金矿主成矿阶段含金石英脉中流体包裹体进行了拉曼光谱分析，结果见图7.7。根据气体成分不同，石英流体包裹体可分为富H_2O包裹体、富CH_4包裹体、富CO_2包裹体和少量N_2–H_2O包裹体。主成矿阶段流体为H_2O–CO_2–CH_4（–N_2）流体。

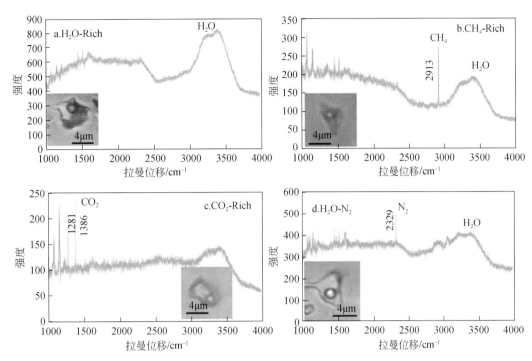

图 7.7　哈图金矿含金石英脉流体包裹体激光拉曼光谱数据（Shen et al.，2016a）

用四极质谱仪对流体包裹体中气体成分和含量进行了分析，结果见表 7.1，表明流体包裹体中气相成分以 H_2O 为主，并还含较多 CO_2（5.8%～10.3%）和 CH_4（0.18%～1.02%），其余为 C_2H_6（0.06%～0.85%）、N_2（0.01%～0.38%）和极少量 H_2S。

表 7.1　哈图金矿含金石英脉流体包裹体气相成分数据

样品编号	位置和矿体	矿石	H_2O	N_2	Ar^*	CO_2	CH_4	C_2H_6	H_2S
QQ1-8	1014 中段，L27 矿体	石英脉型矿石	89.12	0.24	0.02	10.20	0.18	0.24	0.0093
QQ1-9	1014 中段，L27 矿体	石英脉型矿石	89.94	0.38	0.01	9.24	0.25	0.18	0.0011
H17-1	813 中段，L27 矿体	蚀变岩型矿石	91.49	0.31	0.05	7.13	0.88	0.15	0.0006
H17-2	813 中段，L27 矿体	蚀变岩型矿石	91.61	0.24	0.04	7.00	1.02	0.08	0.0001
H17-3-2	813 中段，L27 矿体	蚀变岩型矿石	89.58	0.28	0.02	9.24	0.78	0.10	0.0005
H8-9	813 中段，L27 矿体	蚀变岩型矿石	93.58	0.30	0.04	5.77	0.24	0.06	—
H8-12	813 中段，L27 矿体	蚀变岩型矿石	90.66	0.01	0.04	8.22	0.35	0.70	0.0204
H8-13	813 中段，L27 矿体	蚀变岩型矿石	90.16	—	0.02	8.68	0.30	0.85	0.0002
H8-15	813 中段，L27 矿体	蚀变岩型矿石	88.48	0.27	0.02	10.27	0.65	0.32	—

＊代表结果是参考值。

数据来源：Shen et al.，2016a。

3. 成矿流体同位素

进行了石英流体包裹体中的 CO_2 和 CH_4 碳同位素分析，测定结果见表 7.2。CO_2 碳同位素组成 $\delta^{13}C_{CO_2}$ 值为 $-9.7‰$～$-13.9‰$，均值 $-29.0‰$。CH_4 碳同位素组成 $\delta^{13}C_{CH_4}$ 值变化

范围较宽，介于 –18.7‰～ –35.4‰之间，均值为 –29.0‰。

表 7.2 哈图金矿流体包裹体中 CH₄ 和 CO₂ 的碳同位素分析数据

样品编号	$\delta^{13}C_{VPDB}$（CH₄）/‰	$\delta^{13}C_{VPDB}$（CO₂）/‰	$\delta^{13}C_{CO_2-CH_4}$/‰	平衡温度 /℃
QQ1–8	–18.7	–13.2	5.5	1013
QQ1–9	–22.9	–13.9	9	750
H17–1	–33.0	–10.4	22.6	331
H17–3–2	–35.4	–10.8	24.6	299
H8–9	–30.3	–9.7	20.6	366
H8–13	–29.3	–13.7	15.6	482
H8–15	–33.0	–13.5	19.5	388

数据来源：Shen et al.，2016a。

我们进行了主成矿阶段石英流体包裹体氢、氧同位素组成分析，结果见表 7.3。利用石英 $\delta^{18}O$ 值、形成温度（250℃）及石英 – 水同位素均衡方程（Clayton et al.，1972），计算获得石英流体包裹体水的 $\delta^{18}O_{H_2O}$ 值。$\delta^{18}O_{H_2O}$ 值为 8.5‰ ～ 12.2‰，氢同位素组成（δD_{H_2O}）通过流体包裹体中的水直接测定，δD_{H_2O} 值变化范围较宽，介于 –87‰～ –105‰。

表 7.3 哈图金矿含金石英脉中流体包裹体氢 – 氧同位素分析数据

样品编号	δD_{H_2O}/‰	$\delta^{18}O_{石英}$/‰	T_h/℃	$\delta^{18}O_{H_2O}$/‰
QQ1–8	–98.5	20.9	250	11.94
QQ1–9	–96.0	21.2	250	12.24
H17–1	–105.0	19.9	250	10.94
H17–3–2	–103.2	17.5	250	8.54
H8–9	–87.0	21.0	250	12.04
H8–11	–100.9	20.1	250	11.14
H8–13	–97.2	20.3	250	11.34
H8–15	–104.2	20.4	250	11.44

数据来源：Shen et al.，2016a。

硫同位素分析结果见表 7.4。硫化物 $\delta^{34}S$ 值除一个最小值（ –9.7‰）和一个最大值（ 7.4‰）外，大多数集中于 –2.3‰ ～ 2.4‰。这种硫同位素组成上的差异可能暗示哈图金矿硫化物中的硫存在多种来源。

表 7.4 哈图金矿硫化物的硫同位素分析数据

样品编号	位置	矿体类型	硫化物	$\delta^{34}S_{CDT}$/‰	资料来源
QQ1–8	1014m	石英脉	黄铁矿	1.6	Shen et al.，2016a
H17–1	813m	蚀变岩	毒砂	0.4	
H17–2		蚀变岩	黄铁矿	0.1	
H17–3–2		蚀变岩	毒砂	0.5	

续表

样品编号	位置	矿体类型	硫化物	$\delta^{34}S_{CDT}/‰$	资料来源
H8–8		蚀变岩	黄铁矿	1.5	
H8–8		蚀变岩	毒砂	0.9	
H8–9		蚀变岩	毒砂	0.1	
H8–14		蚀变岩	毒砂	1.4	
H2701–17	934m	石英脉	毒砂	−0.4	王莉娟等，2006
H2702–27		石英脉	黄铁矿	−0.5	
H2702–1A		蚀变岩	黄铁矿	−0.1	
H2702–5		蚀变岩	黄铁矿	0.9	
H2702–26		蚀变岩	毒砂	0.1	
H2702–24		蚀变岩	黄铁矿	0.7	
04–80	1204m		黄铁矿	0.0	沈远超和金成伟，1993
04–119			黄铁矿	1.7	
04–75			黄铁矿	1.6	
04–110			黄铁矿	0.7	
04–119			黄铁矿	2.2	
42–55	1242m		黄铁矿	1.9	
42–42			黄铁矿	2.5	
42–139			黄铁矿	2.0	
42–179			黄铁矿	−2.3	
64–27	1164m		黄铁矿	2.4	
64–71			黄铁矿	0.4	
64–89			黄铁矿	1.5	
89–1084	1084m		黄铁矿	1.8	
89–1124	1124m		黄铁矿	1.8	
89–17	钻孔（ZK89）		黄铁矿	−9.7	
349–67	钻孔（ZK349）		黄铁矿	7.4	

2 件矿石黄铁矿样品和 6 件矿石毒砂样品中的氦、氩同位素组成实验结果见表 7.5。氦同位素比值（^{3}He/^{4}He）集中于 0.23～0.30Ra，平均值为 0.25Ra。黄铁矿和毒砂中 ^{40}Ar 含量为（71～1035）×10^{-9}cm^3 STP/g，平均约 459×10^{-9}cm^3 STP/g，^{4}He 含量为（119～886）×10^{-9}cm^3 STP/g，均值为 373×10^{-9}cm^3 STP/g。

表 7.5　哈图金矿硫化中流体包裹体的稀有气体成分和同位素比值数据

样品编号	位置	矿物	重量 /g	(³He/⁴He)/Ra	⁴He /(10⁻⁹ cm³STP/g)	⁴⁰Ar/³⁶Ar	⁴⁰Ar /(10⁻⁹ cm³STP/g)	⁴⁰Ar* /(10⁻⁹ cm³STP/g)	⁴He/⁴⁰Ar*	³He /(10⁻¹² cm³STP/g)	F⁴He
H8-12	813 中段	毒砂	0.16	0.25 ± 0.3	376	647.98 ± 15.79	305	166	2.26	0.079	4628
QQ1-9	1014 中段	毒砂	0.19	0.23 ± 0.2	285	310.37 ± 7.51	540	026	11.03	0.056	950
H8-15	813 中段	毒砂	0.18	0.27 ± 0.4	141	468.20 ± 11.53	071	026	5.43	0.033	5434
H17-2	813 中段	毒砂	0.29	0.24 ± 0.3	119	593.18 ± 14.99	294	148	0.81	0.025	1392
H8-12	813 中段	黄铁矿	0.13	0.30 ± 0.2	886	524.52 ± 12.85	1035	452	1.96	0.226	2599
H8-14	813 中段	黄铁矿	0.14	0.20 ± 0.3	430	418.41 ± 10.15	509	150	2.87	0.074	2044

注: R 为样品 ³He/⁴He 值; Ra 为空气 ³He/⁴He 值; ⁴⁰Ar* 是放射性 ⁴⁰Ar, 假定所有的 Ar 来自流体包裹体, ⁴⁰Ar*= ⁴⁰Ar-295.5 × ³⁶Ar。F⁴He 值反映相对于空气流体中 ⁴He 的富集; F⁴He= (⁴He/³⁶Ar) 样品 / ((⁴He/³⁶Ar) 空气, 其中 (⁴He/³⁶Ar) 空气 =0.1727。

数据来源: Shen et al., 2016a。

7.1.3　成矿流体来源

1. CH_4 和 CO_2 来源

同位素分析方法是示踪 H_2O–CO_2–CH_4 流体来源的有效手段。$\delta^{13}C_{CH_4}$ 值大于 –25‰时，CH_4 来自地幔，为深源无机碳（Jenden et al.，1993）。哈图金矿含金石英流体包裹体中 CH_4 的 $\delta^{13}C_{VPDB}$ 值分布在 –18.7‰～ –35.4‰之间，变化范围较宽，表明 CH_4 气体不是单一来源，并且成矿流体中的碳同位素未发生均一化。在石英脉型矿石中，CH_4 的 $\delta^{13}C_{VPDB}$ 值为 –18.7‰～ –22.9‰，明显高于 –25‰，为幔源无机成因碳氢化合物，在蚀变岩型矿石中，CH_4 的 $\delta^{13}C_{VPDB}$ 值为 –29.3‰～ –35.4‰，表现为沉积有机碳的同位素组成特征（Giggenbach，1995）。值得一提的是，哈图地区有含碳围岩产出，其中有机碳含量达 0.48%（Shen and Pan，2015）。因此，哈图金矿的 CH_4 可能来自含碳围岩经过热分解形成。如果 CH_4 最初是由热成因形成的，那么流体的气体组成除甲烷外，还应含有高含量的碳氢化合物（例如乙烷和丙烷），这是因为有机物的热分解不仅会产生甲烷，还会产生乙烷和丙烷等。哈图金矿热液石英流体包裹体的气体成分含有少量乙烷（表 7.1）。在 $CH_4/(C_2H_6+C_3H_8)$–$\delta^{13}C$–CH_4 关系图上（图 7.8），哈图金矿石英样品均偏离无机成因碳氢化合物的范围，大多数点落在了热成因碳氢化合物区域。因此，哈图金矿中的 CH_4 是由围岩中有机物质经热分解而形成的。

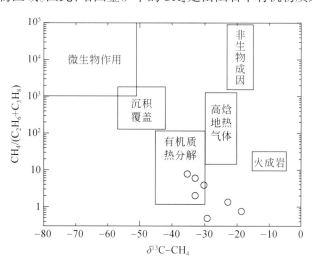

图 7.8　哈图金矿含金石英脉流体包裹体中气相的 $CH_4/(C_2H_6+C_3H_8)$–$\delta^{13}C$–CH_4 关系图

通常地幔来源 CO_2 的 $\delta^{13}C_{CO_2}$ 值约为 –5‰。哈图金矿石英流体包裹体中 CO_2 气体的 $\delta^{13}C_{VPDB}$ 值为介于 –9.7‰～ –13.9‰之间，低于幔源碳同位素组成（–5‰），这样的 $\delta^{13}C_{CO_2}$ 值是既不同于古生代海相碳酸盐碳（$\delta^{13}C_{VPDB}$=–3‰～ +3‰；Fiebig et al.，2004），也不同于幔源碳（$\delta^{13}C_{VPDB}$=–5‰～ –8‰；Taylor，1986），是哈图金矿蚀变岩矿石中 CH_4（$\delta^{13}C_{VPDB}$ 值为 –29.3‰～ –35.4‰）经氧化产生的 CO_2 所特有的。更重要的是，利用同位素平衡分

馏（Richet et al.，1977），在石英脉型金矿石中，流体的 $\Delta\delta^{13}C_{CO_2\text{-}CH_4}$ 值为5.5‰和9‰，分别在750℃和1013℃高温下达到平衡，这一计算温度（750℃和1013℃）显著高于流体包裹体均一温度，指示其中的碳存在岩浆来源。在蚀变岩型金矿石中，流体 $\Delta\delta^{13}C_{CO_2\text{-}CH_4}$ 值为15.6‰～24.6‰，在中温热液系统（229～482℃）下处于平衡，这一温度范围和早阶段流体包裹体均一温度较一致。综上分析，成矿流体中的碳主要来源于含碳沉积岩（比如容矿围岩太勒古拉组），少量为岩浆来源。

2. 水的来源

哈图金矿流体包裹体水的氧同位素组成（$\delta^{18}O_{H_2O}$）为+8.5‰～+12.2‰（表7.3）。一般岩浆流体的 $\delta^{18}O_{H_2O}$ 值低于9‰。然而，一些古生代矿床 $\delta^{18}O_{H_2O}$ 值可以高达+14‰，反映成矿流体来源于富 ^{18}O 的变质碎屑岩（Kerrich and Feng，1992）。因此，哈图金矿成矿流体的高 $\delta^{18}O_{H_2O}$ 值（+8.5‰～+12.2‰）特征，表明其主要为变质来源。在 $\delta D\text{-}\delta^{18}O_{H_2O}$ 关系图上（图7.9），石英样品测试数据投影点落在岩浆水范围之外。

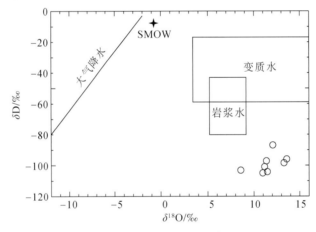

图7.9　哈图金矿含金石英的 $\delta D\text{-}\delta^{18}O_{H_2O}$ 关系图

哈图金矿石英流体包裹体水氢同位素组成（δD 值）介于−87‰～−105‰之间（表7.3），低于大多数已发表典型造山型金矿成矿流体氢同位素组成（$\delta D=-20‰$～−80‰，Kerrich et al.，2000）。一些石英脉型金矿床的低 δD 值（<−80‰）被认为是深源流体与容矿围岩中低 δD 值有机物相互作用的结果（Gray et al.，1991）。哈图地区发育碳质围岩，含有0.48%的有机质，而且，石英流体包裹体拉曼光谱和四极质谱仪分析均检测到了 CH_4 的存在。因此，哈图金矿成矿流体的低 δD 值可能由流体中的 CH_4 造成。哈图金矿成矿流体可能产生于含有机质、富 $\delta^{18}O$ 的沉积岩变质脱水作用，也可能有少量岩浆流体混入。

3. 硫的来源

热液矿物的硫同位素组成取决于源区物质的 $\delta^{34}S$ 值和热液流体中含硫物质沉淀时的物理化学条件。由于哈图金矿的含硫矿物均为硫化物，且矿床形成于还原环境，硫主要以 HS^- 和 S^{2-} 形式存在。所以，热液硫化物的 $\delta^{34}S$ 值可以代表成矿流体中硫同位素组成。哈图金矿含金矿石中硫化物的硫同位素值除 2 个值（–9.7‰和 +7.4‰）以外，绝大多数分布在 –2.3‰～ +2.4‰之间。硫化物的 δ^{34}S 值存在较大变化，说明硫的来源并不是单一的。大多数硫同位素 δ^{34}S 为 –2.3‰~+2.4‰，表明成矿流体中的硫源于岩浆。含金矿石中的黄铁矿存在低的 δ^{34}S（–9.7‰）值，表明成矿流体中硫有沉积来源的硫，这与朱永峰等（2013）发现的凝灰岩、凝灰质粉砂岩中含有草莓状黄铁矿，即沉积来源的硫相一致。此外，黄铁矿还存在较高的 δ^{34}S（+7.4‰）值，表明成矿流体中的硫来源于地层中的硫酸盐。

4. 氦、氩来源

稀有气体同位素，特别是氦、氩，是判别幔源流体、壳源流体和大气降水的重要指示剂。氦同位素作为最灵敏的示踪剂被广泛地应用于识别流体来源，因为上地幔氦具有低 ^{3}He/^{4}He 值（6 ～ 9Ra；Ra 为大气的 ^{3}He/^{4}He 值），大陆岩石圈地幔氦的 ^{3}He/^{4}He 值为 6 ～ 7Ra（Gautheron and Moreira，2002）。与地幔氦同位素组成不同，大气氦的 ^{3}He/^{4}He 值为 1.0Ra，浅部地壳氦的 ^{3}He/^{4}He 值为 0.01 ～ 0.05Ra（Trieloff et al.，2000；Finlay et al.，2003）。在 ^{3}He–^{4}He 关系图上（图 7.10a），哈图金矿硫化物中挥发分的氦同位素（^{3}He 值和 ^{4}He 值）

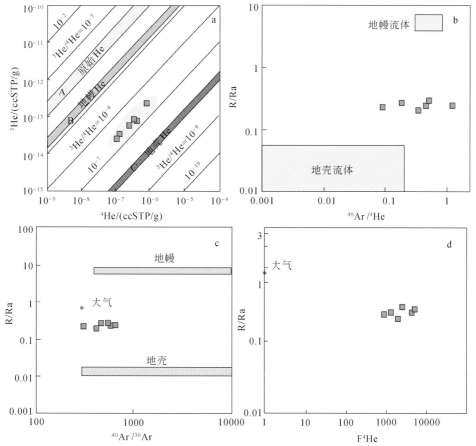

图 7.10　哈图金矿黄铁矿和毒砂中流体包裹体气相中的 He、Ar 同位素组成

a. He 同位素组成；b. ^{40}Ar/^{4}He-R/Ra 图解；c. ^{3}He/^{4}He（R/Ra）–^{40}Ar/^{36}Ar 图解；d. F^{4}He-R/Ra 图解

投影点均落在了地壳氦和地幔氦之间，且靠近地壳氦，指示挥发分主要来自壳源流体，少量来自幔源流体。黄铁矿和毒砂流体包裹体的 R/Ra 值为 0.20～0.30Ra，均高于地壳的 R/Ra 值（0.01～0.05Ra），但低于大陆岩石圈地幔的 R/Ra 值（5～6Ra），所以，哈图金矿成矿流体包含有地幔组分和地壳组分。在 $^{40}Ar/^{4}He$–R/Ra 图解（图 7.10b）和 $^{3}He/^{4}He$（R/Ra）–$^{40}Ar/^{36}Ar$ 图解（图 7.10c）上，黄铁矿和毒砂流体包裹体氦、氩同位素组成显示两种流体的混合，一种为高 $^{3}He/^{4}He$ 值和 $^{40}Ar/^{36}Ar$ 值流体，另一种为低 $^{3}He/^{4}He$ 值和 $^{40}Ar/^{36}Ar$ 值流体。假设纯地幔氦的 R/Ra 值为 6Ra，纯地壳氦 R/Ra 值为 0.03Ra，那么黄铁矿和毒砂流体包裹体应含有 3%～5% 的地幔氦。哈图金矿成矿流体低的 R/Ra 值表明，在金矿化过程中，壳源流体发挥了重要作用。

7.1.4　矿床成因及成矿模式

1. 矿床成因

根据以上研究，并通过与典型造山型金矿床进行对比，我们认为哈图金矿床属于造山型金矿，依据如下：

（1）容矿围岩发生了变形及不同程度变质作用：在哈图金矿区，金矿体赋存于玄武岩和凝灰岩中，且明显受 E–W 向韧性剪切带控制。沿韧性剪切带，热液蚀变强烈，主要为绢云母化和绿泥石化，说明区内存在绿片岩相–浅绿片岩相变质作用。哈图金矿床赋存于变质环境，并受构造控矿，与典型造山型金矿床相似（Groves et al，1998；Goldfarb et al.，2005）。

（2）哈图金矿硫化物主要为黄铁矿和毒砂，含金矿石硫化物含量低（<3%）。与造山型金矿矿石中硫化物含量 <3%～5%（Groves et al.，1998）一致。

（3）绿片岩相变质岩发育碳酸盐–硫化物–绢云母–绿泥石蚀变组合：哈图金矿床热液蚀变以碳酸盐、石英、绢云母和绿泥石等矿物组合为标志。造山型金矿床蚀变矿物通常为碳酸盐、绢云母和绿泥石（Groves et al.，1998），哈图金矿床蚀变矿物组合与之一致。

（4）成矿流体为低盐度、富 CO_2 的变质流体：流体包裹体研究表明哈图金矿成矿流体 $\delta^{18}O_{H_2O}$ 值为 8.5‰～12.2‰，盐度集中于 1%～6% NaCl，成矿流体为富 CO_2（5.8mol%～10.3mol%）、含 CH_4（0.2mol%～1.0mol%）的低盐度流体。低盐度流体包裹体表明成矿流体不是典型岩浆流体，含金石英流体包裹体水的氧同位素组成表明成矿流体初始来源主要为变质流体。典型造山型金矿的成矿流体为变质流体，并以中–低盐度、高 CO_2 含量（>5mol%）的 H_2O–CO_2±CH_4 流体为特征（Groves et al.，1998；Goldfarb et al.，2005）。

（5）成矿流体来源：哈图金矿床成矿流体存在两种不同来源，以壳源流体为主，有少量幔源流体加入。哈图金矿化过程中，壳源流体起主导作用，这与世界上其他典型造山型金矿床类似（Groves et al.，1998；Goldfarb et al.，2005）。

总之，哈图金矿在地质和地球化学等方面，与造山型金矿床存在很多相似之处。

2. 成矿模式

早石炭世，哈图地区发育弧后盆地，哈图金矿床容矿围岩是早石炭世弧后盆地环境的产物（图 7.11a），这些岩石中的金含量相当高，可达 $(1.3 \sim 6.5) \times 10^{-9}$（沈远超和金成伟，1993），金可能来源于围岩（图 7.11a）。哈图金矿床虽赋存于下石炭统太勒古拉组玄武岩中，但金矿化却与韧性剪切带密切相关。李华芹等（2000）测得石英流体包裹体 Ra-Sr 等时线年龄为 290 ± 5Ma，认为金矿化可能与早二叠世花岗岩和（或）韧性剪切带有成因联系。此外，西准噶尔地区广泛分布花岗岩类侵入体，阿克巴斯套岩体 LA-ICP-MS 锆石 U-Pb 年龄为 303 ± 3Ma（苏玉平等，2006），哈图岩体锆石 SHRIMP U-Pb 年龄为 302 ± 4Ma（韩宝福等，2006），这些岩浆活动年龄与哈图地区金成矿作用时限较一致，这些岩浆活动可以为金矿化提供热量及岩浆流体（图 7.11b）。

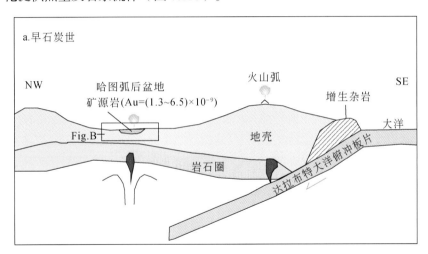

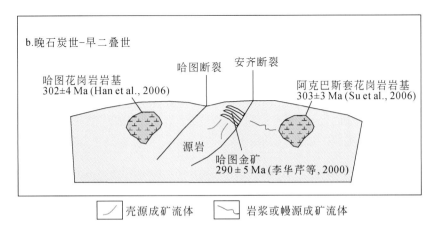

图 7.11　哈图地区构造演化与金成矿作用模式图（Shen et al., 2016a）

在哈图弧后盆地，围岩玄武岩和海相沉积岩普遍发育硫化物，经脱硫作用部分进入热液流体。区域变质作用过程中，由于花岗岩类岩浆侵入所带来热量，围岩中的有机碳通过热分解作用产生 CH_4，CH_4 再经氧化生成 CO_2。区域岩浆活动可能诱发大量含硫 H_2O–CO_2–CH_4 流体从围岩中释放出来，并携带大量从围岩中萃取出的金，形成 H_2O–CO_2–CH_4 成矿流体。成矿流体沿安齐断层上盘的次级 E–W 向断裂迁移，当压力突然减小时，金便发生沉淀形成石英脉型矿体。同时，成矿流体沿 E–W 向断裂迁移过程中，与围岩发生强烈的水–岩作用，形成蚀变岩型矿体。

总之，哈图金矿为造山带型金矿，成矿流体主要源于地层，有少量岩浆流体的加入，成矿流体为 H_2O–$NaCl$–CH_4–C_2H_6–N_2–CO_2 还原流体，韧性剪切构造作用形成造山带型金矿。

7.2 阔尔真阔腊金矿床

阔尔真阔腊金（铜）矿床位于西准噶尔西北缘萨吾尔晚古生代岛弧东段。对于阔尔真阔腊金矿床的成因，尹意求等（1996，2003）、廖启林等（2000）提出矿床是近地表古热泉中形成的浅成低温热液矿床；贺伯初等（1994）、郭定良和李志纯（1997）、王京彬等（1997）认为其属于构造破碎蚀变岩型金矿床，李水河（2002）也持构造蚀变岩型金矿床的观点。申萍等（2004，2005）将其归为火山晚期热液型金矿床，进一步归为浅成低温热液型金矿床，更接近于其中的高硫化型（HS）矿床（Shen et al.，2007，2008）。本次研究认为阔尔真阔腊金矿床具有斑岩型矿床特征，同时具有明显的深部铜矿化、浅部金矿化的分布特征。

7.2.1 矿床地质特征

1. 赋矿岩浆岩及年龄

矿区出露下石炭统黑山头组火山岩地层（图 7.12），岩性主要为块状安山岩、安山质凝灰岩、安山质爆破角砾岩、角砾安山岩，局部夹少量安山玢岩，闪长岩。早石炭世岩株、岩枝成群出现，主要分布于阔尔真阔腊矿区中部，岩性主要有闪长岩、闪长玢岩等，为中浅成侵入体，另有少量钠长斑岩。

我们对阔尔真阔腊金矿床进行了系统的钻孔岩心编录，结果表明该矿床的矿化分为浅部的金矿化以及深部的铜矿化（图 7.13）。下石炭统黑山头组安山岩是浅部金矿脉的主要围岩。闪长岩与深部铜矿化密切相关。主要出露在矿区中部。

我们进行了含矿岩石（包括安山岩和闪长岩）的锆石 LA–ICP–MS U–Pb 定年分析，

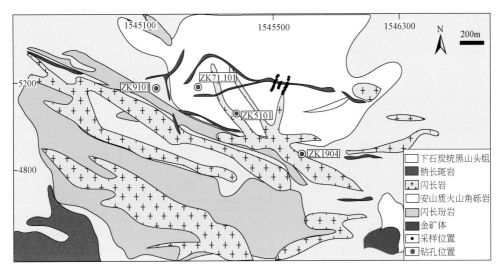

图 7.12　阔尔真阔腊金矿床地质简图（申萍等，2004，2005）

结果表明，安山岩的锆石 LA–ICP–MS U–Pb 年龄为 339.4±4.8Ma（图 7.14），指示安山岩形成于早石炭世（邓宇峰等，2014）。闪长岩的 LA–ICP–MS 锆石 $^{206}Pb/^{238}U$ 加权平均年龄为 346.6±2.9Ma（图 7.14），形成于早石炭世。

2. 矿化特征

按照金矿体的空间展布，矿区可划分为北、中、南三个矿带（图 7.12）。北矿带规模大，长 1700m，宽 400m，矿化强，是阔尔真阔腊金矿区最重要的成矿带；中矿带规模中等（长 1000m、宽 100m）、矿化相对较弱；南矿带规模较小（长 700m、宽 50～100m）。主要的金矿体及矿化蚀变带分布于北矿带，北矿带内金矿化蚀变带主要有五条，矿体主要产于安山岩及英安岩中。矿体一般呈脉状，平面上和剖面上矿体均具有分支复合现象，矿体现有最大控制延深为 290m，一般小于 100m。金平均品位 6.62g/t。在深部（地表以下 320～400m）发育铜矿化（图 7.13）。黄铜矿主要呈浸染状、脉状产出，与石英、黄铁矿共生，也有的与石英、黄铁矿、闪锌矿和辉钼矿共生。

矿石的结构主要有自形晶粒状结构、半自形–他形结构（图 7.14a）、共生结构（图 7.15b）、压碎结构（图 7.15c）、交代结构（图 7.15d）和包含结构等；矿石构造主要有浸染状构造（图 7.15e）、脉状构造（图 7.15f，h，i）、条带状构造（图 7.15g）、角砾状构造、网脉状构造及细脉浸染状构造等。

矿床中金属矿物以黄铜矿、黄铁矿、自然金为主，其次为磁铁矿、褐铁矿、赤铁矿和孔雀石，少–微量辉钼矿、方铅矿、闪锌矿和银金矿等。非金属矿物以石英和钾长石为主，其次为黄钾铁矾、绿帘石、绢云母、绿泥石、方解石和伊利石等，少量黑云母、重晶石、高岭石、硬石膏和磷灰石等。

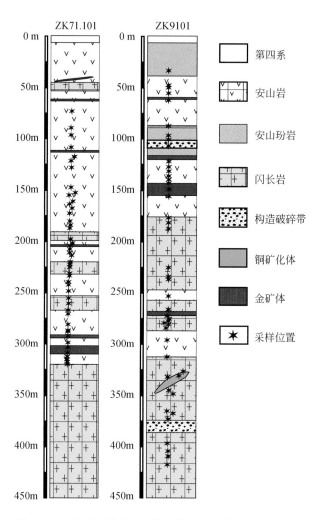

图 7.13 阔尔真阔腊金矿区典型钻孔柱状简图及采样位置

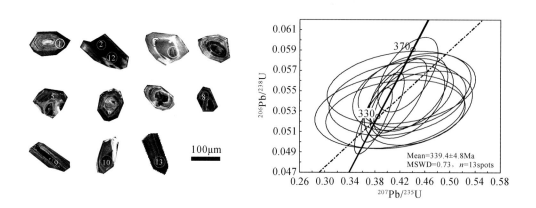

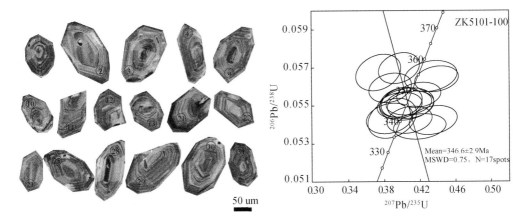

图 7.14　阔尔真阔腊金矿床中安山岩和闪长岩锆石阴极发光（CL）图像和 LA–ICP–MS U–Pb
年龄谐和图

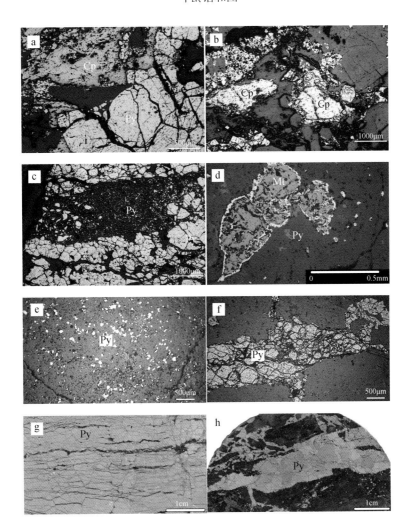

图 7.15 阔尔真阔腊金矿床主要矿石结构构造

a.半自形 – 他形黄铜矿；b.黄铜矿与黄铁矿共生；c.粗粒黄铁矿经过后期构造作用呈压碎结构；d.黄铁矿沿边部交代磁铁矿；e.浸染状分布于围岩中的黄铁矿；f.脉状黄铁矿矿石；g.条带状黄铁矿；h.粗粒脉状黄铁矿；i.黄铜矿 – 黄铁矿 – 石英粗脉

7.2.2 围岩蚀变和成矿阶段

1. 围岩蚀变

阔尔真阔腊金矿床的围岩蚀变发育广泛，在浅部 – 地表发育中低温热液蚀变：黄铁绢英岩化、硅化、黏土化和碳酸盐化，主要是安山岩发生了不同程度的蚀变，可分两类：一类是近矿围岩蚀变，安山岩强烈硅化、黄铁矿化和碳酸盐化，以及少量绿泥石化，与石英脉、黄铁矿脉一起构成矿化带；另一类是火山晚期热液形成的相对分布较广的青磐岩化（绿泥石化、绿帘石化、绢云母化、碳酸盐化等）。在深部发育典型斑岩矿床的围岩蚀变：钾硅酸盐化、青磐岩化、石英绢云母化和黏土化。斑岩矿床晚期的石英绢云母化和黏土化在空间上很难分清楚，合并为长石分解蚀变（Ulrich and Heinrieh，2001）。

钾硅酸盐化主要发育于矿床中深部的岩体和围岩安山岩中，蚀变强弱不同，蚀变矿物分布不均。蚀变矿物主要有钾长石、黑云母，其次有磁铁矿、石英、绿帘石等，标型矿物为钾长石和热液黑云母。蚀变类型主要分为浸染状、块状和脉状。钾长石化主要表现为三种形式，分别为浸染状、块状及脉状的形式（图 7.16a、b、d）。浸染状钾长石化分布范围较小，主要发育在岩体深部，表现为基质中长石类矿物的钾长石化。斜长石斑晶被钾长石交代（图 7.16e），有的斜长石发生钾质交代形成反条纹长石，次生钾长石多被晚期的泥化和碳酸盐化蚀变叠加。脉状钾长石化主要表现为钾长石脉（图 7.16d），后期有被网脉状石英穿切（图 7.16a）。黑云母化在矿床中不太发育。镜下可见黑云母化主要表现为：一是呈片状集合体，呈星点状产出于石英脉附近（图 7.16c）。二是热液黑云母呈叶片状或者鳞片状集合体沿斜长石斑晶和角闪石斑晶的边界成裂隙边部交代（图 7.16f）。

青磐岩化蚀变主要发育于钾硅酸盐化蚀变的外围，其形成时间上稍晚于钾硅酸盐蚀变。该蚀变的主要矿物为：绿泥石、绿帘石，此外还有少量黄铁矿、石英等。蚀变主要有三种形式：浸染状、脉状和脉体晕（图 7.17a、b、f）。

浸染状青磐岩化常表现为绿帘石和绿泥石共同交代斜长石、钾长石、角闪石和热液黑云母等（图 7.17c）。当交代较弱时，被交代矿物部分蚀变为绿帘石或绿泥石，还可见被

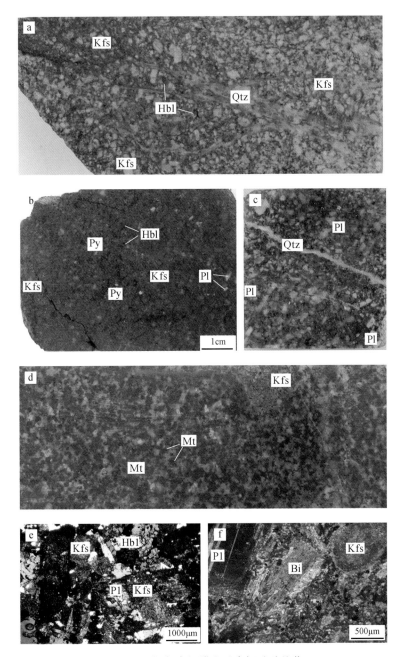

图 7.16　阔尔真阔腊金矿床钾硅酸盐化

a. 闪长岩中斜长石发生钾化；b. 岩石发生强烈钾化；c. 石英脉边部形成热液黑云母；d. 磁铁矿化闪长岩发育钾长石脉；
e. 斜长石部分被钾长石交代（正交偏光）；f. 斜长石边部被黑云母交代（正交偏光）

交代矿物的光学特征；当强烈交代时，矿物完全蚀变为绿泥石或者绿帘石，并保留矿物的假象。脉状青磐岩化（图 7.17d、e）主要表现为绿帘石或与绿泥石一起组成脉体（或网脉状），脉体中常含有石英和黄铁矿，有时会含有少量黄铜矿。当裂隙较大时，绿帘石可能会大量沉淀，形成团块状绿帘石化（图 7.17a）。

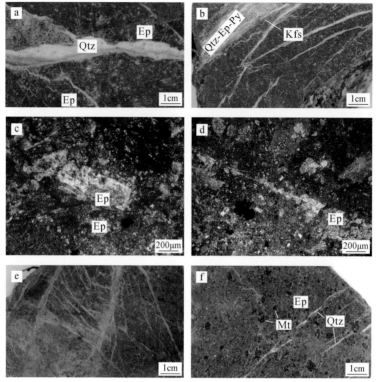

图 7.17　阔尔真阔腊金矿床青磐岩化

a.浸染状、局部团块状绿帘石化；b.脉状绿帘石化；c.斜长石沿边部被绿帘石交代（正交偏光）；d.绿帘石呈细脉状（正交偏光）；e.网脉状绿帘石化；f.浸染状绿帘石化，后期被细脉石英脉穿切

　　长石分解蚀变（石英–绢云母–绿泥石–黏土化）叠加在新鲜岩石以及早期蚀变组合上。蚀变矿物主要有石英、绢云母、绿泥石、高岭土、伊利石、黄铁矿，以及少量的碳酸盐等。蚀变主要有两种形式，即弥散状和脉状的形式（图 7.18a、b）。长石分解蚀变在浅部以绢云母化发育为特征，而在深部绿泥石化明显增强，岩石颜色明显发绿。弥散状的长石分解蚀变主要发育在深部，岩石蚀变较强，使斑岩的结构遭受破坏，显微镜下可见长石颗粒大部分被绢云母 ± 碳酸盐 ± 黏土矿物交代（图 7.18c、d），基质中也有大量微细粒的次生石英形成。黑云母和角闪石等暗色矿物被绿泥石、绢云母、白云母、石英、硬石膏等交代。脉体晕形式的长石分解蚀变（图 7.18e、f）主要表现为绿帘石（绿泥石）沿绿帘石 – 石英脉两边发育长石分解蚀变晕（图 7.18a）。

　　黄铁绢英岩化（图 7.19a、b）是中低温热液进一步交代围岩安山岩、闪长岩等形成的，呈浅黄绿色，原岩蚀变较强烈，一般原岩的结构不保留。蚀变矿物组合为绢云母、黄铁矿、石英和少量的绿泥石、碳酸盐。蚀变范围相对较局限，一般沿火山机构断裂系及区域断裂系形成的构造破碎带发育，分布于浅部金矿化蚀变带中，为近金矿化蚀变，叠加于青磐岩化带上，与浅部金矿化关系密切。

　　硅化可分为交代型和充填型硅化。交代型硅化为早期蚀变，分布于金矿体上、下盘，为近金矿化蚀变，硅质均匀交代围岩，呈隐晶质致密块状。硅化常叠加于早期形成的青磐

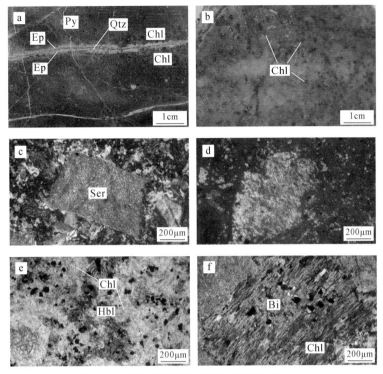

图 7.18 阔尔真阔腊金矿床长石分解蚀变

a.绿帘石 – 石英细脉边部发育绿泥石晕；b.弥散状绿帘石 – 绿泥石化；c.斜长石发生绢云母、少量黏土化（正交偏光）；
d.斜长石斑晶和基质完全发生黏土化（正交偏光）；e.绿泥石沿边部交代角闪石（单偏光）；f.黑云母被绿泥石沿边
部交代呈港湾状（正交偏光）

图 7.19 阔尔真阔腊金矿床黄铁绢英岩化

a.黄铁绢英化岩石手标本；b.岩石发生绢云母化和黄铁矿化

岩化及黄铁绢英岩之上。与交代型硅化作用同时发生的还有绢云母化、绿泥石化等。充填型硅化：为浅部金矿床成矿的中晚阶段的蚀变，根据脉的穿插关系可以分出两个阶段：较早的烟灰色石英脉穿插钾化闪长岩（图 7.16a）、石英 – 黄铁矿脉（图 7.15i）、石英 – 绿帘石 – 黄铁矿脉（图 7.17b）形成于成矿中阶段。较晚的石英 – 碳酸盐脉形成于成矿最晚阶段，石英多分布于石英 – 碳酸盐脉的中部，一般不含矿，或是石英脉（图 7.17a、f）穿切青磐岩化岩石。

碳酸盐化分为交代型和充填型碳酸盐化。交代型碳酸盐化热液蚀变中碳酸盐交代安山岩、英安岩、闪长岩等岩石的基质和暗色矿物以及斜长石等，有时可保留其假象。充填型碳酸盐化热液蚀变通常叠加在上述各种蚀变之上，呈石英－碳酸盐脉充填于构造裂隙中，或呈石英－黄铁矿－方解石脉，明显可见石英先形成于边部，接着黄铁矿，最后方解石沉淀于脉体中间。

因此，阔尔真阔腊金矿床中所出现的围岩蚀变从深部到地表具有一定的分带性。深部（300m以下）出现钾硅酸盐化（钾长石、黑云母），在钾硅酸盐化蚀变外围出现青磐岩化（绿帘石、绿泥石），其范围比较广，可以延伸至近地表，在浅部的蚀变主要出现强烈黄铁绢英岩化，在其外围发育强烈硅化和黏土化（伊利石化）。以伊利石化、黄铁绢英岩化、硅化和钾硅酸盐化为主，其中钾硅酸盐化蚀变可能与深部存在铜矿化关系密切，浅部的黄铁绢英岩化和硅化与中低温热液金矿化关系密切。阔尔真阔腊金矿床围岩蚀变为深部具有斑岩矿床蚀变特征，浅部为中低温热液蚀变特征。

2. 成矿期次和成矿阶段

通过对矿床中不同脉体之间穿插关系和不同矿物之间的交代关系等的研究，划分了该矿床的成矿期次和成矿阶段（图7.20）。分为两个成矿期：热液期和表生期。热液期划分为三个成矿阶段，包括钾硅酸盐阶段、石英－硫化物阶段和石英－碳酸盐阶段。

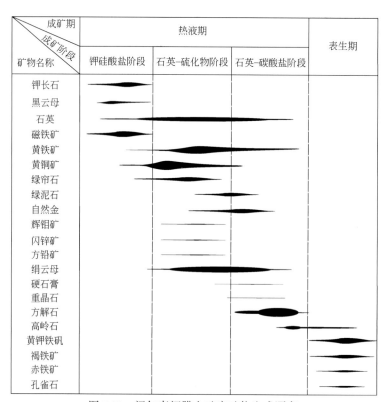

图7.20　阔尔真阔腊金矿床矿物生成顺序

7.2.3　矿床成因

对于阔尔真阔腊金矿床的成因，虽存在不同认识，但以浅成低温热液型金矿床的观点为主。尹意求等（1996，2003）、廖启林等（2000）提出矿床是近地表古热泉中形成的浅成低温热液矿床；贺伯初等（1994）、郭定良和李志纯（1997）、王京彬等（1997）认为其属于黑山头组矿源层经构造叠加形成的构造破碎蚀变岩型金矿床，李水河（2002）也持构造蚀变岩型金矿床的观点。申萍等（2004，2005）基于矿床地质、地球化学、同位素地球化学、年代学研究，采用我国原生金矿类型划分方案，将其归为火山岩型金矿床的次一级矿床，即火山晚期热液型金矿床；同时进一步与浅成低温热液型矿床进行了对比，认为其总体上可归为浅成低温热液型金矿床，更接近于其中的高硫化型（HS）矿床（Shen et al.，2007，2008）。

虽然前人的研究认为阔尔真阔腊金矿床为浅成低温热液型金矿床，但本次研究认为其与浅成低温热液型矿床存在差异。浅成低温热液矿床形成温度一般在 $100 \sim 300℃$，而阔尔真阔腊金矿床流体包裹体均一温度却可达 $119 \sim 396℃$（申萍等，2004；王莉娟等，2005）。热液磁铁矿在斑岩矿床里普遍发育，一般不出现在浅成低温矿床中（Sillitoe，1997），但在浅成低温热液矿床与斑岩矿床过渡或复合矿床类型中，斑岩热液系统常叠加浅成低温热液系统，常见热液磁铁矿被后期黄铁矿穿插，如巴布亚新几内亚 Ladolam 金矿床和 Porgera 金矿床（Richard，1992；Müller et al.，2002）；而阔尔真阔腊矿区磁铁矿非常发育，常被后期黄铁矿脉穿切，有的地方还呈磁铁矿 – 绿帘石化带分布。浅成低温热液型矿床的典型矿物明矾石（HS 型）、冰长石（LS 型）均未有发现。

在系统研究前人资料的基础上，本次对阔尔真阔腊金矿床的研究结果显示，矿区内主要出露闪长岩、闪长玢岩和安山岩，其中深部铜矿化与闪长岩密切相关，浅部金矿化的直接赋矿围岩为安山岩。矿石结构构造以细脉浸染状和脉状为主。蚀变特征具有斑岩型矿床的蚀变特征，即从深部到浅部发育钾硅酸盐化蚀变、青磐岩化蚀变、石英 – 绢云母化蚀变、黏土化蚀变和碳酸盐化蚀变，钾硅酸盐化蚀变与深部铜矿化关系密切，而石英 – 绢云母化蚀变与浅部金矿化密切。通过矿中不同脉体之间穿插关系和不同矿物之间的交代关系等，划分了该矿的成矿期和成矿阶段。分为两个成矿期：热液期和表生期。成矿阶段分成三个，包括钾硅酸盐阶段、石英 – 硫化物阶段和石英 – 碳酸盐阶段。因此，从矿床地质特征上来看，阔尔真阔腊金矿床具有斑岩型矿床特征，同时具有明显的深部铜矿化、浅部金矿化的分布特征。这一新认识，对阔尔真阔腊金矿床深部及外围找矿方向以及区域找矿均提供了重要的理论依据及新思路。

矿床成因模式如下（图 7.21）：在泥盆纪 – 早石炭世，准噶尔洋洋壳板片俯冲于西伯利亚板块一定深度时，在萨吾尔地区，俯冲洋壳析出的流体交代上覆地幔楔并发生部分熔融形成高钾钙碱性玄武岩浆，这些玄武岩浆在往上运移过程中发生同化混染和结晶分异，喷出地表形成了阔尔真阔腊矿区内安山岩，较安山岩稍晚形成的岩浆未喷出地表侵位到一定深度形成了闪长岩。阔尔真阔腊金矿床铜矿化产于深部闪长岩体中，而金矿化主要产于浅部的安山岩中及少量分布于闪长岩中。闪长岩形成时代为 346.6 ± 2.9Ma。研究认为形成矿床的热液与成矿物质来源于矿区内的闪长岩。岩浆在上升侵位过程中，早期高温的较高盐度的富含 Cu、Au 等成矿元素以及含有 H_2O、H_2S 和 HF 等挥发分的气水热液会从岩浆中分离出来，诱发附近裂隙扩张与引爆作用，在岩体内部形成浸染状、脉状铜矿化，部分含 Au 络合物的成矿热液沿着断裂继续向上运移，与浅部的大气降水混合，热液的温度和盐度降低，再次发生沸腾作用，络合物稳定性降低，促使在有利部位发生金属（Au）沉淀，形成脉状、浸染状金矿化。在矿化形成的同时，也伴随着相应的围岩蚀变的发生。

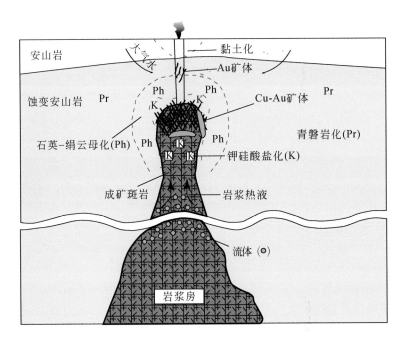

图 7.21　阔尔真阔腊金矿床成矿模式图

7.3　布尔克斯岱金矿床

7.3.1　矿床地质特征

　　布尔克斯岱金矿床位于哈萨克斯坦－准噶尔板块北缘萨吾尔岛弧带上，矿区内出露地层为下石炭统黑山头组，该地层也是容矿地层，赋矿围岩主要为碳质泥质粉砂岩、含碳粉砂质凝灰岩、安山岩等（图 7.22）。利用 LA–ICP–MS 测得安山岩中锆石 U–Pb 年龄为

354.1±2.7Ma（图 7.23），指示布尔克斯岱金矿床可能形成于早石炭世。

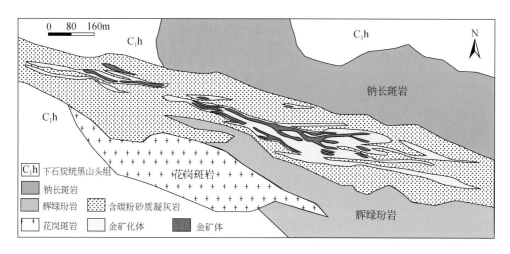

图 7.22　布尔克斯岱金矿床地质简图（Shen et al.，2008）

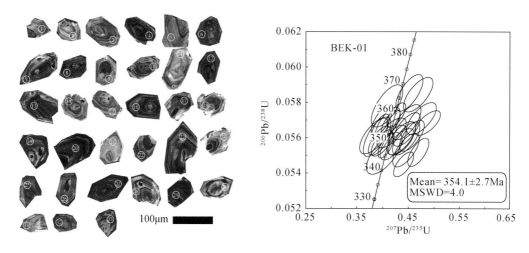

图 7.23　布尔克斯岱金矿床中安山岩锆石阴极发光照片和 LA–ICP–MS U–Pb 年龄谐和图

　　矿区内侵入岩与成矿有比较密切的关系,钠长（石英）斑岩脉基本上控制了矿体的产出。矿区内发育断裂为布尔克斯岱断裂，分布于布尔克斯岱金矿床中部，走向 270°～280°，南倾，倾角 75°～85°，延伸数十千米，是布尔克斯岱金矿的控、容矿构造。该断裂破碎带发育，破碎带宽度可达 20～50m，带内张性裂隙发育，断层中见有含金石英脉碎块，表明该断裂具有长期复杂的活动历史。

　　金矿（化）体赋存于下石炭统黑山头组碳质泥质粉砂岩中，其形态呈透镜状，长1400 余米，宽 30～50m。金矿床地表主要由Ⅰ、Ⅱ号主矿体及其分支脉构成，呈平行斜列分布。矿体形态为陡倾脉状、分支复合脉状体，长 80～720m，厚 1.4～2.33m，斜深

100～300m。矿体走向近东西，倾向南。金矿床矿石结构主要为自形–半自形结构、交代结构、碎裂结构，矿石构造主要为细脉浸染状构造、角砾构造、块状构造。金矿床矿石矿物主要为黄铁矿、毒砂，少量银金矿；脉石矿物主要为石英、长石，少量黏土矿物、方解石。与金成矿有关的蚀变主要为黄铁矿化、硅化、碳酸盐化、石墨化，其次为绿泥石化、绢云母化和绿帘石化。

布尔克斯岱金矿床地质特征及围岩蚀变特征与阔尔真阔腊金矿床相似，两者之间差异是，绿泥石化较强而绿帘石化相对较弱，磁铁矿含量较少。钠长斑岩（图 7.24a）中含有少量的磁铁矿。在赋矿围岩含碳粉砂质凝灰岩中发育硅化、青磐岩化、绢云岩化、黏土化和碳酸盐化，主要金属矿物为黄铁矿以及少量黄铜矿（图 7.24e）。利用 PIMA 分析主要蚀变矿物，发现在泥化凝灰岩中含有大量的伊利石。在强青磐岩化凝灰岩中发育绿帘石和绿泥石，有石英脉、石英绿帘石脉和绿泥石–绿帘石–方解石脉穿插其中（图 7.24c，f）。强硅化岩石中见大量石英并有石英碳酸盐脉穿插，部分伴随有褐铁矿化（图 7.24b）。另外，矿区还发育绢云岩化，凝灰岩蚀变形成大量绢云母，岩石表面可见明显的丝绢光泽（图 7.24d）。

图 7.24　布尔克斯岱金矿床岩石学特征

a. 钠长斑岩；b. 硅化的火山岩；c. 石英脉穿插蚀变火山岩；d. 绢云岩化火山岩；e. 矿石中黄铁矿与黄铜矿共生（反光镜）；
f. 石英绿帘石脉（正交偏光图片）。Q. 石英；Ep. 绿帘石；Py. 黄铁矿；Ccp. 黄铜矿

7.3.2　成矿流体地球化学特征

我们选择了矿床中有代表性的矿石，对其中石英样品氧同位素及其内流体包裹体水的氢同位素做了测定（表 7.6）（Shen et al.，2007）。

表 7.6　石英氧同位素和流体包裹体氢同位素组成

样品号	矿石类型	图中对应编号	δD_{H_2O} /‰	$\delta^{18}O_{石英}$ /‰	矿物形成温度/℃	$\delta^{18}O_{H_2O}$/‰
S225	钠长斑岩型矿石	4	–98	14.3	245	5.1
S213	含碳粉砂岩型矿石	5	–97	14.8	245	5.6
S222		6	–97	14.1	245	4.9

利用测试样品流体包裹体均一温度平均值及 Clayton 平衡方程，计算获得与石英达到平衡时的成矿流体 $\delta^{18}O$ 值（表 7.6），计算的 $\delta^{18}O$ 值和石英流体包裹体水的 δD 测定值代表了石英圈闭的成矿流体 H、O 同位素组成。布尔克斯岱金矿床成矿流体 $\delta^{18}O_{H_2O}$ 为 4.9‰～5.6‰，δD_{H_2O} 为 –97‰～–98‰，在 δD–$\delta^{18}O$ 关系图上（图 7.25），成矿热液投影点均落在岩浆水左下方，略偏离了岩浆水范围，表明成矿流体中的水不是典型的岩浆水，而是受古大气水混入的混合水。

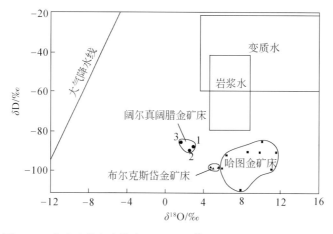

图 7.25　成矿流体包裹体水的 δD 和 $\delta^{18}O$ 值（Shen et al.，2007）

岩浆水的范围引自 Taylor（1979），MokB 范围引自 Taylor（1986），哈图金矿床引自范宏瑞（1998）

进行了矿床黄铁矿 He–Ar 同位素分析，结果见表 7.7（Shen et al.，2007）。

布尔克斯岱金矿床黄铁矿流体包裹体 $^3He/^4He$ 有两个较高（8.18Ra 和 9.48Ra），与 MORB 型地幔 $^3He/^4He$ 一致，其余的 $^3He/^4He$（1.16～5.08Ra）与地幔特征值趋近（图 7.26）。根据二元混合模式，取地幔 $^3He/^4He$ 为 6Ra 求得流体包裹体中地幔氦的比例为 19%～85%，平均约 55%，布尔克斯岱金矿床有两个样品为地幔氦，因此，矿床地幔氦的比例总体上约 85%，说明矿床成矿流体中氦主要为地幔氦。

表 7.7 布尔克斯岱金矿黄铁矿中流体包裹体的稀有气体成分和同位素比值数据

样品编号	样品地质	$^3He/^4He/10^{-6}$	R/Ra	$^{40}Ar/^{36}Ar$	$^4He/10^{-6}$	$^{40}Ar/10^{-7}$
S205	浸染状黄铁矿矿石	2.90 ± 0.43	2.07 ± 0.43	336 ± 2	1.41	1.42
S206	块状黄铁矿矿石	13.27 ± 0.63	9.48 ± 0.63	482 ± 10	1.43	3.83
S207		11.45 ± 0.66	8.18 ± 0.66	525 ± 6	2.11	4.90
S208		6.76 ± 0.52	4.90 ± 0.52	426 ± 5	3.10	6.79
S209	硅化细脉黄铁矿矿石	7.12 ± 0.33	5.08 ± 0.33	428 ± 12	2.40	2.18
S212	含碳细脉黄铁矿矿石	1.62 ± 0.31	1.16 ± 0.31	312 ± 3	0.27	1.06

数据来源：Shen et al., 2007。

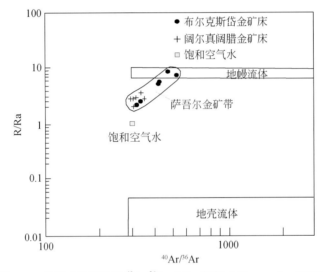

图 7.26 矿床成矿流体的 $^{40}Ar/^{36}Ar$–R/Ra 图解（Shen et al., 2007）

对成矿阶段形成的黄铁矿测定矿石硫和铅同位素组成，分析结果见表 7.8。

表 7.8 布尔克斯岱金矿床矿石黄铁矿硫、铅同位素分析结果

样品编号	产出位置	$\delta^{34}S_{CDT}/‰$	$^{206}Pb/^{204}Pb$	$^{207}Pb/^{204}Pb$	$^{208}Pb/^{204}Pb$
S201		0.44	17.92	15.47	37.60
S202		1.60			
S203		1.79			
S205		2.85	17.91	15.46	37.61
S206		1.11			
S207		2.48	17.71	15.33	37.21
S208		2.81	17.82	15.40	37.37
S209		2.71	17.89	15.42	37.47
S212		0.84	17.92	15.47	37.61

数据来源：Shen et al., 2007。

布尔克斯岱金矿床 9 件矿石黄铁矿 δ^{34}S 为 0.43‰ ~ 2.85‰，平均 1.85‰；矿床的热液黄铁矿 δ^{34}S 均为较小的正值，与陨石硫接近，说明矿床的硫单一且同源，显示出主要为幔源硫的特征，但与正常幔源硫相比有一定程度的偏离（相对略富集 ^{34}S），这表明矿床成矿流体中的矿化剂硫主要为幔源硫，仅混入了少量地壳硫。

布尔克斯岱金矿床 ^{206}Pb/^{204}Pb 为 17.71 ~ 17.92，平均 17.86；^{207}Pb/^{204}Pb 为 15.33 ~ 15.47，平均 15.44；^{208}Pb/^{204}Pb 为 37.21 ~ 37.61，平均 37.48。在 Zartman 铅构造模式图解（Zartman and Doe，1981）中（图 7.27），布尔克斯岱金矿床样品主要落在地幔演化线附近，显示物源主要为幔源特征，表明成矿物质主要来自地壳深部乃至地幔。

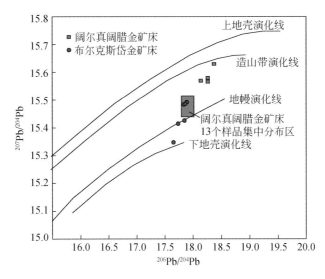

图 7.27 布尔克斯岱金矿床铅同位素特征图（Shen et al.，2007）

上述研究表明，布尔克斯岱金矿床成矿流体中的水可能有两个来源，是大气降水和岩浆水的混合物；δ^{34}S 值同来源于地幔的一致；氦主要来自地幔，少量来自大气降水，总之布尔克斯岱金矿床成矿流体为壳幔混合流体，以幔源流体为主。矿床形成于早石炭世，受断裂作用控制，成为构造破碎蚀变岩型金矿床。

7.4 其他金矿床和矿点

7.4.1 塔斯特金矿床

塔斯特岩体位于萨吾尔成矿带西部，呈不规则岩基侵入于下石炭统哈拉巴依组地层中，被下二叠统哈尔加乌组地层覆盖，岩体出露面积约 77.4km² （图 7.28）。该矿床已经完成普查工作，储量达到小型规模。塔斯特岩体由石英闪长岩、花岗闪长岩、钾长花岗岩、二长花岗岩组成，其中主要为二长花岗岩和钾长花岗岩，前者分布于岩体边部，金矿化位于两种岩性过渡部位。

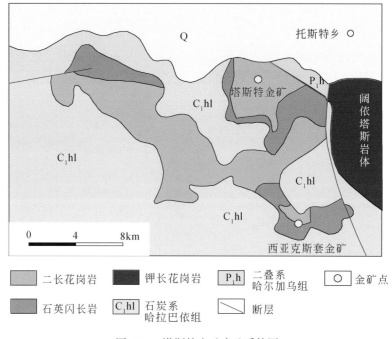

图 7.28　塔斯特金矿床地质简图

　　金矿体呈带状、脉状、透镜状，平面上呈 NW 向雁列状展布。单个矿体水平宽 0.8～7.7m，长 20～30m，钻孔中最高平均品位为 19.5×10^{-6}（雷宇涓，2004），金常富集在铜含量高的样品中。根据金矿物或载金矿物的分布特征，可将矿石分为四种类型：①浸染型矿石，表现为一定量的金属硫化物较均匀地分布于蚀变岩中，形成品位较稳定的矿石；②网脉型矿石，表现为金属硫化物和磁铁矿等呈细小网脉状充填于蚀变岩的裂隙中，脉不规则，延续性差，这类矿石金品位往往较高（图 7.29a）；③硅化脉型矿石，呈浅灰色或灰白色脉状分布，与围岩界线不清，呈过渡关系，常因后期构造作用而破碎，这类矿石金品位变化较大；④石英脉型矿石，主要由石英组成，呈脉状充填于蚀变岩的断裂或裂隙中，脉体与围岩界线清楚，规模不等，脉宽 0.5～20cm（图 7.29c，d）。金最高品位可达 6.17×10^{-6}（雷宇涓，2004）。矿化作用与蚀变强度和变形强度关系密切，主要蚀变类型为绢云母化、硅化、浸染状黄铁矿化、绿泥石化、绿帘石化、碳酸盐化（图 7.29b，d，f）。主要金属矿物为黄铁矿、黄铜矿和磁铁矿（图 7.29b，e）。

　　塔斯特金矿床成矿热液的 $\delta^{18}O_{H_2O}$ 值在 $-5.0‰$～$2‰$ 之间，表明成矿热液属岩浆成因的热液和大气降水混合而成。金矿床中含金黄铁矿的铅同位素源区特征值小于 9.5，具有上地幔和下部地壳混合来源的特征（刘翔，1994）。塔斯特金矿石石英包裹体测温显示成矿

图 7.29　塔斯特金矿床岩石学特征

a. 钾长花岗岩裂隙中黄铁矿化；b. 钾化花岗岩中磁铁矿脉；c. 安山岩中石英脉；d. 石英磁铁矿脉；e. 黄铁矿与黄铜矿共生（反光镜）；f. 绿帘石化钾长花岗岩（正交偏光）。Pl. 斜长石；Kf. 钾长石；Q. 石英；Ep. 绿帘石；Py. 黄铁矿；Ccp. 黄铜矿；Mt. 磁铁矿

温度介于 176 ~ 496℃之间，为中高温热液。硫化物中 $\delta^{34}S$ 为 3.16‰ ~ 3.43‰，高于幔源硫同位素值，指示成矿物质可能来源于地幔和地壳。因此，塔斯特金矿形成于早石炭世，产于岩体内部，受岩浆同期断裂作用控制，后期断裂活动造成热液叠加，使原始金矿进一步叠加富集，成为构造破碎蚀变岩型金矿床。

利用 LA-ICP-MS 获得塔斯特岩体钾长花岗岩 U-Pb 年龄为 353.7 ± 3.1Ma（图 7.30），岩体形成于早石炭世，与黑山头金矿点中闪长岩形成年龄相似，显示萨吾尔地区中酸性岩浆活动从早石炭世一直延续到早二叠世（353 ~ 290Ma）（袁峰等，2006a，b；周涛发等，2006a，b；范裕等，2007）。

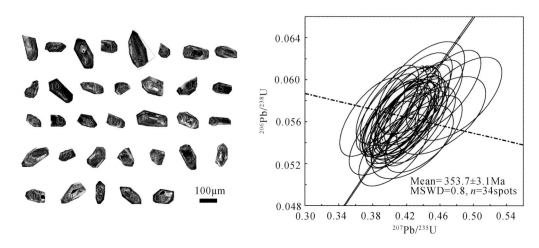

图 7.30 塔斯特金矿点中闪长岩锆石阴极发光照片和 LA–ICP–MS U–Pb 年龄谐和图

　　我们进行了塔斯特岩体含矿岩石主量和微量元素分析，结果表明含矿岩石包括钾长花岗岩和花岗闪长岩，属于钙碱性和高碱钙碱性系列岩石。在洋中脊玄武岩标准化微量元素蛛网图解中，所有样品富集大离子亲石元素，亏损高场强元素（如 Nb、Ta 和 Ti），钾长花岗岩微量元素明显高于花岗闪长岩。稀土元素配分型式图中，轻稀土元素相对重稀土富集，$(La/Yb)_{PM}$ 介于 2.46～4.95 之间，钾长花岗岩中见明显 Eu 异常。相比黑山头闪长岩以及罕哲尕能花岗闪长岩，塔斯特金矿区内钾长花岗岩和花岗闪长岩不具有 Zr 的明显负异常，具有 Eu 的负异常（图 7.31）。硫化物中 $\delta^{34}S$ 为 3.16‰～3.43‰，高于幔源硫同位素值，指示成矿物质可能来源于地幔和地壳。由于塔斯特岩体年龄明显早于下石炭统黑山头组岛弧火山岩年龄（339.4±4.8Ma，邓宇峰等，2015），该岩体可能形成于岛弧环境中。

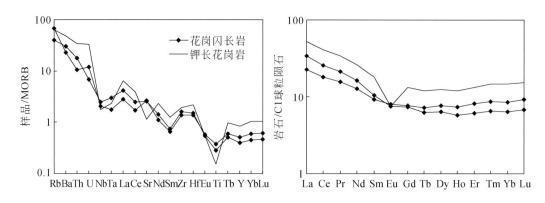

图 7.31 塔斯特金矿区岩石微量元素蛛网图和稀土元素配分型式图

7.4.2　黑山头金矿点

　　黑山头金矿点位于萨吾尔成矿带东段，布尔克斯岱大断裂以东。矿区内出露的地层为下石炭统黑山头组的一套浅海相类复理石陆源碎屑岩夹火山岩建造（图 7.32）。该矿点目前正由新疆有色地质勘查局 706 队组织进行找矿勘探，矿区出露的岩石类型包括凝灰岩、粉砂岩、闪长岩和花岗闪长岩（图 7.32，图 7.33a）。

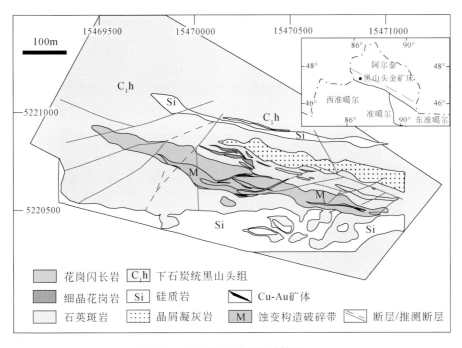

图 7.32　黑山头金矿点地质简图

　　在矿区内圈出三个金矿体，矿体受近东西向构造蚀变带控制，矿体主要赋存于花岗闪长岩岩体的破碎蚀变带中，金平均品位为 1.35×10^{-6}。矿区内钾长石化、硅化、青磐岩化、碳酸盐化等蚀变发育（图 7.33b，c，d）。其中钻孔中花岗闪长岩大部分发生青磐岩化，暗色矿物已绿泥石化，绿帘石脉穿插于青磐岩化花岗闪长岩中（图 7.33b，d，e），并与浸染状黄铜矿和黄铁矿共生（图 7.33f），青磐岩化花岗闪长岩中见方解石脉穿插（图 7.33b）。在钻孔 ZK50-2 深部花岗闪长岩发生钾长石化，并伴随有较强的磁铁矿化，可见黄铁矿脉穿插到凝灰岩围岩中。矿区内主要金属矿物为黄铁矿、黄铜矿和磁铁矿。

　　黄铁矿中 $\delta^{34}S$ 为 $-4.33‰ \sim -4.31‰$，低于幔源硫同位素值。根据蚀变类型和矿体产状初步判断其为与花岗闪长岩有关的构造蚀变岩型金矿。地球物理资料显示具有较好的磁异常，矿区内发育规模较大的 Cu、Au、Ag、As 元素异常，具有寻找火山－次火山岩型金铜矿的潜力（程海伟，2014）。

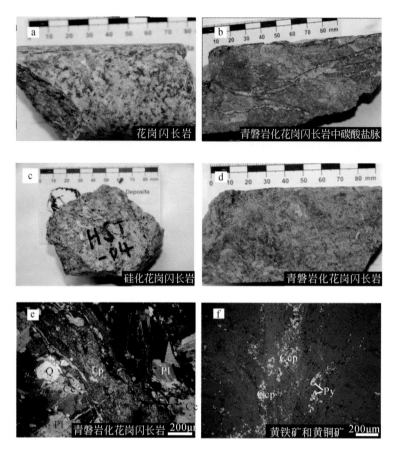

图 7.33　黑山头金矿点岩石学特征

a. 花岗闪长岩；b. 青磐岩化花岗闪长岩中碳酸盐脉；c. 硅化的花岗闪长岩；d. 青磐岩化花岗闪长岩；e. 花岗闪长岩中
绿帘石 – 碳酸盐脉（正交偏光）；f. 黄铜矿与黄铁矿共生（正交偏光）。Pl. 斜长石；Q. 石英；Ep. 绿帘石；Py. 黄铁矿；
Ccp. 黄铜矿；Cc. 碳酸盐矿物

　　利用 LA–ICP–MS 获得花岗闪长岩中锆石 U–Pb 年龄为 351.1±3.2Ma（图 7.34），形成于早石炭世。花岗闪长岩 SiO_2 含量介于 57.3%～59.2% 之间，里特曼指数 σ 为 3.01～4.21，在 SiO_2–K_2O 图和 A/CNK–A/NK 图解显示，黑山头岩体花岗闪长岩属于高钾钙碱性和准铝质 – 弱过铝质岩石系列（图 7.35）。

　　在微量元素蛛网图中，黑山头矿床赋矿岩石相对洋中脊玄武岩富集大离子亲石元素，亏损高场强元素（图 7.36），反映了岩浆形成于与俯冲有关的陆缘环境或岛弧环境（Pearce and Peate，1995；Johnson and Plank，1999）。

　　在花岗岩成因类型判别图解中，黑山头岩体花岗闪长岩主要投影在 I 型与 S 型花岗岩区域（图 7.37）。S 型花岗岩常形成于大陆碰撞带内的过铝质花岗岩，而萨吾尔地区发育大量的早石炭世海相地层，说明该时期并非处于同碰撞阶段，而且本地区花岗岩为准铝质花岗岩，因此该地区花岗岩不是 S 型花岗岩，而是 I 型花岗岩。一般认为，板块

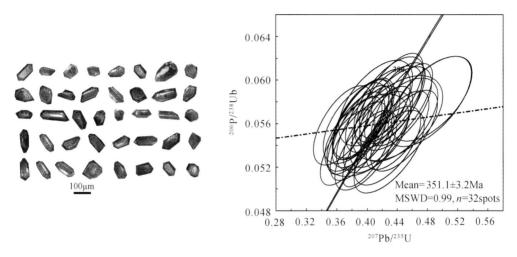

图 7.34　黑山头金矿点中花岗闪长岩锆石阴极发光照片和 LA-ICP-MS U-Pb 年龄谐和图

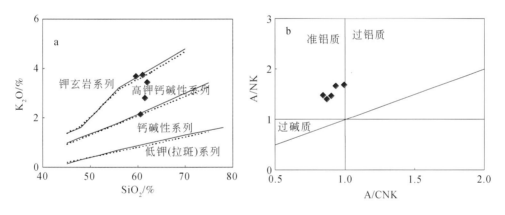

图 7.35　黑山头金矿床 SiO₂-K₂O 图（a）和 A/CNK-A/NK 图（b）

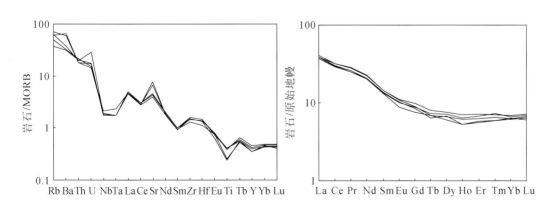

图 7.36　黑山头金矿区岩石微量元素蛛网图和稀土元素配分型式图

俯冲环境中形成的岩浆岩主要为钙碱性系列I型花岗岩，而在不成熟的岛弧环境中主要
形成低钾拉斑系列岩浆岩（Green and Ringwood，1968），黑山头岩体花岗闪长岩为钙碱
性系列I型花岗岩，而且构造判别图显示黑山头金矿床花岗闪长岩具有火山弧花岗岩的
特征（图7.38a），指示它们形成于成熟的岛弧环境中。萨吾尔地区早石炭世主要发育海
相火山岩和浅海相细碎屑岩建造，地层中含有海相化石，说明该地区在早石炭世还存在
广泛的大洋，并非陆内环境（周刚，2000；刘国仁等，2003；申萍等，2005），指示萨
吾尔地区在早石炭世处于岛弧环境中，因此黑山头矿床赋矿花岗闪长岩形成于俯冲环境
中。硫化物中 $\delta^{34}S$ 为 $-4.33‰\sim-4.31‰$，小于幔源硫同位素值，指示成矿物质并非只来
源于地幔。

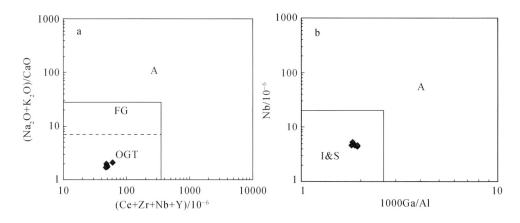

图 7.37　花岗岩成因类型判别图解（据 Whalen et al.，1987）

A. A 型花岗岩；S. S 型花岗岩；I. I 型花岗岩；FG. M+I+S 型分异花岗岩；OGT. 未分异 M+I+S 型花岗岩

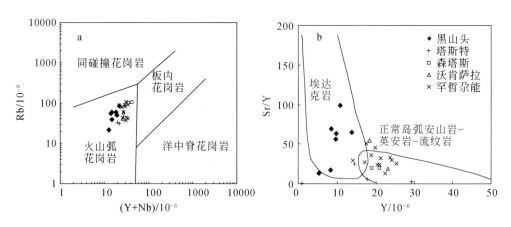

图 7.38　a. 花岗岩 Rb-（Y+Nb）构造判别图解（据 Pearce，1984），ORG. 大洋脊花岗岩，WPG. 板内花岗岩，
VAG. 火山弧花岗岩，Syn-COLG. 同碰撞花岗岩；b. 火成岩的 Y-Sr/Y 图解（Defant and Drummod，1993；

Defant et al.，2002）

一般认为典型埃达克岩具有如下特征（Defant and Drummond，1990）：岩石类型为钙碱性系列岩石，$SiO_2 \geqslant 56\%$，高 Al_2O_3（在 SiO_2 为 70% 时大于 15%）和 Na_2O（$\geqslant 3.5\%$），强烈亏损重稀土元素（如 $Yb \leqslant 1.9\mu g/g$）与 Y（$\leqslant 18\mu g/g$），富 Sr（一般 $\geqslant 400\mu g/g$），高 Sr/Y 值（$\geqslant 20 \sim 40$），并具有岛弧火山岩特有的 Nb、Ta、Ti 亏损。黑山头金矿床花岗闪长岩中 SiO_2 为 57.3% ～ 59.2%，样品中具有较高的 Al_2O_3（16.1% ～ 16.8%）和 Na_2O（4.28% ～ 5.73%），为典型的钙碱性系列岩石，都强烈亏损重稀土元素（如 $Yb=1.56 \sim 1.71\mu g/g$）与 Y（$8.40 \sim 13.7\mu g/g$），高 Sr（$583 \sim 892\mu g/g$），明显亏损 Nb、Ta、Ti。在 Sr/Y-Y 图解中，样品落入埃达克岩区域，而萨吾尔地区其他早石炭世晚期中酸性侵入岩投点在正常岛弧安山岩和英安岩区域（图 7.38b）。

国内外对埃达克岩的成因及其与斑岩矿床之间的成因关系做了大量研究，埃达克岩的主要成因模型包括：①俯冲洋壳的熔融（Defant and Drummond，1990；熊小林等，2005），在西准噶尔地区泥盆纪和石炭纪发育有许多的埃达克岩，大部分学者证明它们的原始岩浆为俯冲洋壳熔融的产物（唐功建等，2009；王金荣等；2013；赵文平等，2013）；②增厚的下地壳镁铁质岩石熔融（Atherton and Petford，1993；张旗等，2010，2002；熊小林等，2001，2005；Wang et al.，2003）；③拆沉下地壳的熔融（Xu et al.，2002；王强等，2003，2004）；④幔源岩浆在厚地壳底部岩浆房中分离结晶和混染作用（Feeley and Hacker，1995）。由于下地壳镁铁质岩石熔融及拆沉的下地壳熔融产生的埃达克岩常具有低的 $\varepsilon_{Nd}(t)$ 和高（$^{87}Sr/^{86}Sr$）值（Xu et al.，2002；Wang et al.，2003；Mo et al.，2009；张旗等，2010）。黑山头金矿床花岗闪长岩 $\varepsilon_{Nd}(t)$ 为 6.15 ～ 6.20，（$^{87}Sr/^{86}Sr$），为 0.703996 ～ 0.704566（袁峰未发表数据），与下地壳起源的埃达克岩同位素组成具有明显的区别。另外，下地壳起源的埃达克岩一般形成于伸展的构造环境中，而萨吾尔地区在早石炭世应处于俯冲挤压环境下，因此，黑山头金矿床花岗闪长岩并非起源于下地壳熔融或者下地壳拆沉。另外，黑山头金矿床花岗闪长岩弱 Eu 异常指示岩浆并未发生强烈的分离结晶，样品中高的 $\varepsilon_{Nd}(t)$ 表明它们并未受到明显的大陆地壳物质的同化混染作用。综上所述，黑山头金矿床花岗闪长岩可能为俯冲洋壳部分熔融的产物。

萨吾尔地区早石炭世中酸性侵入岩广泛发育，地球化学特征指示它们都属于钙碱性准铝质岩石，并且都是形成于岛弧环境中的 I 型花岗岩（袁峰等，2006），但是早石炭世早期中酸性侵入岩为典型埃达克岩，而早石炭世晚期中酸性侵入岩为正常岛弧岩浆岩，说明两者的岩浆源区存在差异。研究表明，除了与蛇绿岩中斜长花岗岩以及少量与基性－超基性岩伴生的中酸性岩，大部分中酸性岩都来源于地壳的熔融（吴福元等，2007）。郭正林等（2010）利用地球化学方法证明罕哲尕能铜金矿区内中酸性岩岩浆源区可能为亏损地幔分异的新生玄武质下地壳。因此，萨吾尔地区早石炭世中酸性岩岩浆源区随着时间的变化，岩浆源区也发生了变化。早石炭世早期该地区埃达克岩主要为俯冲洋壳熔融形成，早石炭世晚期由于俯冲洋壳洗出流体交代地幔楔形成基性岩浆底侵至早期形成的玄武质下地壳底部，形成早石炭世晚期中酸性侵入岩原始岩浆。

第8章 成矿预测技术方法及应用

成矿预测一直是世界各国找矿工作面临的难题，与之有关的技术方法研究已经成为目前成矿预测学的科学前沿和研究重点。长期以来，人们重视综合技术方法组合的研究，取得了长足的进展。我们对西准噶尔以及周围地区进行了成矿预测技术方法研究。

8.1 综合技术方法组合及应用

针对西准噶尔地区的地质背景、已知矿床类型、覆盖特征等，我们探索并确定了多维分形化探数据处理及异常提取 + 近红外蚀变矿物分析（PIMA）矿化识别 + 遥感异常提取的铜金综合找矿方法技术组合，并成功进行了实践。

8.1.1 多维分形化探异常提取及靶区圈定

对于深部的隐伏矿体而言，埋深、覆盖等屏蔽作用和其他各种因素导致了成矿信息低缓、微弱、难识别，复合、叠加成矿作用则使得成矿信息相互叠加与混合。传统方法基于低阶矩或正态分布理论，无法很好地对这类复合的弱信息进行提取，也无法提取成矿信息中的非线性奇异性特征。而利用多维分形理论不但可以利用自相似、广义自相似原理寻找尺度临界点进而分解混合异常，同时又能基于局部奇异性特征刻画信息的低缓和微弱异常（Cheng and Agterberg，1994； Cheng，1999），进而发现深部隐伏矿体所带来的矿致异常，已取得了很好的实际应用效果（Cheng，1999； Cheng，2006； 袁峰等，2009； Yuan et al.，2012）。本书针对塔尔巴哈台 – 萨吾尔地区 Au、As、Cu、Ni 四种元素的区域化探数据，采用多维分形数据处理及异常提取方法，获得了这四种元素的异常空间分布及异常中心（图 8.1~图 8.4），进一步地，结合区域地质特征，特别是区域岩

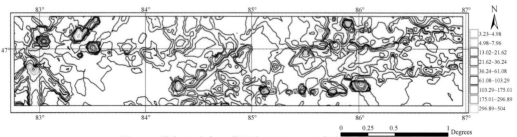

图 8.1 塔尔巴哈台 – 萨吾尔地区 Au 元素多维分形异常图

浆岩的特征及空间分布，给出了研究区 Au、Cu、Ni 的分级找矿靶区（图 8.5），其中，Au 50 处、Cu 24 处、Ni 39 处。

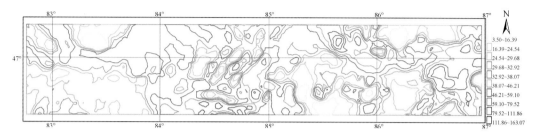

图 8.2　塔尔巴哈台 – 萨吾尔地区 Cu 元素多维分形异常图

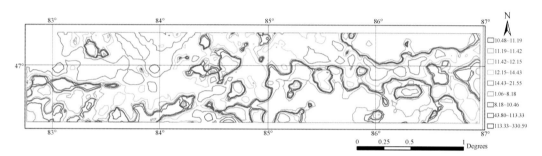

图 8.3　塔尔巴哈台 – 萨吾尔地区 As 元素多维分形异常图

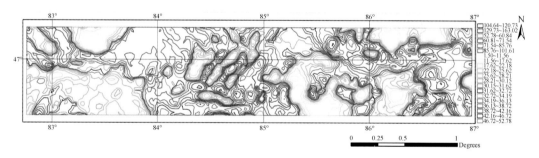

图 8.4　塔尔巴哈台 – 萨吾尔地区 Ni 元素多维分形异常图

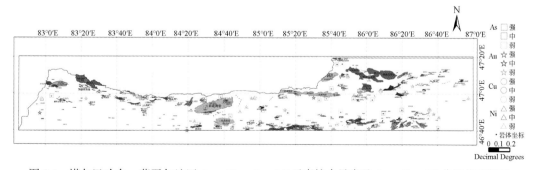

图 8.5　塔尔巴哈台 – 萨吾尔地区 Au、Cu、As、Ni 元素综合异常及 Au、Cu、Ni 分级找矿靶区

8.1.2 近红外蚀变矿物分析（PIMA）矿化识别

利用 PIMA（近红外矿物分析仪）对区内典型矿床（点）进行了蚀变矿物分析，发现阔尔真阔腊金矿床、布尔克斯岱金矿床内普遍存在伊利石，在罕哲尕能铜金矿床中发育高岭石和辉沸石（图 8.6）。

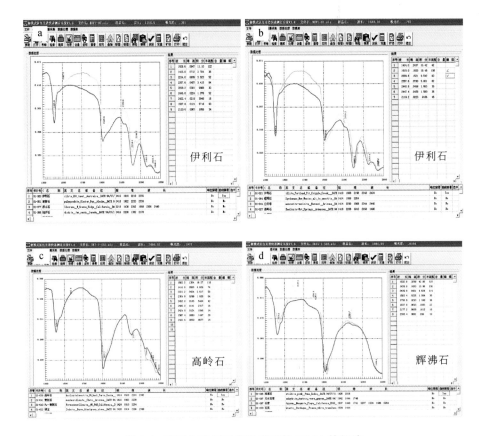

图 8.6 萨吾尔地区浅色蚀变矿物 PIMA 特征峰

a. 阔尔真阔腊金矿床中伊利石 PIMA 特征峰；b. 布尔克斯岱金矿床中伊利石 PIMA 特征峰；c. 罕哲尕能铜金矿床中高岭土 PIMA 特征峰；d. 罕哲尕能铜金矿床中辉沸石 PIMA 特征峰

对重点矿床阔尔真阔腊金矿床中三个剖面的光谱测试，识别出 4 种黏土矿物，即伊利石、绿泥石、绿帘石和蒙脱石，其中，伊利石是该矿区地表特别发育的蚀变矿物，在 52 件样品中，伊利石有 33 件（图 8.7）。

在所测伊利石样品中，其伊利石 2200nm 吸收峰位变化于 2205.4 ～ 2284nm，主要集中于 2210 ～ 2220nm；伊利石吸收峰的反射率主要变化于 30 ～ 174；伊利石结晶度主要变化于 1.13 ～ 1.21。在空间上，伊利石结晶度值和其吸收峰反射率具有明显的变化规律：在矿脉附近伊利石结晶度最高，向外其结晶度值逐渐减小（图 8.8A）；而伊利石反射率

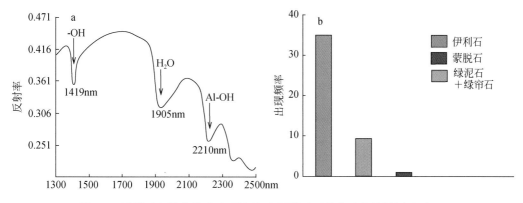

图 8.7　伊利石光谱曲线（a）及阔尔真阔腊矿区蚀变矿物统计图（b）

值在矿脉附近较小，向外其反射率值逐渐增大（图 8.8B）。据此，针对西准噶尔地区浅成低温热液型金矿床，本次工作提出了利用蚀变矿物（特别是伊利石）铝羟基参数区分含矿和不含矿岩石的找矿方法。

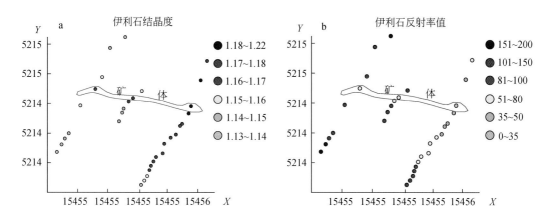

图 8.8　阔尔真阔腊矿区一号脉附近伊利石光谱参数规律图

a. 阔尔真阔腊矿区伊利石结晶度值在一号脉附近规律图；b. 阔尔真阔腊矿区伊利石吸收峰反射率值在一号脉附近规律图

　　而在短波红外光谱研究方面，前人对斑岩型矿床中黏土矿物伊利石的结晶度（IC）、反射率与热液/矿化中心的关系进行了比较深入的研究，也显示出其系统的变化规律，其规律与本次工作在阔尔真阔腊金矿床中所获得的规律是一致的，暗示了阔尔真阔腊金矿床可能具有斑岩型矿床的特征，这一认识在对阔尔真阔腊金矿床深部钻孔的研究中得到了证实，其深部具有斑岩型铜矿床的特征。

8.1.3　遥感异常提取

　　基于 17 景覆盖整个研究区的 ASTER 数据，针对斑岩型、浅成低温热液型矿床特点，采用美国地质调查中心（USGS）的蚀变矿物标准波谱，提取了12种蚀变矿物（赤铁矿、褐铁矿、针铁矿、黄铁矿、磁铁矿、高岭石、绢云母、伊利石、蒙脱石、绿泥石、绿帘石、蛇纹石）的异常信息及分级空间分布（图8.9、图8.10，绢云母）。

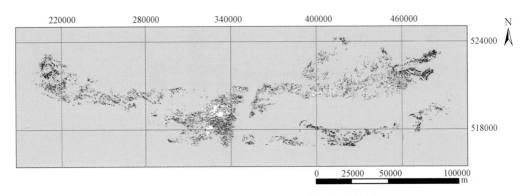

图 8.9　USGS 标准绢云母蚀变信息提取结果

图 8.10　USGS 标准绢云母蚀变分级分布

采用含铁矿物组合（如赤铁矿、褐铁矿、针铁矿、黄铁矿、磁铁矿等）和含羟基矿物组合（高岭石、绢云母、伊利石、蒙脱石、绿泥石、绿帘石以及蛇纹石）作为蚀变提取参数，获得了研究区铁染异常、羟基异常（绢云母＋高岭石）的分级空间分布（图8.11、图8.12）。

图 8.11　铁染蚀变异常分级空间分布

图 8.12　羟基蚀变异常（绢云母＋高岭石）分级空间分布

8.1.4　技术组合及靶区圈定

塔尔巴哈台－萨吾尔地区属于荒漠戈壁区，区内植被稀疏，基岩裸露良好，并且伴有强烈的岩石机械崩解作用，区内以斑岩型、浅成低温热液型、火山热液型矿床为主，基于这些特征，本次工作确定了多维分形化探数据处理及异常提取＋近红外蚀变矿物分析（PIMA）矿化识别＋遥感异常提取的综合找矿方法技术组合，多维分形数据处理技术提供 Au、Cu、Ni 的分级异常区、PIMA 分析提供特征矿物波谱信息、遥感数据处理提供蚀变矿物组合异常分级分布，在此基础上，获得了研究区的分级找矿预测靶区（图 8.13 ～图 8.15 ）。

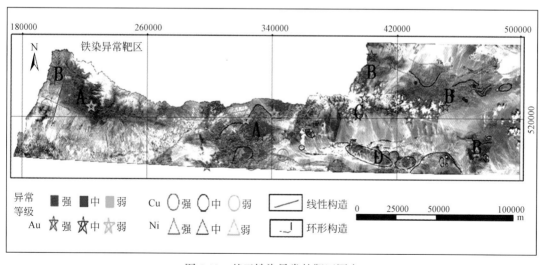

图 8.13　基于铁染异常的靶区圈定

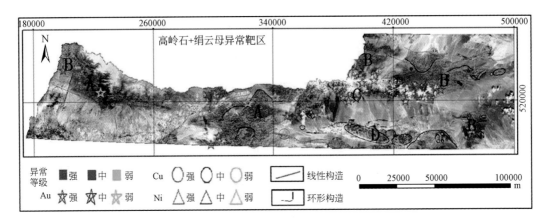

图 8.14　基于高岭石 + 绢云母异常的靶区圈定

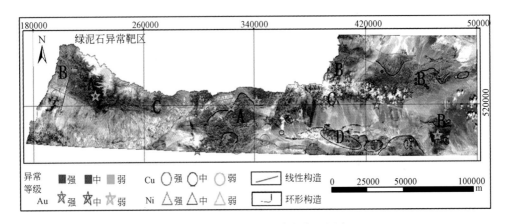

图 8.15　基于绿泥石异常的靶区圈定

8.1.5　靶区验证

1. 萨吾尔成矿带靶区验证

基于综合找矿方法研究的进展及多维分形化探异常所圈定的找矿靶区，在萨吾尔地区对部分靶区进行了野外踏勘和验证，发现乌图布拉克铜矿化点（图 8.16）。另外，新疆有色地勘局 706 队在萨吾尔地区发现的达尔罕铜矿化点与综合找矿方法研究所圈定的异常区对应（图 8.16）。

乌图布拉克铜矿化点位于吉木乃县城东南方向，距乌伦古湖西岸仅 20km。区内主要地层为上泥盆统塔尔巴哈台组（D_3t）粉砂岩、火山岩 – 火山碎屑岩等，有少量的石炭系黑山头组（C_1h）中基性火山岩 – 火山碎屑岩分布于西北部。由于新生代覆盖强，区内构造状况不清楚，仅在西北部见有北东东向、北东向的断裂。区内岩浆作用除了晚泥盆 – 早

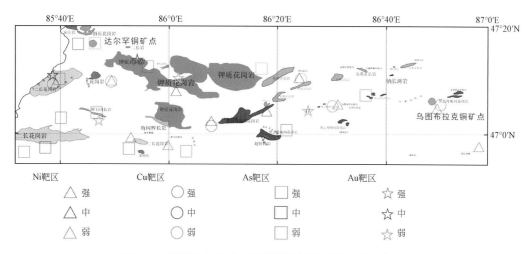

图 8.16 萨吾尔地区成矿预测图及新发现的矿化点分布图

石炭世的火山岩外，在东部有正长斑岩侵位于泥盆系地层中，西北部的石炭系地层中见有少量中性岩脉出露。

该矿化点与本次综合找矿方法研究所圈定的异常区对应，显示了综合找矿方法的有效性。矿区可见黄铁矿、黄铜矿和孔雀石化，赋矿围岩为泥盆系塔尔巴哈台组的玄武安山岩，角砾岩。主要蚀变有绿泥石化、绿帘石化、硅化、褐铁矿化、高岭土化，普遍可见黄钾铁矾和石英脉。孔雀石有两种赋存状态：一种发育在石英脉中，另一种发育于火山岩的裂隙中。矿化岩石测试分析获得 Cu 含量最高为 5.21%，Au 含量为 0.028×10^{-6}。

2. 塔尔巴哈台成矿亚带靶区验证

基于综合找矿方法研究的进展及多维分形化探异常所圈定的找矿靶区，在塔尔巴哈台地区对部分靶区进行了野外踏勘和验证，发现塔塑克铜金矿化点、喀因德铜矿化点、乌兰浩特铜矿化点和阿依德铜金矿化点（图 8.17）。

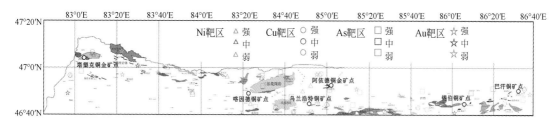

图 8.17 塔尔巴哈台地区成矿预测图及新发现的矿化点分布图

塔塑克铜金矿化点位于塔城以北，区内出露的主要地层为下石炭统南明水组（C_1n）粉砂岩、火山碎屑岩等，其次为上泥盆统塔尔巴哈台组（D_3t）砂岩分布于南侧，少量中泥盆统克孜别伊特组（D_2kz）泥岩分布在东北部。区内北西西、北西向断层发育。区内岩浆作用强烈，主要为侵入于石炭系南明水组的中酸性侵入岩，岩性包括辉石闪长玢岩、花岗闪长岩和花岗岩等，其次有少量基性岩脉发育。区内铜金异常值较高，本次工作在花岗岩和辉石闪长玢岩的接触带处发现了塔塑克铜金矿化点；测制了三条岩石化探和地质剖面，测量时每间隔约 50m 采集一套样品，样品总数为 84件；对所采集的样品中的 Au 和 Cu 元素的含量进行了分析，测试分析获得 Cu 含量为 $0.001\% \sim 1.53\%$，Au 含量为（$0 \sim 0.489$）$\times 10^{-6}$；显示出良好的铜金矿化潜力。其中铜矿化主要发育于辉石闪长玢岩中，而金矿化主要赋存于辉石闪长玢岩体的围岩，即玄武安山岩中。

喀因德铜金异常区位于额敏县城东偏北。矿化区北部和南部出露地层为上泥盆统塔尔巴哈台组（D_3t）粉砂岩、火山岩 – 火山碎屑岩，中部主要出露地层为下石炭统和布克河组（C_1hb）的钙质砂岩和泥质砂岩，另有少量的中志留统沙尔布尔组（S_2s）灰岩、沉凝灰岩出露。区内岩浆作用除了泥盆 – 石炭系火山岩外，在东部和南部分别发育了塔克台花岗闪长岩体和亚特勒花岗岩体，此外，在东南部有少量的石英正长岩侵位在泥盆 – 石炭系地层中。本次工作在喀因德矿区测制了两条岩石化探和地质剖面，测量时每间隔约 50m 采集一套样品，样品总数为 40 件；对所采集的样品中的 Au 和 Cu 元素的含量进行了分析；测试分析获得 Cu 含量为 $0.001\% \sim 0.881\%$；Au 含量为（$0 \sim 0.157$）$\times 10^{-6}$。

乌兰浩特铜异常区位于和布克赛尔县城西北方。区内主要地层为上泥盆统塔尔巴哈台组（D_3t）粉砂岩、火山岩 – 火山碎屑岩，分布于矿化区西北和南部地区，在矿区西部出露有下石炭统和布克河组（C_1hb）的钙质砂岩和泥质砂岩地层。区内岩浆作用除了泥盆 – 石炭系火山岩外，在南部发育了侵位于上泥盆统塔尔巴哈台组的乌兰浩特、谢米斯赛等花岗岩体，长轴方向与断裂方向一致，受断裂控制。本次工作在乌兰浩特矿区测制了两条岩石化探和地质剖面，测量时每间隔约 50m 采集一套样品，样品总数为 20 件；对所采集的样品中的 Au 和 Cu 元素的含量进行了分析；测试分析获得 Cu 含量为 $0.003\% \sim 3.24\%$，Au 含量为（$0 \sim 0.083$）$\times 10^{-6}$，显示出很好的铜矿找矿潜力。

阿依德铜金矿化区位于和布克赛尔县城西北。区内主要地层为上泥盆统塔尔巴哈台组（D_3t）火山岩 – 火山碎屑岩，可进一步分为北部的上亚组（D_3t^b）的熔结凝灰岩和火山岩，和南部的塔尔巴哈台下亚组（D_3t^a）的砂岩和中基性火山岩。在矿区的西北部分布有少量的中泥盆统库鲁木迪组（D_2k）火山岩 – 火山碎屑岩，矿区的东南部为新生代覆盖区。区内构造作用强烈，可见有宽缓的平卧褶皱发育，区内还发育有北东东向、北东向和东西向断层。区内岩浆作用除了泥盆 – 石炭系火山岩外，在矿区西部发育了阿依德钾长花岗岩体，岩体呈马蹄状侵位于塔尔巴哈台组基性火山岩地层中。此外，在矿区北部有少量花岗斑岩脉穿插于泥盆系塔尔巴哈台组地层中，大多呈北西向分布，且延伸方向与断裂方向一致，受断裂控制。本次工作在阿依德矿区内测制了五条岩石化探和地质剖面，测量时每间隔约

100m 采集一套样品，样品总数为 112 件；对所采集的样品中的 Au、Cu 元素的含量进行了分析，测试分析获得 Cu 含量为 0.001%～1.50%，Au 含量为（0～2.77）×10⁻⁶。刻槽取样分析结果圈定了三条金矿化体，地质和矿化特征指示该铜金矿为产于中基性火山岩中的构造 – 蚀变型铜金矿，显示出很好的 Cu–Au 矿化潜力。

8.2　地球物理方法及找矿模型

8.2.1　EH4 双源大地电磁测深技术及应用

寻找隐伏矿体的地球物理测量方法主要是电磁法。EH4 系统的基本配置（频率为 10Hz–100kHz）的勘探深度为几十到 1000 多米，低频配置的（频率 0.1Hz–1kHz）勘探深度为 100～2000m。与其他电磁法相比，EH4 系统具有的突出特点为：①巧妙地采用了天然场与人工场相结合的工作方式，由部分可控源补充局部频段信号较弱的天然场，来完成整个工作频段的测量；②发射装置轻便，便于野外多次移动；③时间域多次迭加采集数据，提供了丰富的地质信息；④实时数据分析，确保观测质量；⑤现场给出连续剖面的拟二维反演结果，较直观；⑥勘探深度大，分辨率高。

我们采用 EH4 双源大地电磁测深仪器，对我国 38 个金属矿床和矿点进行了矿床隐伏矿体定位预测（沈远超等，2006，2007，2008；Shen et al.，2008a，b，c；申萍等，2007，2008b，2011），取得了一定的认识和成果。工程验证后效果显著。

为了更好地总结 EH4 双源大地电磁测深技术在成矿预测中的应用，我们将以往进行的成矿预测成果（图 8.18）进行总结。

8.2.2　隐伏矿体定位预测的地球物理 – 地质找矿模型

1. 基本思路和方法

长期的成矿预测理论与技术方法研究表明，隐伏矿体定位预测是一项复杂而艰难的工作，我国除少数大型 – 超大型矿床外，主要为中小型矿床，而中小型矿床与大型矿床相比，控矿构造和控矿岩体等各种控矿因素的规模较小而变化较大。目前已经发展了一些找矿方法，如蚀变遥感信息提取技术圈定地表蚀变带、便携式 X 荧光分析仪野外快速圈定地表矿化体等，这些方法主要用于地表或浅部矿体的发现。就深部隐伏矿体而言，传统的地球物理方法在追踪区域断裂及岩浆活动方面发挥了重要作用，但对中小型矿床隐伏矿体定位预测则有一定的局限性；化探方法（如原生晕分带和叠加）能从已知矿体向外作有限外推

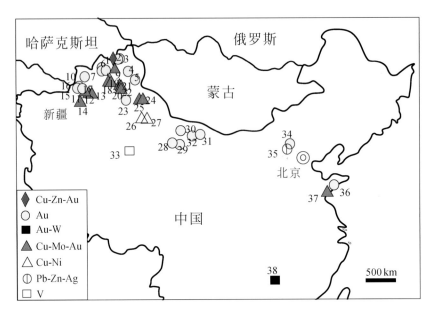

图 8.18　地质与 EH4 相结合进行研究的 38 个金属矿床分布图（申萍等，2011）

新疆，阿尔泰铜多金属成矿带：1.阿舍勒铜锌金矿床；额尔齐斯金矿带：2.多拉纳萨依金矿床，3.托库孜巴依金矿床，4.萨尔布拉克金矿床，5.扎克特金矿床；萨吾尔金铜成矿带：6.布尔克斯岱金矿床，7.阔尔真阔腊金矿点，8.罕哲尕能金铜矿点，9.那仁卡拉铜钼矿点；哈图金矿带：10.哈图齐求 2 金矿床；包古图铜金成矿带：11.包古图铜矿床，12.包古图 8 号铜矿点；13.包古图 2 号铜矿点，14.加尔塔斯克斯套铜矿床；15.包古图金矿床；16.包古图 11 号金矿床；17.双艾克斯套金矿点；谢米斯台铜矿带：18.谢米斯台铜矿点，19.12 号铜矿点，20.11 号铜矿点；洪古勒楞铜矿带：21.洪古勒楞北铜矿床；22.洪古勒楞南铜矿床；东天山康古尔金矿带：23.康古尔金矿床；东天山卡拉塔格铜金成矿带：24.红山金铜矿，25.梅岭金矿；东天山铜镍硫化物成矿带：26.葫芦铜镍矿，27.葫芦东铜镍矿。甘肃，北山成矿带：28.南金山金矿，29.小西弓金矿，30.乌龙泉金矿，31.460 金矿，32.1780 金矿；甘肃营毛沱—牛圈山磷钒铀成矿带：33.平台山钒矿。内蒙古，赤峰多金属成矿带：34.红花沟石英脉型金矿，35.雅马吐铅锌银多金属矿。胶东，牟乳金矿带：36.金牛山金矿；七宝山铜矿带：37.七宝山外围铜矿点。湖南，湘西金钨成矿带：38.西安金钨矿床

预测。我国以中小型矿床为主的特点决定了隐伏矿体定位预测的难度，进行成矿预测要运用最新的成矿理论，还应借助先进的技术方法，使地质理论研究具体化和可视化，建立一种新的找矿方法，这是我们提出矿床地球物理 - 地质找矿模型的出发点。

矿床地球物理 - 地质找矿模型属于找矿模型的范畴，它是建立在矿床成矿模式和地球物理模型基础上，以成矿模式为主，地球物理模型为辅，将矿床地质特征和地球物理异常特征高度概括，从中抽象出隐伏矿体赋矿部位的空间位置和几何形态，并进行可视化表达的一种找矿模型。强调在控矿因素研究基础上，借助于地球物理手段，定量化、具体化隐伏矿体赋矿部位，进行隐伏矿体定位预测。具体步骤如下：

（1）建立矿床成矿模式。以地质研究为基础，强调控矿因素和成矿规律的研究，建立矿床的成矿模式，如位于斑岩体中的矿床，矿体分布受岩体形态控制，具有面状分布规律，是斑岩型矿床；位于破火山杂岩体中的矿床，矿体分布受火山机构断裂系控制，具有

向上发散、向下收敛的漏斗状分布规律，是火山热液型矿床。

（2）建立矿床地球物理模型。矿床均是由矿化蚀变带（包括矿体）和围岩组成，二者存在明显的电性差异，这是建立地球物理模型的关键。首先采集矿区矿石和围岩标本进行物理参数测量，在具备了地球物理测量的物性条件下，进行地球物理测量和二维反演，建立矿床的地球物理模型。

（3）建立矿床地球物理－地质找矿模型。以成矿模式为基础，对地球物理模型进行解译，判别地球物理异常类型及其涵义，尤其是判别何种异常为矿质异常，并定量表达矿质异常的空间位置和几何形态；同时，用地球物理异常验证和约束成矿模式，使成矿模式和地球物理模型很好地拟合，从中抽象出矿床地球物理－地质找矿模型。因此，矿床地球物理－地质找矿模型源于并高于具体的成矿模式和地球物理模型。

我们采用 EH4 双源大地电磁测深仪器进行金属矿床隐伏矿体定位预测，对这些矿床地质特征和地球物理特征分别进行了总结，概括了 12 种成矿模式和 6 种地球物理模型，并将二者拟合，尝试建立了金属矿床隐伏矿体定位预测的 6 种地球物理－地质找矿模型。

2. 成矿模型

对成矿预测的矿床进行了矿床地质、控矿因素和成矿规律的研究，结合前人已有的认识，概括了 12 种矿床成矿模式（表 8.1）：① VSM 型铜矿床，如阿尔泰成矿带的阿舍勒铜矿床；②韧性剪切带型金矿床，如额尔齐斯金矿带的多拉纳萨依、托库孜巴依、萨尔布拉克和扎克特金矿床，东天山康古尔成矿带的康古尔金矿床；③石英脉型金矿床，如达拉布特成矿亚带的包古图金矿床；④火山热液型金矿床，如萨吾尔金矿带的阔尔真阔腊金矿床和布尔克斯岱金矿床；⑤火山－次火山岩型铜矿床，如谢米斯台－沙尔布提成矿带的谢米斯台铜矿和洪古勒楞铜矿；⑥斑岩型铜矿床，如巴尔鲁克－达拉布特成矿带的包古图铜矿床；⑦斑岩－浅成低温型铜金矿床，如东天山卡拉塔格铜金矿带的红山和梅岭金铜矿床；⑧岩浆熔离型铜镍硫化物矿床，如东天山铜镍硫化物成矿带的葫芦铜镍矿床；⑨隐爆角砾岩型金矿床，如甘肃北山成矿带的南金山金矿床；⑩沉积型矾矿床，如甘肃营毛沱－牛圈山磷钒铀成矿带的平台山钒矿；⑪热液型铅锌银多金属矿床，如内蒙古赤峰成矿带的雅马吐铅锌银多金属矿床；⑫沉积改造型钨金矿床，如湘西金钨成矿带的西安金钨矿床等。

表 8.1 矿床成矿模型和典型矿床特征

成矿模式	典型矿床	控矿因素和成矿规律
1. VSM 型铜矿床	阿舍勒铜矿床	与早中泥盆世双峰式火山活动有成因联系，产于火山洼地中，形成于火山喷气－沉积阶段，又经历了变质改造和岩浆热液叠加。矿床具有双层结构和矿化蚀变分带特点。矿体呈透镜状，与地层产状一致，并与地层同步褶皱
2. 韧性剪切带型金矿床	多拉纳萨依金矿床	受南北向剪切带控制，区域南北向剪切断裂构造受到岩体侵入形成的环形构造的叠加改造，形成膨大缩小的反 "S" 形导矿和容矿构造带，矿体在走向和倾向上均具有膨大缩小，尖灭再现的特点

续表

成矿模式	典型矿床	控矿因素和成矿规律
3. 石英脉型金矿床	包古图金矿床	受北东向断裂带和闪长岩脉控制。断裂带平面上和剖面上膨大收缩分布，矿体产于膨大部位，矿体与断裂带和闪长岩脉分布一致，该断裂既是导矿构造又是容矿构造
4. 造山型金矿床	哈图金矿床	发育一个晚古生代破火山口杂岩体，容矿岩石为破火山口杂岩体钙碱性火山岩。火山机构断裂和区域断裂的叠加控制了矿体产出
5. 次火山岩型铜矿床	谢米斯台铜矿床	发育晚古生代火山机构，容矿岩石为流纹斑岩，火山机构放射状断裂系和区域近东西向断裂构造叠加控制了矿体产出
6. 斑岩型铜矿床	包古图斑岩型铜矿床	含矿岩体是闪长玢岩－闪长斑岩杂岩体，矿化主要赋存于岩体中，少量在围岩中。容矿岩石为粒状闪长岩、似斑状闪长岩、闪长玢岩和隐爆角砾岩。矿化蚀变分带与 Hollister 的模式类似
7. 斑岩－浅成低温铜金矿床	梅岭、红山铜金矿床	矿化类型为高硫化物型浅成低温热液型金矿－斑岩铜矿之间过渡的金铜矿床，具上金下铜的分带特征，含矿围岩为火山角砾岩、石英闪长玢岩和安山岩等
8. 岩浆熔离铜－镍矿床	葫芦铜镍矿床	受基性－超基性岩杂岩体控制，矿床产于葫芦基性－超基性岩杂岩体中，矿体定位受杂岩体不同岩相控制，呈似层状、透镜状产于辉石岩相中，沿倾向和走向有一定的延伸；矿化集中于岩体底部
9. 隐爆角砾岩型金矿床	甘肃南金山金矿床	与隐爆角砾岩体及其隐爆断裂构造有关，矿体分布于隐爆岩粉角砾岩体中，并受上部缓倾、下部陡倾的隐爆构造控制。矿体分布具有隐爆岩角砾岩体外带成矿、对称成矿和双层成矿的规律
10. 沉积型钒矿床	甘肃平台山钒矿床	与寒武系双鹰山组沉积地层有关，产于寒武系双鹰山组中段的含碳质板岩中，受平台山向斜构造控制，矿体呈透镜状、似层状，与地层产状一致，并与地层同步褶皱
11. 热液型铅锌银矿床	内蒙古雅马吐铅锌银矿床	受断裂构造控制，该断裂既是导矿构造又是容矿构造。已知矿化均产于断裂构造中。矿化为受断裂控制的脉状铅锌矿化
12. 沉积改造型金钨矿床	湖南西安金钨矿床	受地层、断裂和褶皱控制，有利地层和缓倾斜层间滑动断裂带叠加控制矿化带分布，褶皱尤其是背斜构造叠加控制矿体分布，高角度北东向断裂是导矿构造，成矿有利地段是地层和层间滑动断裂带上叠加背斜的地段

3. 地球物理模型

在成矿模式的基础上，采用 EH4 进行了深部地球物理测量，每一个矿床根据地质特征和岩石物理性质不同，进行不同网度的地球物理测量，得到了一系列的电阻率－深度剖面图，从中总结出每个矿床的地球物理模型，再将其简化合并，概括了 6 种地球物理模型（图 8.19、表 8.2）：①低阻紧闭波状－面状；②低阻陡倾斜线状（包括陡倾斜网格交叉状和陡倾斜漏斗状等）；③中－低阻等轴状；④不同电阻率的盆状；⑤中－高阻对称带状；⑥中－低阻缓倾斜面状。

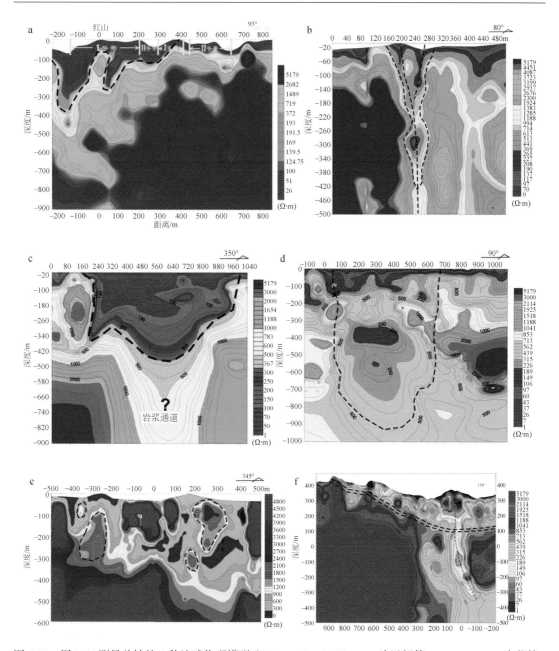

图 8.19　用 EH4 测量总结的 6 种地球物理模型（Shen et al., 2008b, c；沈远超等，2006，2007；申萍等，2007，2008）

a. 低阻紧闭波状 – 面状，如阿舍勒铜矿区 1 号矿体 14 勘探线电阻率 – 深度剖面图；b. 低阻陡倾斜线状，如多拉纳萨依金矿床 65 勘探线电阻率 – 深度剖面图；c. 中 – 低阻等轴状，如包古图 5 号岩体斑岩铜钼矿床 1 勘探线电阻率 – 深度剖面图；d. 不同电阻率的盆状，如葫芦铜镍硫化物矿床 98 勘探线电阻率 – 深度剖面图；e. 中 – 高阻对称带状，如南金山金矿床 7 勘探线电阻率 – 深度剖面图；f. 中 – 低阻缓倾斜面状，如西安金钨矿床 29 勘探线电阻率 – 深度剖面图。图中虚线表示地球物理异常显示的控矿因素的产状、规模和形态

表 8.2　采用 EH4 方法研究的矿床地球物理模型

地球物理模型	地球物理异常特征	建模依据的成矿模式和典型矿床
①低阻紧闭波状－面状（图 8.19a）	低电阻率异常呈似层状，具有紧闭波状起伏的特点	VSM 型铜矿床，如阿舍勒铜矿床；沉积型钒矿床，如平台山钒矿床
②低阻陡倾斜线状、网格状、漏斗状（图 8.19b）	低电阻率异常呈陡倾斜带状、线状、网格状、漏斗状，具有膨大缩小的特点	次火山岩型铜矿，如谢米斯台铜矿；韧性剪切带型金矿床，如多拉纳萨依金矿床；石英脉型金矿床，如包古图金矿床；热液型铅锌银矿床，如雅马吐铅锌银矿床；造山型金矿床，如哈图金矿床
③中－低阻等轴状（图 8.19c）	中－低电阻率异常呈等轴状，具有面积型分布的特点	斑岩型铜矿床，如包古图斑岩铜矿床
④不同电阻率的盆状（图 8.19d）	不同电阻率异常呈同心环状，具有向下凹陷的特点	岩浆熔离铜－镍矿床，如葫芦铜镍矿床
⑤中－高阻对称带状（图 8.19e）	中－低电阻率异常呈带状，具有对称带状分布于高电阻率两侧的特点	隐爆角砾岩型金矿床，如南金山金矿床
⑥中－低阻缓倾斜面状（图 8.19f）	中－低电阻率异常呈缓倾斜面状，具有层状面积型分布的特点	沉积改造型金钨矿床，如西安金钨矿床

4. 地球物理－地质找矿模型

在上述研究的基础上，将成矿模式和地球物理模型拟合概括，初步建立了 6 种金属矿床隐伏矿体定位预测的地球物理－地质找矿模型（表 8.3，图 8.20）。

（1）紧闭褶皱低阻层状模型。控矿因素为两向延长的沉积地层和褶皱构造，矿体分布于褶皱的沉积地层中。地球物理异常为低电阻率异常呈陡倾斜下凹的层状。将地质和地球物理特点拟合，形成了紧闭褶皱低阻层状模型（图 8.20a）。这种模型适用于受沉积地层控制并被后期褶皱叠加改造的金属矿床隐伏矿体定位预测，如 VSM 型矿床和沉积型钒矿床等。

表 8.3　矿床地球物理－地质模型及其特点

地球物理－地质找矿模型	地质特点	地球物理特点
（1）紧闭褶皱低阻层状模型（图 8.20a）	受地层和紧闭褶皱构造控制的 VSM 型矿床和沉积矿床	紧闭波状起伏的低电阻率异常
（2）陡倾斜低阻脉状模型（图 8.20b）	受一组或两组陡倾斜的断裂构造控制的剪切带型、石英脉型、热液脉型矿床；受火山机构断裂系控制的矿床	陡倾斜线状、网格状、漏斗状的低电阻率异常，倾向上具有膨大缩小波状起伏的特点
（3）等轴状中－低阻斑岩型矿化模型（图 8.20c）	受斑岩体和（或）隐爆角砾构造控制斑岩型矿床	等轴状中－低电阻率异常
（4）不同电阻率的基性－超基性杂岩体分带模型（图 8.20d）	受基性－超基性杂岩体控制的岩浆熔离型矿床	盆状的不同电阻率异常

地球物理－地质找矿模型	地质特点	地球物理特点
（5）对称带状中－高阻贫硫化物硅化蚀变模型（图 8.20e）	受隐爆角砾岩及隐爆构造控制的隐爆角砾岩型矿床	对称带状中－高电阻率异常
（6）缓倾斜中－低阻似层状模型（图 8.20f）	受地层不整合面和层间滑动断裂控制的沉积改造型矿床和层间滑动角砾岩型金矿床	缓倾斜的中－低电阻率异常，倾向上具有波状起伏的特点

（2）陡倾斜低阻脉状模型。控矿因素为一向延长的断裂构造，矿体分布于断裂构造中，具有膨大缩小、尖灭再现的特点；地球物理异常为低电阻率异常呈陡倾斜带状－线状，具有膨大缩小的特点。将二者拟合，形成了陡倾斜低阻脉状模型（图 8.20b）。这种模型适用于受断裂构造控制的陡倾斜产出的金属矿床隐伏矿体定位预测，包括韧性剪切带型金矿床、石英脉型金矿床、构造蚀变岩型金矿床、热液脉型铅锌银矿床等。

（3）等轴状中－低阻斑岩型矿化模型。控矿因素为岩体，矿体分布于岩体及其与围岩接触带，具有不规则面状分布的特点。地球物理异常表现为等轴状中－低电阻率异常。将二者拟合，形成了等轴状中－低阻斑岩型矿化模型（图 8.20c）。这种模型适用于全岩矿化的斑岩型矿床隐伏矿体定位预测。

（4）不同电阻率的基性－超基性杂岩体分带模型。控矿因素为基性－超基性杂岩体及其岩相，矿体分布于杂岩体的不同岩相中，具有两向延长特点。地球物理异常表现为低电阻率异常呈两向延长的盆状。将二者拟合，形成了不同电阻率的基性－超基性杂岩体分带模型（图 8.20d）。这种模型适用于基性－超基性杂岩体控制的岩浆熔离型矿床隐伏矿体定位预测。

（5）对称带状中－高阻贫硫化物硅化蚀变模型。控矿因素为隐爆角砾岩体及其隐爆断裂，矿体对称分布于岩体两侧的隐爆断裂中，具有浅部缓倾斜、深部陡倾斜带状分布的特点。地球物理异常表现为对称带状低电阻率异常，具有一向延长弧形分布特点。将二者拟合，形成了对称带状中－高阻贫硫化物硅化蚀变类型（图 8.20e）。这种模型适用于隐爆角砾岩型矿床隐伏矿体定位预测。

（6）缓倾斜中－低阻似层状模型。控矿因素为两向延长的不整合面和（或）层间滑动断裂，矿体分布于不整合面和（或）层间滑动断裂构造中，具有层状分布的特点。地球物理异常表现为缓倾斜面状低电阻率异常，略具波状起伏。将二者拟合，形成了缓倾斜中－低阻似层状模型（图 8.20f）。这种模型适用于受不整合面和（或）层间滑动断裂控制的矿床隐伏矿体定位预测，如层间滑动角砾岩型金矿床和不整合面沉积改造型钨金矿床等。

5. 几点认识

（1）矿床地球物理－地质找矿模型属于找矿模型的范畴，它是建立在成矿模式和地球物理模型基础上，综合二者特征，并不断拟合，从中抽象出赋矿部位的几何形态，并可

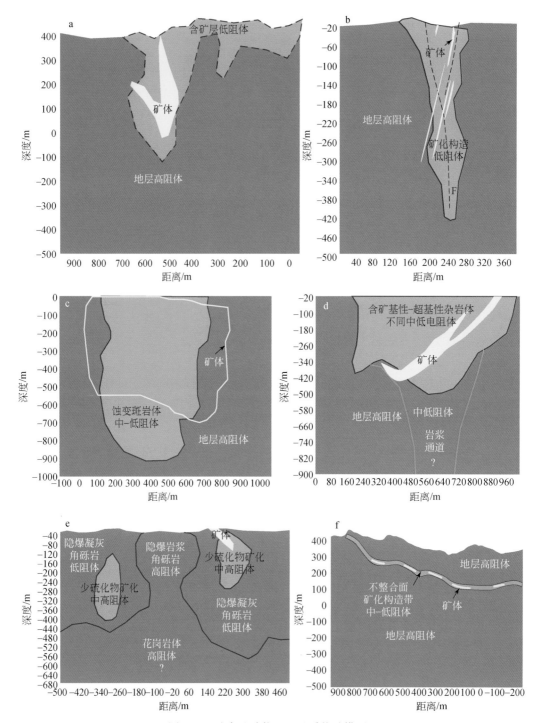

图 8.20 矿床地球物理－地质找矿模型

a. 紧闭褶皱低阻层状模型；b. 陡倾斜低阻脉状模型；c. 等轴状中－低阻斑岩型矿化模型；d. 不同电阻率的基性－超基性杂岩体分带模型；e. 对称带状中－高阻贫硫化物硅化蚀变类型；f. 缓倾斜中－低阻似层状模型

视化表达的一种找矿模型。运用矿床地球物理 – 地质找矿模型并不一定能直接找到隐伏矿体，但能可视化地表达赋矿部位（可能是构造、岩体和不整合面等），更有效地进行成矿预测，至于具体的赋矿部位是否一定存在工业矿体并确定其规模大小，只有通过深部探矿工程才能最后确定。

（2）矿床地球物理 – 地质找矿模型主要是对采用 EH4 双源大地电磁测深方法开展成矿预测而建立起来的一种找矿方法，但作为一种新的思想方法，也应该能适用于地质与其他电磁方法相结合的找矿工作。

（3）矿床地球物理 – 地质找矿模型可以为相似矿床进行隐伏矿体定位预测提供参考，也可指导相似矿床进行地球物理勘探工作，如矿区范围内地球物理测线位置和网度布置以及地球物理测点极距和点距的确定等，此外，还可为相似矿床进行工程验证（包括工程验证采用的方法和网度等）提供借鉴。

（4）矿床地球物理 – 地质找矿模型的建立是根据 38 个具体矿床的成矿模式和地球物理模型抽象得出的，作为一种经验性的成果具有一定的适用性，但在成矿预测实践中，要根据每一个矿床具体的地质特征和地球物理特征进行应用，即具体问题具体分析。

参 考 文 献

安芳，朱永峰，魏少妮等 . 2014. 新疆包古图地区金矿床地质特征及成矿模型研究 . 矿床地质，33(4)：
  761-775

蔡土赐 . 1999. 新疆维吾尔自治区岩石地层 . 武汉：中国地质大学出版社

柴凤梅，杨富全，刘锋等 . 2012a. 阿尔泰南缘冲乎尔盆地康布铁堡组变质酸性火山岩年龄及岩石成因 . 地
  质论评，58(6): 1023-1038

柴凤梅，杨富全，刘锋等 . 2012b. 新疆准噶尔北缘北塔山组火山岩年龄及岩石成因 . 岩石学报，28(7): 2183-
  2198

陈江峰，郭新生，汤加富等 . 1999. 中国东南地壳增长与 Nd 同位素模式年龄 . 南京大学学报（自然科学版），
  35(6): 650-659

陈伟军，刘建明，刘红涛等 . 2010. 内蒙古鸡冠山斑岩钼矿床成矿时代和成矿流体研究 . 岩石学报，26(5):
  1423-1436

陈武，季寿元 . 1985. 矿物学导论 . 北京：地质出版社

陈晔，孙明新，张新龙 . 2006. 西准噶尔巴尔鲁克断裂东南侧石英闪长岩锆石 SHRIMP U-Pb 测年 . 地质通报，
  25(8): 992-994

成秋明 . 2003. 非线性矿床模型与非常规矿产资源评价 . 地球科学，28(4): 445-454

程海伟 . 2014. 新疆和丰县黑山头金铜矿区地质特征和成矿潜力及类型分析 . 新疆有色金属，S1：4-6

崔彬，和志军，白光宇等 . 2006. 东天山自然铜矿带地质特征与成因 . 第八届全国矿床会议论文集 . 北京：
  地质出版社，465-470

戴金星，戴春森，宋岩等 . 1994. 中国一些地区温泉中天然气的地球化学特征及碳氢同位素组成 . 中国科学
  （B 辑），24(4): 426-433

邓宇峰，周涛发，袁峰等 . 2015a. 西准噶尔萨吾尔地区科克托别基性岩体岩石成因：主量元素、微量元素
  和锆石 U-Pb 年代学证据 . 岩石学报，31(2): 465-478

邓宇峰，周涛发，袁峰等 . 2015b. 西准噶尔阔尔真阔腊金矿区玄武安山岩锆石 U-Pb 年龄及其地质意义 . 地
  质学报，88(5): 883-895

丁培榛，姚守民 . 1985. 新疆克拉玛依西部早石炭世晚期腕足类化石及地层意义 . 西北地质科学，11: 65-74

董连慧，胡建卫，刘拓等 . 2003. 新疆东天山地区首次发现自然铜矿化带 . 矿床地质，22(2)：113

杜世俊，屈迅，邓刚等 . 2010. 东准噶尔和尔赛斑岩铜矿成岩成矿时代与形成的构造背景 . 岩石学报，
  26(10): 2981-2996

杜兴旺 . 2011. 新疆吉木乃县那林卡拉铜矿地质特征及深部找矿浅析 . 新疆有色金属，1: 22-25

范宏瑞，金成伟，沈远超 . 1998. 新疆哈图金矿成矿流体地球化学 . 矿床地质，2：135-149

范裕，周涛发，袁峰等 . 2007. 新疆西准噶尔地区塔斯特岩体锆石 LA-ICP-MS 年龄及其意义 . 岩石学报，
  23(8): 1901-1908

高景刚，薛春纪 . 2002. 基于 GIS 的区域成矿规律及成矿预测研究 . 全国矿床会议，21(S1): 1132-1135

龚一鸣，纵瑞文 . 2015. 西准噶尔古生代地层区划及古地理演化 . 地球科学（中国地质大学学报），(3): 461-

484

辜平阳，李永军，张兵等 . 2009. 西准达尔布特蛇绿岩中辉长岩 LA-ICP-MS 锆石 U-Pb 测年 . 岩石学报，
　25(6)：1364-1372

辜平阳，李永军，王晓刚等 . 2011. 西准噶尔达尔布特 SSZ 型蛇绿杂岩的地球化学证据及构造意义 . 地质论
　评，1: 36-44

关维娜，董连慧 . 2010. 新疆西准包古图斑岩型铜钼矿床地质特征及流体包裹体研究 . 地质科学，45(3):
　873-884

郭定良，李志纯 . 1997. 新疆布尔克斯岱金矿床的构造成矿机理 . 大地构造与成矿学，2: 162-166

郭丽爽，张锐，刘玉琳等 . 2009. 新疆东准噶尔铜华岭中酸性侵入体锆石 U-Pb 年代学研究 . 北京大学学报：
　自然科学版，5: 819-824

郭丽爽，刘玉琳，王政华等 . 2010. 西准噶尔包古图地区地层火山岩锆石 LA-ICP-MS U-Pb 年代学研究 . 岩
　石学报，26(2): 471-477

郭正林 . 2009. 准噶尔西北缘构造 - 成矿分区、区域成矿规律及找矿潜力分析 . 中国科学院地质与地球物
　理研究所博士论文，1-152

郭正林，李金祥，秦克章等 . 2010. 新疆西准噶尔罕哲尕能 Cu-Au 矿床的锆石 U-Pb 年代学和岩石地球化学
　特征：对源区和成矿构造背景的指示 . 岩石学报，26(12): 3563-3578

韩宝福，季建清，宋彪等 . 2004. 新疆喀拉通克和黄山东含铜镍矿镁铁 - 超镁铁杂岩体的 SHRIMP 锆石 U-Pb
　年龄及其地质意义 . 科学通报，49(22): 2324-2328

韩宝福，季建清，宋彪等 . 2006. 新疆准噶尔晚古生代陆壳垂向生长（Ⅱ）——后碰撞深成岩浆活动的时限 .
　岩石学报，22(5): 1077-1086

何国琦，刘德权，李茂松等 . 1995. 新疆主要造山带地壳发展的五阶段模式及成矿系列 . 新疆地质，13(2):
　99-194

何国琦，刘建波，张越迁等 . 2007. 准噶尔盆地西缘克拉玛依早古生代蛇绿混杂岩带的厘定 . 岩石学报，
　23(7): 1573-1576

贺伯初，谭克仁，吴堃虹 . 1994. 北疆吉木乃布氏金矿幔源岩浆岩时代及 Sr, Nd 同位素证据 . 大地构造与成
　矿学，18(3): 219-228

胡洋，王居里，王建其等 . 2015. 新疆西准噶尔庙尔沟岩体的地球化学及年代学研究 . 岩石学报，31(2):
　505-522

姜丽萍，柴凤梅，杨富全等 . 2011. 吕书君新疆阿尔泰两棵树铁矿区二长花岗岩 LA-ICP-MS 锆石定年及地
　质意义 . 现代地质，4: 712-719

靳新娣，朱和平 . 2000. 岩石样品中 43 种元素的高分辨等离子质谱测定 . 分析化学，28(5): 563-567

雷宇涓 . 2004. 新疆塔斯特金矿地质特征及远景分析 . 新疆有色金属，3: 9-11

李光明，李金祥，秦克章等 . 2007. 西藏班公湖带多不杂超大型富金斑岩铜矿的高温高盐高氧化成矿流体：
　流体包裹体证据 . 岩石学报，23(5): 935-952

李厚民，毛景文，徐章宝等 . 2004. 滇黔交界地区峨眉山玄武岩铜矿化蚀变特征 . 地球学报，25(5): 495-
　502

李华芹，谢才富，常海亮等.1998.新疆北部有色贵金属矿床成矿作用年代学.北京：地质出版社,1-264

李华芹，陈富文，蔡红.2000.新疆西准噶尔地区不同类型金矿床Rb-Sr同位素年代研究.地质学报,
　　74(2): 181-192

李诺，陈衍景，赖勇等.2008.内蒙古乌努格吐山斑岩铜钼矿床流体包裹体研究.岩石学报,23(9): 2177-
　　2188

李水河.2002.阔尔真阔腊矿床地质特征及成矿机理.新疆有色金属,1: 1-4

李卫东.2013.西准噶尔宏远斑岩型钼（铜）矿地质特征及成因.中国地质大学（北京）博士论文,1-113

李晓晖，袁峰，周涛发等.2015.新疆塔尔巴哈台-萨吾尔地区多重分形地球化学异常提取及成矿预测.岩
　　石学报,31(2): 426-435

李永军，佟丽莉，张兵等.2010.论西准噶尔石炭系希贝库拉斯组与包古图组的新老关系.新疆地质,2:
　　130-136

李永军，王冉，李卫东等.2012.西准噶尔达尔布特南构造-岩浆岩带斑岩型铜-钼矿新发现及找矿思路.
　　岩石学报,28(7): 2009-2014

廖启林，戴塔根，刘悟辉.2000.阔尔真阔腊浅成低温热液型金矿床成矿作用与成矿模式初探.大地构造与
　　成矿学,24(1): 57-64

刘斌.2001.中高盐度NaCl-H$_2$O包裹体的密度式和等容式及其应用.地质论评,47(6): 617-622

刘刚，陈宣华，董树文等.2012.巴尔喀什成矿带晚古生代地壳增生与构造演化.岩石学报,28(7): 1995-
　　2008

刘国仁，龙志宁，陈青珍等.2003.新疆阔尔真阔拉金矿一带火山岩形成时代及地球化学特征.新疆地质,
　　21(2): 177-180

刘军，武广，钟伟等.2010.黑龙江省多宝山斑岩型铜（钼）矿床成矿流体特征及演化.岩石学报,26(5):
　　1450-1464

刘翔.1994.塔斯特北西西向金成矿断裂的构造.铀矿地质,10(6): 350-359

刘玉琳，郭丽爽，宋会侠等.2009.新疆西准噶尔包古图斑岩铜矿年代学研究.中国科学：地球科学,
　　10：1466-1472

龙灵利，王京彬，王玉往等.2009.新疆富蕴地区希勒库都克铜钼矿床含矿斑岩的年代学与地球化学特征.
　　地质通报,28(12): 1840-1851

孟磊，申萍，沈远超等.2010.新疆谢米斯台中段火山岩岩石地球化学特征、锆石U-Pb年龄及其地质意义.
　　岩石学报,26(10): 3047–3056

潘鸿迪，申萍.2014.新疆包古图中性复式岩体的同化混染作用.地球科学与环境学报,1: 80-97.

潘鸿迪，申萍，代华五等.2012.西准噶尔洪古勒楞铜矿火山活动及其矿化.矿床地质,31: 333-334

潘鸿迪，申萍，张林浩等.2015.哈萨克斯坦麦卡因矿床火山岩地球化学、U-Pb年代学和Lu-Hf同位素及
　　意义.岩石学报,31(2): 401-414

潘兆橹.结晶学及矿物学.1993.北京：地质出版社

邵洁涟，梅建明.1986.浙江火山岩区金矿床的矿物包裹体标型特征研究及其成因与找矿意义.矿物岩石,
　　6(3): 103-111

佘宏全, 丰成友, 张德全等 . 2006. 西藏冈底斯铜矿带甲马夕卡岩型铜多金属矿床与驱龙斑岩型铜矿流体包裹体特征对比研究 . 岩石学报 , 22(3): 689-696

舍建忠, 邓洪涛, 刘阁等 . 2016. 新疆西准洪古勒楞蛇绿岩地球化学特征及构造环境 . 新疆地质 , 34(1): 40-45

申萍, 沈远超 . 2010. 西准噶尔与环巴尔喀什斑岩型铜矿床成矿条件及成矿模式对比研究 . 岩石学报 , 26(8): 2299-2317

申萍, 沈远超, 曾庆栋等 . 2004. 新疆萨吾尔金矿带成矿流体氦氩同位素示踪 . 科学通报 , 49(12): 1199-1204

申萍, 沈远超, 刘铁兵等 . 2005. 新疆阔尔真阔腊金矿田成矿流体地球化学及其意义 . 中国科学 (D 辑), 35(9): 862-869

申萍, 沈远超, 刘铁兵等 . 2007. EH4 连续电导率成像仪在隐伏矿体定位预测中的应用研究 . 矿床地质 , 26(1): 70-78

申萍, 沈远超, 刘铁兵等 . 2008a. 新疆西北部晚古生代金铜成矿作用与构造演化 . 岩石学报 , 24(5): 1087-1100

申萍, 沈远超, 王京彬等 . 2008b. 湘西桃源县西安钨金矿床褶皱构造的发现及控矿意义 , 矿床地质 , 27(3): 357-366

申萍, 沈远超, 刘铁兵等 . 2009. 新疆包古图斑岩型铜钼矿床容矿岩石及蚀变特征 . 岩石学报 , 25(4): 777-792

申萍, 沈远超, 刘铁兵等 . 2010a. 新疆西准噶尔谢米斯台铜矿的发现及意义 . 新疆地质 , 28(4): 413-418

申萍, 沈远超, 潘成泽等 . 2010b. 新疆哈图 – 包古图金铜矿集区锆石年龄及成矿特点 . 岩石学报 , 26(10): 2879-2893

申萍, 董连慧, 冯京等 . 2010c. 新疆斑岩型铜矿床分布、时代及成矿特点 . 新疆地质 , 28(4): 358-364

申萍, 沈远超, 刘铁兵 . 2011. 隐伏矿体定位预测的地球物理 – 地质找矿模型——以地质与 EH4 双源大地电磁测深技术结合为例 . 地学前缘 , 18(3): 284-292

申萍, 潘鸿迪, Seitmuratova E. 2015a. 中亚成矿域斑岩铜矿床基本特征 . 岩石学报 , 31(2): 315-320

申萍, 周涛发, 袁峰等 . 2015b. 环巴尔喀什西准噶尔成矿省矿床类型、成矿系统和跨境成矿带对接 . 岩石学报 , 2: 285-303

沈远超, 金成伟 . 1993. 西准噶尔地区岩浆活动与金矿化作用 . 北京 : 科学出版社 , 113-171

沈远超, 申萍, 曾庆栋等 . 2006. 北山地区南金山金矿床隐爆角砾岩体的发现及成矿规律研究 . 矿床地质 . 25: 572-581

沈远超, 申萍, 刘铁兵等 . 2007. 东天山镜儿泉铜镍矿床成矿预测及 EH4 地球物理测量依据 . 地质与勘探 , 43(2): 62-67

沈远超, 申萍, 刘铁兵等 . 2008. EH4 在危机矿山隐伏金矿体定位预测中的应用研究 . 地球物理学进展 , 23(1): 559-567

宋会侠, 刘玉琳, 屈文俊等 . 2007. 新疆包古图斑岩铜矿矿床地质特征 . 岩石学报 , 23(8): 1981-1988

苏玉平, 唐红峰, 侯广顺 . 2006. 新疆西准噶尔达拉布特构造带铝质 A 型花岗岩的地球化学研究 . 地球化学 , 35(1): 55-67

谭娟娟, 朱永峰. 2010. 新疆萨尔托海铬铁矿中的 Fe-Ni-As-S 矿物研究. 岩石学报, 26(8): 2264-2274

谭绿贵, 周涛发, 袁峰等. 2006. 新疆萨吾尔地区二叠纪火山岩地球动力学背景. 合肥工业大学学报 (自然科学版), 29(7): 868-874

谭绿贵, 周涛发, 袁峰等. 2007. 新疆萨吾尔地区二叠纪火山岩成岩机制: 来自稀土元素的约束. 中国稀土学报, 25(1): 95-101

唐从国, 聂启祥, 刘丛强等. 2004. 云南个旧矿区卡房矿田遥感地质综合信息成矿预测. 矿物学报, 2: 164-170

唐功建, 王强, 赵振华等. 2009. 西准噶尔包古图成矿斑岩年代学与地球化学: 岩石成因与构造、铜金成矿意义. 地球科学, 34(1): 56-74

唐红峰, 苏玉平, 刘丛强等. 2007. 新疆北部卡拉麦里斜长花岗岩的锆石 U-Pb 年龄及其构造意义. 大地构造与成矿, 31(1): 110-117

田倩. 2009. 某矿区遥感蚀变信息提取与蚀变信息综合. 岩土工程界, 8: 83-85

涂光炽. 1999. 初议中亚成矿域. 地质科学, 34(4): 397-404

王登红, 李华芹, 应立娟等. 2009. 新疆伊吾琼河坝地区铜、金矿成矿时代及其找矿前景. 矿床地质, 1: 73-82

王国瑞, 武广, 吴昊等. 2014. 内蒙古兴和县曹四夭超大型斑岩钼矿床流体包裹体和氢 - 氧同位素研究. 矿床地质, 33(6): 1213-1232

王京彬, 徐新. 2006. 新疆北部后碰撞构造演化与成矿. 地质学报, 80(1): 23-31

王京彬, 王军升, 李博泉等. 1997. 新疆准噶尔地区与火山 - 浅成岩有关的金矿成矿系列. 有色金属矿产与勘查, 6(S1): 25-37

王居里, 王建其, 安芳等. 2013a. 新疆谢米斯台地区首次发现自然铜矿化. 地球学报, 34(3): 371-374

王居里, 杨猛, 王建其等. 2013b. 新疆古伦沟地区古仍格萨拉东岩体的地球化学及锆石 U-Pb 年龄. 地球学报, 34(6): 680-690

王居里, 王建其, 胡洋等. 2014. 新疆谢米斯台地区斑岩型铜矿化的发现及其意义. 地球学报, 35(3): 395-398

王莉娟, 王京彬, 王玉往等. 2005. 新疆准噶尔地区富硫型与贫硫型浅成低温热液金矿床成矿流体与碳、硫、铅同位素. 岩石学报, 21(5): 1382-1388

王谋, 李晓峰, 王果等. 2012. 新疆雪米斯坦火山岩带白杨河铍铀矿床地质特征. 矿产勘查, 3: 34-40

王强, 许继峰, 赵振华. 2003. 强烈亏损重稀土元素的中酸性火成岩 (或埃达克质岩) 与 Cu、Au 成矿作用. 地学前缘, 10(4): 561-572

王强, 赵振华, 许继峰等. 2004. 鄂东南铜山口、殷祖埃达克质 (adakitic) 侵入岩的地球化学特征对比: (拆沉) 下地壳熔融与斑岩铜矿的成因. 岩石学报, 20(2): 351-360

王瑞, 朱永峰. 2007. 西准噶尔宝贝金矿地质与容矿火山岩的锆石 SHRIMP 年龄. 高校地质学报, 13: 590-602

王先彬, 刘刚, 陈践发等. 1996. 地球内部流体研究的若干关键问题. 地学前缘, 3(3-4): 105-118

王银宏, 张方方, 刘家军等. 2015. 东天山白山钼矿区花岗岩的岩石成因: 锆石 U-Pb 年代学、地球化学

及 Hf 同位素约束 . 岩石学报，31(7)：1962-1976

王玉往，王京彬，王莉娟等 . 2009. 新疆香山铜镍钛铁矿区两个镁铁 - 超镁铁岩系列及特征 . 岩石学报，25：888-900

王玉往，王京彬，王莉娟等 . 2011. 新疆吐尔库班套蛇绿混杂岩的发现及其地质意义 . 地学前缘，18(3)：151-165

魏少妮，朱永峰 . 2010. 新疆包古图中酸性岩浆侵位的 P-T-f_{O_2} 条件及岩体地球化学研究 . 地质学报，84：1017-1029

吴福元，李献华，杨进辉等 . 2007. 花岗岩成因研究的若干问题 . 岩石学报，23(6)：1217-1238

吴浩若，潘正莆 . 1991. "构造杂岩" 其地质意义——以西准噶尔为例 . 地质科学，1：101-102

吴华英，张连昌，陈志广等 . 2010. 西拉木伦多金属成矿带鸡冠山斑岩钼矿富氟高盐度高氧逸度流体包裹体研究 . 岩石学报，26(5)：1363-1374

吴乃元 . 1991. 石炭系 . 见：新疆地质矿产局地质矿产研究所，新疆地质矿产局第一区调大队著 . 新疆古生界 (新疆地层总结之二) 下 . 乌鲁木齐：新疆人民出版社，167-188

相鹏，张连昌，吴华英等 . 2009. 新疆青河卡拉先格尔铜矿带 II - III 矿区含矿斑岩锆石年龄及地质意义 . 岩石学报，6：1474-1483

肖飞，徐存元，张凤军等 . 2010. 西准噶尔哈图金矿床勘查新成果 . 新疆地质，28(4)：409-412

肖序常，汤耀庆，李锦轶等 . 1991. 古中亚复合巨型缝合带南缘构造演化 . 见：肖序常，汤耀庆主编 . 古中亚复合巨型缝合带南缘构造演化 . 北京：科学技术出版社，1-29

肖序常，汤耀庆，冯益民等 . 1992. 新疆北部及其邻区大地构造 . 北京：地质出版社，1-169

谢玉玲，侯增谦，徐九华等 . 2005. 藏东玉龙斑岩铜矿床多期流体演化与成矿的流体包裹体证据 . 岩石学报，21(5)：1409-1415

新疆地矿局 . 1993. 新疆维吾尔自治区区域地质志 . 北京：地质出版社，1-841

新疆地质局区域地质测量大队 . 1971. 1:20 万中华人民共和国地质图《塔勒艾勒克幅》（ L-44-XXIII ）

新疆地质局区域地质测量大队 . 1975. 1:20 万中华人民共和国地质图《托里幅》（ L-44-XXIV ）

新疆维吾尔自治区地质调查院 . 2011. 新疆 1:25 万阿克扎尔（ L44C001004 ）、塔城市幅（ L44C002004 ）区调修测地质矿产草图

新疆维吾尔自治区地质局 . 1974. 1:20 万中华人民共和国地质图《托斯特幅》（ L-45-IX ）

新疆维吾尔自治区地质局 . 1979. 1:20 万中华人民共和国地质图《乌尔禾幅》（ L-45-XIV ）

新疆维吾尔自治区地质局 . 1980. 1:20 万中华人民共和国地质图《夏子街幅》（ L-45-XV ）

新疆维吾尔自治区地质矿产局 . 1986. 1:20 万中华人民共和国地质图《塔克台、和布克赛尔幅》（ L-45-VII、VIII ）

熊小林，赵振华，白正华等 . 2001. 西天山阿吾拉勒埃达克质岩石成因 : Nd 和 Sr 同位素组成的限制 . 岩石学报，17(4)：514-522

熊小林，蔡志勇，牛贺才等 . 2005. 东天山晚古生代埃达克岩成因及铜金成矿意义 . 岩石学报，21(3)：967-976

徐新，何国琦，李华芹等 . 2006. 克拉玛依蛇绿混杂岩带的基本特征和锆石 SHRIMP 年龄信息 . 中国地质，

33(3): 470-475

鄢瑜宏, 申萍, 潘鸿迪等. 2014. 新疆西准噶尔宏远钼矿床和吐克吐克钼铜矿床流体包裹体特征及成矿时代. 地质科学, 49(1): 287-304

鄢瑜宏, 王军年, 申萍等. 2015. 新疆西准噶尔宏远钼矿地质特征与成矿流体. 岩石学报, 31(2): 491-504

杨富全, 毛景文, 闫升好等. 2008. 新疆阿尔泰蒙库同造山斜长花岗岩年代学、地球化学及其地质意义. 地质学报, 4: 485-499

杨高学, 李永军, 杨宝凯等. 2012. 西准噶尔巴尔雷克蛇绿混杂岩带中玄武岩地球化学特征及大地构造意义. 地质学报, 86(1): 188-197

杨高学, 李永军, 杨宝凯等. 2013. 西准噶尔玛依勒蛇绿混杂岩锆石 U-Pb 年代学、地球化学及源区特征. 岩石学报, 29(1): 303-316

杨建民, 张玉君, 陈薇等. 2003. ETM+(TM) 蚀变遥感异常技术方法在东天山戈壁地区的应用. 矿床地质, 22(3): 278-286

杨猛, 王居里, 王建其. 2015a. 新疆望峰金矿区成矿流体的 Si 同位素示踪研究及其成矿意义. 矿床地质, 34(2): 352-360

杨猛, 王居里, 王建其等. 2015b. 新疆西准噶尔地区晚石炭世洋内俯冲与成矿: 来自苏云河钼矿区 I # 含矿花岗岩体的证据. 岩石学报, 31(2): 523-533

杨志明, 侯增谦. 2009. 西藏驱龙超大型斑岩铜矿的成因: 流体包裹体及 H-O 同位素证据. 地质学报, 83(12): 1838-1859

杨志明, 侯增谦, 杨竹森等. 2012. 短波红外光谱技术在浅剥蚀斑岩铜矿区勘查中的应用——以西藏念村矿区为例. 矿床地质, 31(4): 699-717

姚佛军, 张玉君, 杨建民等. 2012. 利用 ASTER 提取德兴斑岩铜矿遥感蚀变分带信息. 矿床地质, 31(4): 881-890

尹意求, 陈大经, 安银昌等. 1996. 新疆萨吾尔山阔尔真阔腊浅成低温热液金矿床. 有色金属矿产与勘查, 5(5): 278-283

尹意求, 李嘉兴, 唐红松等. 2003. 新疆阔尔真阔腊金矿床中伴生钴的发现及其找矿地质意义. 矿产与地质, 17: 1-5

袁峰, 周涛发, 杨文平等. 2006a. 新疆萨吾尔地区两类花岗岩 Nd、Sr、Pb、O 同位素特征. 地质学报, 80(2): 264-272

袁峰, 周涛发, 谭绿贵等. 2006b. 西准噶尔萨吾尔地区 I 型花岗岩同位素精确定年及其意义. 岩石学报, 22(5): 1238-1248

袁峰, 李晓晖, 白晓宇等. 2009. 基于深层土壤数据的多维分形成矿异常识别研究——以铜陵矿集区 Cu 元素为例. 地学前缘, 4: 335-343

袁峰, 周涛发, 张达玉等. 2010. 东天山自然铜矿化带玄武岩的起源、演化及成岩构造背景. 岩石学报, 26(2): 533-546

袁峰, 周涛发, 邓宇峰等. 2015. 西准噶尔萨吾尔地区区域成矿规律. 岩石学报, 31(2): 388-400

翟裕生. 1999. 论成矿系统. 地学前缘, 1: 13-27

张弛, 黄萱. 1992. 新疆西准噶尔蛇绿岩形成时代和环境的探讨. 地质论评, 38: 509-524

张弛, 黄萱, 翟明国. 1995. 疆西准噶尔蛇绿岩地质特征及其形成构造环境和时代. 中国科学院地质研究所集刊, 8: 165-218

张达玉, 周涛发, 袁峰等. 2015. 西准噶尔萨吾尔地区早古生代火山岩的发现及其意义. 岩石学报, 31(2): 415-425

张德会. 1997a. 成矿流体中金属沉淀机制研究综述. 地质科技情报, 16(3): 53-58

张德会. 1997b. 流体的沸腾和混合在热液成矿中的意义. 地球科学进展, 12(6): 546-552

张东阳, 张招崇, 艾羽等. 2009. 西天山莱历斯高尔一带铜 (钼) 矿成矿斑岩年代学、地球化学及其意义. 岩石学报, 25(6): 1319-1331

张海祥, 牛贺才, Terada K 等. 2003. 新疆北部阿尔泰地区库尔提蛇绿岩中斜长花岗岩的 SHRIMP 年代学研究. 科学通报, 12: 1350-1354

张理刚, 陈振胜, 刘敬秀. 1995. 两阶段水 – 岩同位素交换理论及其勘察应用. 北京: 地质出版社

张立飞, 冼伟胜, 孙敏. 2004. 西准噶尔紫苏花岗岩成因岩石学研究. 新疆地质, 22: 36-42

张连昌, 万博, 焦学军等. 2006. 西准包古图含铜斑岩的埃达克岩特征及地质意义. 中国地质, 33: 626-631

张旗, 王焰, 钱青等. 2001. 中国东部燕山期埃达克岩的特征及其构造 – 成矿意义. 岩石学报, 17(2): 236-244

张旗, 王焰, 刘伟等. 2002. 埃达克岩的特征及其意义. 地质通报, 21: 431-435

张锐, 张云孝, 佟更生等. 2006. 新疆西准包古图地区斑岩铜矿找矿的重大突破及意义. 中国地质, 33(6): 1354-1360

张旗, 金惟俊, 李承东等. 2010. 再论花岗岩按照 Sr-Yb 的分类和标志. 岩石学报, 26: 985-1015

张若飞, 袁峰, 周涛发等. 2015. 西准噶尔塔尔巴哈台 – 谢米斯台地区火山岩热液型铜矿床 (点) 地质及含矿火山岩年代学、地球化学特征. 岩石学报, 31(8): 2259-2276

张玉君, 曾朝铭, 陈薇. 2003. ETM$^\wedge$+(TM) 蚀变遥感异常提取方法研究与应用——方法选择和技术流程. 国土资源遥感, 2: 44-49

张元元, 郭召杰. 2010. 准噶尔北部蛇绿岩形成时限新证据及其东、西准噶尔蛇绿岩的对比研究. 岩石学报, 26: 421-430

张招崇, 闫升好, 陈柏林等. 2006. 新疆东准噶尔北部俯冲花岗岩的 SHRIMP U-Pb 锆石定年. 科学通报, 13: 1565-1574

张志欣, 杨富全, 闫升好等. 2010. 新疆包古图斑岩铜矿床成矿流体及成矿物质来源——来自硫、氢和氧同位素证据. 岩石学报, 26: 707-716

张志欣, 杨富全, 柴凤梅等. 2011. 阿尔泰南缘乌吐布拉克铁矿区花岗质岩石年代学及成因. 地质论评, 57(3): 350-365

张志欣, 杨富全, 李超等. 2012. 新疆准噶尔北缘乔夏哈拉铁铜金矿床成岩成矿时代. 矿床地质, 31(2): 347-358

赵磊, 何国琦, 朱亚兵. 2013. 新疆西准噶尔北部谢米斯台山南坡蛇绿岩带的发现及其意义. 地质通报, 1: 195-205

赵鹏大. 2004. 定量地学方法及应用. 北京：高等教育出版社，1-464

赵晓健. 2012. 新疆吐尔库班套镁铁质 – 超镁铁质岩体地球化学特征及成矿潜力分析. 长安大学硕士论文，1-68

赵战锋，薛春纪，张立武等. 2009. 新疆青河玉勒肯哈腊苏铜矿区酸性岩锆石 U-Pb 法定年及其地质意义. 矿床地质，4: 425-433

中国地质大学（武汉）地质调查研究院. 2013a. 1:25 万克拉玛依市幅（L45C003001）

中国地质大学（武汉）地质调查研究院. 2013b. 1:25 万铁厂沟幅（L45C002001）

钟军，陈衍景，陈静等. 2011. 福建省紫金山矿田罗卜岭斑岩型铜钼矿床流体包裹体研究. 岩石学报，27(5): 1410-1424

钟世华，申萍，潘鸿迪等. 2015. 新疆西准噶尔苏云河钼矿床成矿流体和成矿时代. 岩石学报，2: 449-464

周刚. 2000. 吉木乃县塔斯特岩体地质地球化学特征及含矿性评价. 新疆地质，18(1): 79-84

周涛发，袁峰，范裕等. 2006a. 西准噶尔萨吾尔地区 A 型花岗岩的地球动力学意义：来自岩石地球化学和锆石 SHRIMP 定年的证据. 中国科学 D 辑，36(1): 39-48

周涛发，袁峰，谭绿贵等. 2006b. 新疆萨吾尔地区晚古生代岩浆作用的时限、地球化学特征及地球动力学背景. 岩石学报，22(5): 1225-1237

周涛发，袁峰，杨文平等. 2006c. 西准噶尔萨吾尔地区二叠纪火山活动规律. 中国地质，33(3): 553-558

周涛发，袁峰，张达玉等. 2015. 新疆西准噶尔塔北地区晚古生代中酸性侵入岩的成因分析. 岩石学报，31(2): 351-370

朱炳泉，常向阳，胡耀国等. 2002. 滇—黔边境鲁甸沿河铜矿床的发现与峨眉山大火成岩省找矿新思路. 地球科学进展，17(6): 912-917

朱永峰. 2012. 矿床地球化学导论. 北京：北京大学出版社

朱永峰，徐新. 2006. 新疆塔尔巴哈台发现早奥陶世蛇绿混杂岩. 岩石学报，22(12): 2833-2842

朱永峰，徐新. 2007. 准噶尔白碱滩二辉橄榄岩中两种辉石的出溶结构及其地质意义. 岩石学报，23(5): 1075-1086

朱永峰，王涛，徐新. 2007. 新疆及邻区地质与矿产研究进展. 岩石学报，23(8): 1785-1794

朱永峰，徐新，陈博等. 2008. 准噶尔蛇绿混杂岩中的白云母大理岩和石榴角闪岩：早古生代残余洋壳深俯冲的证据. 岩石学报，24(12): 2676-2777

朱永峰，徐新，罗照华等. 2014. 中亚成矿域核心区地质演化与成矿作用. 北京：地质出版社

纵瑞文，龚一鸣，王国灿. 2014. 石炭纪地层层序及古地理演化. 地学前缘，2: 216-233

Andersen T, Griffin W L. 2004. Lu-Hf and U-Pb isotope systematics of zircons from the Storgangen intrusion, Rogaland intrusive complex, SW Norway: Implications for the composition and evolution of Precambrian lower crust in the Baltic Shield. Lithos, 73: 271-288

Atherton M P, Petford N. 1993. Generation of sodium-rich magmas from newly underplated basaltic crust. Nature, 362(6416):144-146

Audétat A. 2010. Source and evolution of molybdenum in the porphyry Mo(-Nb) deposit at Cave Peak, Texas. Journal of Petrology, 51: 1739-1760

Bachinski D J. 1969. Bond strength and sulfur isotopic fractionation in coexisting sulfides. Economic Geology, 64: 56-65

Barnes H L. 1979. Solubilities of ore minerals. Geochemistry of Hydrothermal Ore Deposits, 404-460

Bodnar R J. 1983. A method of calculating fluid inclusion volumes based on vapor bubble diameters and p-v-t-x properties of inclusion fluids. Economic Geology, 78(3): 535-542

Bourcier W L, Barnes H L. 1987. Ore solution chemistry；VII, Stabilities of chloride and bisulfide complexes of zinc to 350℃. Economic Geology, 82(7): 1839-1863

Bouzari F, Clark A H. 2006. Prograde evolution and geothermal affinities of a major porphyry copper deposit: the Cerro Colorado Hypogene Protore, I Region, northern Chile. Economic Geology, 101(1): 95-134

Boynton W V. 1984. Cosmochemistry of the rare earth elements, meteorite studies. In: Henderson P ed. Rare Earth Element Geochemistry. —Reviews in Mineralogy and Geochemistry 21. Amsterdam: Elsevier Science Publication Company, 63-114

Cabanis B, Lecolle M. 1989. La diagramme La/10-Y/15-Nb/8，Un outil pour la discrimination des series volcaniques et la mise enevidence des processes de melange et /ou de contamination crustale. Comptes Rendus de l Academie des Sciences Serie II，309 (20) : 2023-2029

Candela P A. 1989. Felsic magmas, volatiles, and metallogenesis. In: Whitney J A, Naldrett A J, eds. Ore deposition associated with magmas. Rev Econ Geol, 4: 223-233

Cao C, Shen P, Li C H, et al. 2016. Fluid inclusions and C-H-O-S isotope systematics of early Permian porphyry Mo mineralization of the West Junggar region, NW China: the Suyunhe example. International Geology Review, DOI: 10.1080/00206814.2016.1259082

Chang Z S, Hedenquist J W, White N C, et al. 2011. Exploration tools for linked porphyry and epithermal deposits: Example from the Mankayan intrusion-centered Cu-Au district, Luzon, Philippines. Economic Geology, 106(8): 1365-1398

Chen B, Jahn B M. 2004. Genesis of post-collisional granitoids and basement nature of the Junggar Terrane, NW China: Nd-Sr isotope and trace element evidence. Journal of Asian Earth Sciences, 23: 691-703

Chen J F, Han B F, Jia J Q, et al. 2010. Zircon U-Pb ages and tectonic implications of Paleozoic plutons in northern West Junggar, North Xinjiang, China. Lithos, 115: 137-152

Chen X H, Qu W J, Han S Q, et al. 2010. Re-Os geochronology of Cu and W-Mo deposits in the Balkhash metallogenic belt, Kazakhstan and its geological significance. Geosci Front, 1(1):115-124

Chen X H, Seitmuratova E, Wang Z H, et al. 2014. SHRIMP U-Pb and Ar-Ar geochronology of major porphyry and skarn Cu deposits in the Balkhash metallogenic belt, Central Asia, and geological implications. Journal of Asian Earth Sciences, 79: 723-740

Chen Y, Li C, Zhang J, et al. 2000. Sr and O isotopic characteristics of porphyries in the Qinling molybdenum deposit belt and their implication to genetic mechanism and type. Science in China Series D: Earth Sciences, 43(1): 82-94

Cheng Q M. 1999. Multifractality and spatial statistics. Computers and Geosciences, 25: 949-961

Cheng Q, Agterberg F P, Ballantyne S B. 1994. The separation of geochemical anomalies from background by fractal methods. Journal of Geochemical Exploration, 51(2): 109-130

Cheng Y B, Mao J W. 2010. Age and geochemistry of granites in Gejiu area, Yunnan province, SW China: Constraints on their petrogenesis and tectonic setting. Lithos, 120: 258-276

Chou I M. 1987. Oxygen buffer and hydrogen sensor techniques at elevated pressures and temperatures. In: Ulmer G C, Barnes H L (eds). Hydrothermal Experimental Techniques. Chichester: John Wiley, 61-99

Choulet F, Faure M, Cluzel D, et al. 2012. From oblique accretion to transpression in the evolution of the Altaid collage: New insights from West Junggar, northwestern China. Gondwana Research, 21(2): 530-547

Cinti D, Procesi M, Tassi F, et al. 2011. Fluid geochemistry and geothermometry in the western sector of the Sabatini Volcanic District and the Tolfa Mountains (Central Italy). Chemical Geology, 284(1): 160-181

Clayton R N, O'Neil J L, Mayeda T K. 1972. Oxygen isotope exchange between quartz and water. Journal of Geophysical Research, 77: 3057-3067

Cline J S, Bodnar R J. 1991. Can economic porphyry copper mineralization be generated by a typical calc-alkaline melt? Journal of Geophysical Research Solid Earth, 96(B5): 8113-8126

Cline J S, Bodnar R J. 1994. Direct evolution of brine from a crystallizing silicic melt at the Questa New Mexico, Molybdenum Deposit. Economic Geology, 89(8): 1780-1802

Cloke P L, Kesler S E. 1979. The halite trend in hydrothermal solutions. Economic Geology, 74: 1823-1831

Collins W J, Beams S D, White A J K. 1982.Nature and origin of A type granites with particular reference to southeastern Australia. Contributions to Mineralogy and Petrology, 80: 189-200

Cooke D R, Hollings P, Walshe J L. 2005. Giant Porphyry Deposits: Characteristics, Distribution, and Tectonic Controls.Economic Geology, 100: 801-818

Defant M J, Drummond M S. 1990. Drivation of some modern arc magmas by melting of young subducted lithosphere. Nature, 347(6294):662-665

Defant M J, Drummond M S. 1993. Mount St. Helens: Potential example of the partial melting of the subducted lithosphere in a volcanic arc. Geology, 21(6):547-550

Defant M J, Xu J F, Kepezhinskas P, et al. 2002. Adakites: Some variations on a theme. Acta Petrologica Sinica, 18(2):129-142.

Deng Y F, Yuan F, Zhou T, et al. 2015a. Zircon U-Pb geochronology, geochemistry, and Sr-Nd isotopes of the Ural-Alaskan type Tuerkubantao mafic-ultramafic intrusion in southern Altai orogen, China: petrogenesis and tectonic implications. Journal of Asian Earth Sciences, 113: 36-50

Deng Y F, Yuan F, Zhou T F, et al. 2015b. Geochemical characteristics and tectonic setting of the Tuerkubantao mafic-ultramafic intrusion in West Junggar, Xinjiang, China. Geoscience Frontiers, 6: 141-152

Driesner T, Heinrich C A. 2007. The system H_2O-NaCl. Part I. Correlation formulae for phase relations in temperature-pressure-composition space from 0 to 1000℃, 0 to 5000 bar, and 0 to 1 XNaCl. Geochimica et Cosmochimica Acta, 71: 4880-4901

Eric A, Middlmost K. 1994. Naming materials in the magma/igneous rock system. Earth Science Review, 37:

215-224

Faure G. 1986. Principles of Isotope Geology, 2nd ed. New York: Wiley, 1387-1395

Feeley T C, Hacker M D. 1995. Intracrustal Derivation of Na-Rich Andesitic and Dacitic Magmas: An Example from Volcán Ollagüe, Andean Central Volcanic Zone. Journal of Geology, 103(2):213-225

Fiebig J, Chiodini G, Caliro S, et al. 2004. Chemical and isotopic equilibrium between CO_2 and CH_4 in fumarolic gas discharges: generation of CH_4 in arc magmatic-hydrothermal systems. Geochimica et Cosmochimica Acta, 68(10): 2321-2334

Fiebig J, Woodland A B, D'Alessandro W, et al. 2009. Excess methane in continental hydrothermal emissions is abiogenic. Geology, 37(6): 495-498

Fiebig J, Woodland A B, Spangenberg J, et al. 2007. Natural evidence for rapid abiogenic hydrothermal generation of CH_4. Geochimica Et Cosmochimica Acta, 71(12): 3028-3039

Fu B, Mernagh T P, Fairmaid A M, et al. 2014. CH_4-N_2 in the Maldon gold deposit, central Victoria, Australia. Ore Geology Reviews, 58: 225-237

Galer S J. 1989. Limits on chemical and convective isolation in the Earth's interior. Chemical Geology, 75: 257-290

Gammons C H, Barnes H L. 1989. The solubility of Ag_2S in near-neutral aqueous sulfide solutions at 25 to 300℃. Geochimica Et Cosmochimica Acta, 53(2): 279-290

Gao J, Klemd R, Qian Q, et al. 2011. The collision between the Yili and Tarim blocks of the Southwestern Altaids: geochemical and age constraints of a leucogranite dike crosscutting the HP-LT metamorphic belt in the Chinese Tianshan Orogen. Tectonophysics, 499: 118-131

Gautheron C, Moreira M. 2002. Helium signature of the subcontinental lithospheric mantle. Earth and Planetary Science Letters, 199(1): 39-47

Gemmell J B, Large R R. 1992. Stringer system and alteration zones underlying the Hellyer volcanogenic massive sulfide deposit, Tasmania, Australia. Economic Geology, 1992, 87(3): 620-649

Geng H Y, Sun M, Yuan C, et al. 2009. Geochemical, Sr-Nd and zircon U-Pb-Hf isotopic studies of Late Carboniferous magmatism in the West Junggar, Xinjiang: Implications for ridge subduction? Chemical Geology, 266: 364-389

Giggenbach W F. 1995. Variations in the chemical and isotopic composition of fluids discharged from the Taupo Volcanic Zone, New Zealand. Journal of Volcanology and Geothermal Research, 68: 89-116

Giggenbach W F. 1997. Relative importance of thermodynamic and kinetic processes in governing the chemical and isotopic composition of carbon gases in high-heatflow sedimentary systems. Geochim Cosmochim Acta, 61: 3763-3785

Goldfarb R J, Snee L W, Miller L D, et al. 1991. Rapid dewatering of the crust deduced from ages of mesothermal gold deposits. Nature, 1991, 354(6351): 296-298

Goldfarb R J, Baker T, Dube B, et al. 2005. Distribution, character, and genesis of gold deposits in metamorphic terranes. Economic Geology 100th anniversary volume, 40

Gray D R, Gregory R T, Durney D W. 1991. Rock-buffered fluid - rock interaction in deformed quartz - rich turbidite sequences, eastern Australia. Journal of Geophysical Research: Solid Earth, 1991, 96(B12): 19681-19704

Green T H, Ringwood A E. 1968. Genesis of the calc-alkaline igneous rock suite. Contributions to Mineralogy and Petrology, 18(2):307-316

Groves D I, Goldfarb R J, Gebre-Mariam M, et al. 1998. Orogenic gold deposits: a proposed classification in the context of their crustal distribution and relationship to other gold deposit types. Ore geology reviews, 1998, 13(1): 7-27

Hall D L, Sterner S M, Bodnar R J. 1988. Freezing point depression of NaCl-KCl-H_2O. Economic Geology, 83(1): 197-202

Han B F, He G Q, Wang X C, et al. 2011. Late Carboniferous collision between the Tarim and Kazakhstan-Yili terranes in the western segment of the South Tian Shan Orogen, Central Asia, and implications for the Northern Xinjiang, western China. Earth-Science Reviews, 109: 74-93

Han B F, Wang S G, Jahn B M, et al. 1997. Depleted-mantle source for the Ulungur River A-type granites from North Xinjiang, China: geochemistry and Nd-Sr isotopic evidence, and implications for Phanerozoic crustal growth. Chemical Geology, 138: 135-159

Han C M, Xiao W J, Zhao G C, et al. 2006. Geological characteristics and genesis of the Tuwu porphyry copper deposit, Hami, Xinjiang, Central Asia. Ore Geology Reviews, 29: 77-94

Hastie A R, Kerr A C, Pearce J A, et al. 2007. Classification of altered volcanic island arc rocks using immobile trace elements: development of the Th–Co discrimination diagram. Journal of Petrology, 2007, 48(12): 2341-2357

Hedenquist J W, Arribas A, Reynolds T J. 1998. Evolution of an intrusion-centered hydrothermal system: Far Southeast-Lepanto porphyry and epithermal Cu-Au deposits, Philippines. Economic Geology, 93: 373-404

Heinhorst J, Lehmann B, Ermolov P, et al. 2000. Paleozoic crustal growth and metallogeny of Central Asia: evidence from magmatic-hydrothermal ore systems of Central Kazakhstan. Tectonophysics, 328(1): 69-87

Heinrich C A. 2005. The physical and chemical evolution of low-salinity magmatic fluids at the porphyry to epithermal transition: a thermodynamic study. Mineralium Deposita, 39: 864-889

Henderson P, Wood R J. 1984. Reaction relationship of chrome-spinel in igneous rocks-further evidence from the layered intrusions of Rhum and Mull, Inner Hebrides, Scotland. Contributions to Mineralogy and Petrology, 78: 225-229

Hezarkhani A, Williamsjones A E, Gammons C H. 1999. Factors controlling copper solubility and chalcopyrite deposition in the sungun porphyry copper deposit, Iran. Broncho-pneumologie, 27(5): 291-300

Hoefs J. 1997. Stable Isotope Geochemistry, 4th ed. Berlin: Springer, 201

Horita J, Berndt M E. 1999. Abiogenic methane formation and isotopic fractionation under hydrothermal conditions. Science, 285: 1055-1057

Hu A Q, Jahn B M, Zhang Y. 2000. Crustal evolution and Phanerozoic crustal growth in northernXinjiang: Nd isotopic evidence. Part I. Isotopic characterization of basement rocks. Tectonophysics, 328: 15-52

Imai A. 2004. Variation of C_1 and SO_3 contents of microphenocrystic apatite in intermediate to silicic igneous rocks of Cenozoic Japanese island arcs: Implications for porphyry Cu metallogenesis in the Western Pacific Island arcs. Resource Geology, 54(3):357-372

Jahn B M, Wu F Y, Chen B. 2000a. Granitoids of the Central Asian Orogenic Belt and continental growth in the Phanerozoic. Earth & Environmental Science Transaction of the Royal Society of Edinburgh, 91: 181-193

Jahn B M, Wu F Y, Chen B. 2000b. Massive granitoid generation in Central Asia: Nd isotope evidence and implication for continental growth in the Phanerozoic. Episodes, 23: 82-92

Jenden P D, Hilton D R, Kaplan I R, et al. 1993. Abiogenic hydrocarbons and mantle helium in oil and gas fields. In Howell D G(ed). The future of energy gases—USGS Professional Paper 1570: United States Geological Survey, Washington, DC, 57-82

Jian P. Li D Y, Shi Y R, et al. 2005.SHRIMP dating of SSZ ophiolites from northern Xinjiang Province, China: implications for generation of oceanic crust in the Central Asian Orogenic Belt. In: Sklyarov E V (ed.). Structural and tectonic correlation across the Central Asia orogenic collage: north-eastern segment. Guidebook and Abstract Volume of the Siberian Workshop IGCP-480, 1-246

Johnson M C, Plank T. 1999. Dehydration and melting experiments constrain the fate of subducted sediments. Geochemistry Geophysics Geosystems, 1(12):597-597

Kepezhinskas P, Defant M J, Drummond M S. 1996. Progressive enrichment of island arc mantle by melt-peridotite interaction inferred from Kamchatka xenoliths. Geochimica et Cosmochimica Acta, 1996, 60(7): 1217-1229

Kerrich R, Feng R. 1992. Archean geodynamics and the Abitibi-Pontiac collision: implications for advection of fluids at transpressive collisional boundaries and the origin of giant quartz vein systems. Earth-Science Reviews,32(1-2): 33-60

Kerrich R, Goldfarb R, Groves D I, et al. 2000. The geodynamics of world-class gold deposits: characteristics, space-time distribution, and origins. Society of Economic Geologists Reviews in Economic Geology, 13: 501-551

Khromykh B F. 1986.Vendian-Paleozoic Evolution and Metallogeny of the Boshchekul Ore District. Izv Akad Nauk Kaz SSR Ser Geol, 6: 20-34

Kilinc I A, Burnham C W, Kilinc I A, et al. 1972. Partitioning of Chloride Between a Silicate Melt and Coexisting Aqueous Phase from 2 to 8 Kilobars. Economic Geology, 67(2):231-235

Klemm L M, Pettke T, Heinrich C A. 2008. Fluid and source magma evolution of the Questa porphyry Mo deposit, New Mexico, USA. Mineralium Deposita, 43(5):533-552

Konishi K, Kawai K, Geller R J, et al. 2009. MORB in the lowermost mantle beneath the western Pacific: evidence from waveform inversion. Earth and Planetary Science Letters, 278: 219-225

Kudrin A V. 1989. Behavior of Mo in aqueous NaCl and KCl solutions at 300-450℃. Geochemistry International, 26(8): 87-99

Kudryavtsev Y K. 1996. The Cu-Mo Deposits of Central Kazakhstan. In: Shatov V, Seltmann R, Kremenetsky A, et al. (eds.). Granite-Related Ore Deposits of Central Kazakhstan and Adjacent Areas. St. Petersburg: Glagol Publishing House: 119-144

Lassiter J C, DePaolo D J. 1997. Plumes/lithosphere interaction in the generation of continental and oceanic flood basalts: chemical and isotope constraints. In: Maboney J (ed.). Large Igneous Provinces: Continental, Oceanic and Planetary Flood Volcanism. Geophysical Monagraph 100, American Geophysical Union, 335-355

Le Bas M J. 1962. The role of aluminium in igneous clinopyroxenes with relation to their parentage. American Journal of Science, 260(4):267-288

Li C H, Shen P, Pan H D, et al. 2016. Carboniferous porphyry Cu(-Au) mineralization of the West Junggar region, NW China: the Shiwu example. International Geology Review, DOI: 10.1080/00206814.2016.1253037

Liang H Y, Sun W, Su W C, et al. 2009. Porphyry copper-gold mineralization at Yulong, China, promoted by decreasing redox potential during magnetite alteration. Economic Geology, 104: 587-596

Loiselle M C, Wones D R. 1979. Characteristics and origin of anorogenic granites. Geological Society of America Abstracts with Programs, 11(7): 468

Loucks R R. 1990. Discrimination of ophiolitic from nonophiolitic ultramafic-mafic allochthons in orogenic belts by the Al/Ti ratio in clinopyroxene. Geology, 18(4):346-349

Ludwig K R. 2001. Users manual for Isoplot/Ex rev. 2.49. Berkeley Geochronology Centre Special Publication. No.1a, 56

Mandelbrot B B. 1972. Possible refinement of the lognormal hypothesis concerning the distribution of energy dissipation in intermittent turbulence. In: Rosenblatt M Van Atta C(ed.). Statistical Models and Turbulence, Lecture Notes in Physics, Springer, New York, 12: 333-351

Mandelbrot B B. 1974. Intermittent turbulence in self-similar ascades: divergence of high moments and dimension of the carrier. Journal of Fluid Mechanics, 62: 331-358

Maniar P D, Piccoli P M. 1989. Tectonic discrimination of granitoids. Geological Society of America Bulletin, 101: 615-643

Marks M, Vennemann T, Siebel W, et al. 2003. Quantification of magmatic and hydrothermal processes in a peralkaline syenite-alkali granite complex based on textures, phase equilibria, and stable and radiogenic isotopes. Journal of Petrology, 44: 1247-1280

Martin H, Smithies R H, Rapp R, et al. 2005. An overview of adakite, tonalite–trondhjemite–granodiorite (TTG), and sanukitoid: relationships and some implications for crustal evolution. Lithos,79(1): 1-24

Martin H. 1987. Petrogenesis of Archaean trondhjemites, tonalites, and granodiorites from eastern Finland: major and trace element geochemistry. Journal of Petrology, 28(5): 921-953

Mckenzie D, O'Nions K. 1991. Partial melt distributions from inversion of rare earth element concentrations. J Petrol, 32: 1021-1091

Meschede M. 1986. A method of discriminating between different types of mid-ocean ridge basalts and continental tholeiites with the Nb-Zr-Y diagram.Chemical Geology, 56(3-4): 207-218

Mullen E D. 1983. MnO/TiO$_2$/P$_2$O$_5$: a minor element discriminant for basaltic rocks of oceanic environments and its implications for petrogenesis. Earth and Planetary Science Letters, 62(1): 53-62

Mungall J E. 2002. Roasting the mantle: Slab melting and the genesis of major Au and Au-rich Cu deposits. Geology, 30: 915-918

Müller D, Kaminski K, Uhlig S, et al. 2002.The transition from porphyry- to epithermal-style gold mineralization at Ladolam, Lihir Island, Papua New Guinea: a reconnaissance study. Mineralium Deposita, 37(1): 61-74

Ohmoto H, Rye R. 1979. Isotopes of sulfur and carbon. Geochemistry of Hydrothermal Ore Deposits, 509-567

Pass H E, Cooke D R, Davidson G, et al. 2014. Isotope geochemistry of the Northeast zone, Mount Polley alkalic Cu-Au-Ag porphyry deposit, British Columbia: A case for carbonate assimilation. Economic Geology, 109: 859-890

Pearce J A, Harris N B W, Tindle A G. 1984. Trace Element Discrimination Diagrams for the Tectonic Interpretation of Granitic Rocks. Journal of Petrology, 25: 956-983

Pearce J A, Peate D W. 1995.Tectonic Implications of the Composition of Volcanic Arc Magmas. Annual Review of Earth & Planetary Sciences, 23: 251-285

Pearce J A. 1982. Trace elements characteristics of lavas from destructive plate boundaries. In: Thorpe R S (e.d) .Andesites: orogenic andesites and relatedrocks. Wiley, New York: 525-548

Pettke T, Oberli F, Heinrich C A. 2010. The magma and metal source of giant porphyry-type ore deposits, based on lead isotope microanalysis of individual fluid inclusions. Earth and Planetary Science Letters, 296: 267-277

Pirajno F. 2009. Hydrothermal processes and mineral systems: Geological Survey of Western Australia. Springer, 1250

Pirajno F. 2010. Intracontinental strike-slip faults, associated magmatism, mineral systems and mantle dynamics: examples from NW china and Altay-Sayan (siberia). Journal of Geodynamics, 50: 325-346

Poldervaart A, Hess H H. 1951. Pyroxenes in the Crystallization of Basaltic Magma. Journal of Geology, 59(5):472-489

Rapp R P, Watson E B.1995. Dehydration melting of metabasalt at 8–32 kbar: implications for continental growth and crust-mantle recycling. Journal of Petrology, 36(4): 891-931

Richards J P. 1992. Magmatic-epithermal transitions in alkalic systems: Porgera gold deposit, Papua New Guinea. Geology, 20: 547-550

Richet P, Bottinga Y, Janoy M.1977. A review of hydrogen, carbon, nitrogen, oxygen, sulphur, and chlorine stable isotope enrichment among gaseous molecules. Annual Review of Earth and Planetary Sciences, 1977, 5: 65-110

Ridley J R, Diamond L W. 2000. Fluid chemistry of lode-gold deposits, and implications for genetic models. In: Hagemann S G, Brown P(eds.). Gold in 2000. Reviews in Economic Geology. Society of Economic Geologists, Inc., 141-162

Rowins S M. 2000. Reduced porphyry copper-gold deposits: A new variation on an old theme. Geology, 28: 491-494

Rusk B G, Reed M H, Dilles J H. 2008. Fluid inclusion evidence for magmatic-hydrothermal fluid evolution in the porphyry copper-molybdenum deposit at Butte, Montana. Economic Geology, 103: 307-334

Said N, Kerrich R. 2009. Geochemistry of coexisting depleted and enriched Paringa Basalts, in the 2.7 Ga Kalgoorlie Terrane, Yilgarn Craton, Western Australia: Evidence for a heterogeneous mantle plume event. Precambrian Research, 174: 287-309

Sakai H. 1968. Isotopic properties of sulfur compounds in hydrothermal processes: Geochemical Journal, 2: 29-49

Sano Y, Marty B, Burnard P. 2013. Noble Gases in the Atmosphere. In: Burnard P(ed.). The Noble Gases as Geochemical Tracers. Springer, Heidelberg, 17-32

Saunders A D, Tarney J, Kerr A C, et al. 1996. The formation and fate of Large Igneous Provinces. Lithos, 37: 81-95

Schidlowski M. 1998. Beginning of terrestrial life: problems of the early record and implications for extraterrestrial scenarios. Inst Methods Missions Astrobiol SPIE, 3441: 149-157

Schoell M. 1988. Multiple origins of methane in the Earth. Chemical Geology, 71: 1-10

Seal R R. 2006. Sulfur isotope geochemistry of sulfide minerals. Reviews in mineralogy and geochemistry, 61: 633-677

Seedorff E, Dilles J H, Proffett J R, et al. 2005. Porphyry deposits: Characteristics and origin of hypogene features. Economic Geology, 100: 251-298

Seltmann R T, Porter M, Pirajno F. 2014. Geodynamics and metallogeny of the central Eurasian porphyry and related epithermal mineral systems: A review. Journal of Asian Earth Sciences, 79: 810-841

Sengör A M C, Natal'in B A, Burtman V S. 1993. Evolution of the Altaid tectonic collage and Paleozoic crustal growth in Asia. Nature, 364: 299-307

Shen P, Shen Y C, Zeng Q D, et al. 2005. ^{40}Ar-^{39}Ar age and geological significance of the Sawuer gold belt in northern Xinjiang. China. Acta Geologica Sinica, 79(2): 276-285

Shen P, Shen Y C, Liu T B, et al. 2007. Genesis of volcanic-hosted gold deposits in the Sawur gold belt, northern Xinjiang, China: evidence from REE, stable isotopes, and noble gas isotopes. Ore Geology Review, 32: 207-226

Shen P, Shen Y C, Liu T B, et al. 2008a. Geology and geochemistry of the Early Carboniferous Eastern Sawur caldera complex and associated gold epithermal mineralization, Sawur Mountains, Xinjiang, China. Journal of Asian Earth Sciences, 32: 259-279

Shen P, Shen Y C, Liu T B, et al. 2008b.Prediction of hidden ore bodies by integrated geology, source of fluids and Stratagem EH4 geophysical survey in Kuoerzhenkuola gold deposit in Xinjiang, China. Resource Geology. 58(1): 52-71

Shen P, Shen Y C, Liu T B, et al. 2008c. Prediction of hidden Au and Cu-Ni ores from depleted mines in Northwestern China: four case studies of integrated geological and geophysical investigations. Mineralium Deposita, 43: 499-517

Shen P, Shen Y C, Liu T B, et al. 2009. Geochemical signature of porphyries in the Baogutu porphyry copper belt, western Junggar, NW China.Gondwana Research, 16: 227-242

Shen P, Shen Y C, Pan H D, et al. 2010a. Baogutu Porphyry Cu-Mo-Au Deposit, West Junggar, Northwest China: Petrology, Alteration, and Mineralization. Economic Geology, 105: 947-970

Shen P, Shen Y C, Wang J B, et al. 2010b. Methane-rich fluid evolution of the Baogutu porphyry Cu-Mo-Au deposit, Xinjiang, NW China. Chemical Geology, 275: 78-98

Shen P, Shen Y C, Li X H, et al. 2012a. Northwestern Junggar Basin, Xiemisitai Mountains, China: A geochemical and geochronological approach. Lithos, 140-141: 103-118

Shen P, Shen Y C, Pan H D, et al. 2012b. Geochronology and isotope geochemistry of the Baogutu porphyry copper deposit in the West Junggar region, Xinjiang, China. Journal of Asian Earth Sciences, 49: 99-115

Shen P, Pan H D. 2013. Country-rock contamination of magmas associated with the Baogutu porphyry Cu deposit, Xinjiang, China. Lithos, 177: 451-469

Shen P, Xiao W J, Pan H D, et al. 2013a. Petrogenesis and tectonic settings of the Late Carboniferous Jiamantieliek and Baogutu ore-bearing porphyry intrusions in the southern West Junggar, NW China. Journal of Asian Earth Sciences, 75: 158-173

Shen P, Pan H D, Xiao W J, et al. 2013b. Two Geodynamic-metallogenic events in the Balkhash (Kazakhstan) and the West Junggar (China): Carboniferous porphyry Cu and Permian greisen W-Mo mineralization. International Geology Review, 55(13): 1660-1687

Shen P, Pan H D, Xiao W J, et al. 2013c. Early Carboniferous intra-oceanic arc and back-arc basin system in the West Junggar, NW China. International Geology Review, 55(16): 1991-2007

Shen P, Pan H D, Xiao W J, et al. 2014. An Ordovician intra-oceanic subduction system influenced by ridge subduction in the West Junggar, Northwest China. International Geology Review, 56(2): 206-223

Shen P, Pan H D. 2015. Methane origin and oxygen-fugacity evolution of the Baogutu reduced porphyry Cu deposit in the West Junggar terrain, China.Mineralium Deposita, 8: 967-986

Shen P, Pan H D, Shen Y C, et al. 2015a. Main deposit styles and associated tectonics of the West Junggar region, NW China. Geoscience Frontiers, 6: 175-190

Shen P, Pan H D, Seitmuratova E, et al. 2015b. A Cambrian intra-oceanic subduction system in theBozshakol area, Kazakhstan. Lithos, 224-225: 61-77

Shen P, Hattori K, Pan H D, et al. 2015c. Oxidation Condition and Metal Fertility of Granitic Magmas: Zircon Trace-Element Data from Porphyry Cu Deposits in the Central Asian Orogenic Belt. Economic Geology, 110: 1861-1878

Shen P, Pan H D, Zhu H P. 2016a. Two fluid sources and genetic implications for the Hatu gold deposit, Xinjiang, China. Ore Geology Reviews, 73: 398-312

Shen P, Pan H, Seitmuratova E, et al. 2016b. U-Pb zircon, geochemical and Sr-Nd-Hf-O isotopic constraints on age and origin of the ore-bearing intrusions from the Nurkazgan porphyry Cu-Au deposit in Kazakhstan. Journal of Asian Earth Sciences, 116: 232-248

Shen P, Pan H D, Cao C, et al. 2017. The formation of the Suyunhe large porphyry Mo deposit in the West Junggar terrain, NW China: Zircon U-Pb age, geochemistry and Sr-Nd-Hf isotopic results. Ore Geology Review, 46: 369-376

Sheppard S M F. 1986. Characterization and isotopic variations in natural waters. Reviews in Mineralogy & Geochemistry, 16(3):165-183

Sillitoe R H. 1997. Characteristics and controls of the largest porphyry copper-gold and epithermal gold deposits in the circum-Pacific region. Australian Journal of Earth Sciences, 44(3): 373-388

Sinclair W D. 2007. Porphyry deposits. Mineral deposits of Canada: A synthesis of major deposit-types, district metallogeny, the evolution of geological provinces, and exploration methods. Geological Association of Canada, Mineral Deposits Division, Special Publication, 5: 223-243

Sinclair W D. 1995. Porphyry Mo (Low-F-Type). In: Lefebure D V, Ray G E (eds.). Selected British Columbia Mineral Deposit ProfilesMetallics and Coal Vol. volume 1. British Columbia Ministry of Energy of Employment and Investment, Open Files 1995-20, 93-96

Spycher N F, Reed M H. 1989. Evolution of a broadlands-type epithermal ore fluid along alternative pt paths: implications for the transport and deposition of base, precious, and volatile metals. Economic Geology, 84(2): 328-359

Steele-MacInnis M, Lecumberri-Sanchez P, Bodnar R J. 2012. Hokie Flincs_H_2O-NaCl: A Microsoft Excel spreadsheet for interpreting microthermometric data from fluid inclusions based on the *PVTX* properties of H_2O-NaCl. Computers & Geosciences, 49: 334-337

Sterner S M, Hall D L, Bodnar R J. 1988. Synthetic fluid inclusions. V: Solubility relations in the system NaCl-KCl-H_2O under vapor-saturated conditions. Geochimicaet Cosmochimica Acta, 52: 989-1005

Stuart F M, Lass-Evans S, Fitton J G, et al. 2003. High $^3He/^4He$ ratios in picritic basalts from Baffin Island and the role of a mixed reservoir in mantle plumes. Nature, 424(6944): 57-59

Su Y P, Tang H F, Hou G S, et al. 2006. Geochemistry of aluminous A-type granites along Darabut tectonic belt in West Junggar, Xinjiang. Geochimica, 35(1): 55-67

Sun S S, McDonough W F. 1989. Chemical and isotopic systematic of oceanic basalts: implications for mantle composition and processes. In: Saunders A D, Norry M J (eds.). Magmatism in the Ocean Basins. Geological Society Special Publication, 313-345

Sylvester P J, Campbell I H, Bowyer D A. 1997. Niobium/uranium evidence for early formation of the continental crust. Science, 275: 521-523

Taylor S R, Mclennan S M. 1985. The continental crust: Its composition and evolution. London: Blackwell Scientific Pub, 1-328

Tangestani M H, Moore F. 2001.Comparison of three principal component analysis techniques to porphyry copper alteration mapping: A case study, Meiduk Area, Kerman, Iran. Canadian Journal of Remote Sensing, 27(2): 176-182

Tarantola A, Mullis J, Guillaume D, et al. 2009. Oxidation of CH_4 to CO_2 and H_2O by chloritization of detrital biotite at 270 ± 5℃ in the external part of the Central Alps, Switzerland. Lithos, 112(s3-4): 497-510

Taylor B E. 1986. Magmatic volatiles: isotopic variation of C, H, and S. Reviews in Mineralogy and Geochemistry, 16: 185-225

Thakurta J, Ripley E M, Li C S. 2008.Geochemical constraints on the origin of sulfide mineralization in the Duke Island Complex, southeastern Alaska. Geochemistry Geophysics Geosystems, 9(7): 3562-3585

Trieloff M, Kunz J, Clague D A, et al. 2000. The nature of pristine noble gases in mantle plumes. Science, 288(5468): 1036-1038

Ueno Y, Yamada K, Yoshida N, et al. 2006. Evidence from fluid inclusions for microbial methanogenesis in the early Archaean era. Nature, 440: 516-519

Ulrich T, Guenther D, Heinrich C. 1999. Gold concentrations of magmatic brines and the metal budget of porphyry copper deposits. Nature, 399: 676-679

Ulrich T, Heinrieh C A. 2001. Geology and alteration geochemistry of the Porphyry Cu-Au deposit at Bajo de la Altnnbrera, Agentina. Economic Geology, 96: 1719-1742

Ulrich T, Mavrogenes J. 2008. An experimental study of the solubility of molybdenum in H_2O and KCl-H_2O solutions from 500℃ to 800℃ , and 150 to 300MPa. Geochimica et Cosmochimica Acta, 72: 2316-2330

Veizer J, Hoefs J. 1976. The nature of $^{18}O/^{16}O$ and $^{13}C/^{12}C$ secular trends in sedimentary carbonate rocks. Geochimica et Cosmochimica Acta, 40(11): 1387-1395

Wallace S R, MacKenzie W B, Blair R G, et al. 1978. Geology of the Urad and Henderson molybdenite deposits, Clear Creek County, Colorado, with a section on a comparison of these deposits with those at Climax, Colorado. Economic Geology, 73(3): 325-368

Wang Q, Zhao Z, Xu J, et al. 2003. Petrogenesis and metallogenesis of the Yanshanian adakite-like rocks in the Eastern Yangtze Block. Sciences in China, Series D, 46(s1):164-176

Wang T, Hong D W, Jahn B M, et al. 2006. Timing, petrogenesis, and setting of Palaeozoic synorogenic intrusions from the Altai Mountains, northwest China: implications for the tectonic evolution of an accretionary orogen. Journal of Geology, 114: 735-751

Webster J D. 1997. Exsolution of magmatic volatile phases from Cl-enriched mineralizing granitic magmas and implications for ore metal transport. Geochimica et Cosmochimica Acta, 61: 1017-1029

Welhan J A. 1988. Origins of methane in hydrothermal systems. Chemical Geology, 71: 183-198

Westra G, Keith S B. 1981. Classification and genesis of stockwork molybdenum deposits. Economic Geology, 76: 844-873

Whalen J B, Currie K L, Chappell B W. 1987. A-type granites: geochemical characteristics, discrimination and petrogenesis. Contributions to Mineralogy and Petrology, 95(4):407-419

Wilson A J, Cooke D R, Harper B J, et al. 2007. Sulfur isotopic zonation in the Cadia district, southeastern Australia: exploration significance and implications for the genesis of alkalic porphyry gold-copper deposits. Miner Deposita, 42(5): 465-487

Wilson J W J, Kesler S E, Cloke P L, et al. 1980. Fluid inclusion geochemistry of the Granisle and Bell porphyry copper deposits, British Columbia. Economic Geology, 75: 45-61

Winchester J A, Floyd P A. 1977. Geochemical discrimination of different magma series and their differentiation products using immobile elements. Chemical geology, 20: 325-343

Windley B F, Alexeiev D, Xiao W J, et al. 2007. Tectonic models for accretion of the Central Asian orogenic belt. Journal of the Geological Society, 164(1) : 31-47

Wood D A. 1980.The application of a Th-Hf-Ta diagram to problems of tectonomagmatic classification and to establishing the nature of crustal contamination of basaltic lavas of the British Tertiary Volcanic Province. Earth and Planetary Science Letters, 50(1): 11-30

Wood S A, Crerar D A, Borcsik M P. 1987. Solubility of the assemblage pyrite-pyrrhotite-magnetite-sphalerite-galena-gold-stibnite-bismuthinite-argentite-molybdenite in H_2O-NaCl-CO_2 solutions from 200 ℃ to 350 ℃ . Economic Geology, 82: 1864-1887

Wright J B.1969. A simple alkalinity ratio and its application to question of non-orogenic granite genesis. Geological Magazine, 106(4): 370-384

Wu F Y, Jahn B M, Wilde S A, et al. 2003. Highly fractionated I-type granites in NE China (II): isotopic geochemistry and implications for crustal growth in the Phanerozoic. Lithos, 67: 191-204

Wu F Y, Lin J Q, Wilde S A, et al. 2005. Nature and significance of the Early Cretaceous giant igneous event in eastern China. Earth Planet Sci Lett, 233(1-2): 103-119

XBGMR. 1993. Regional Geology of Xinjiang Autonomous Region, Geological Memoirs, Ser. 1, No. 32, Map Scale 1: 1500000.Beijing: Geological Publishing House, 1-841

Xiao W J, Han C M, Yuan C, et al. 2008. Middle Cambrian to Permian subduction-related accretionary orogenesis of Northern Xinjiang, NW China: Implications for the tectonic evolution of central Asia. Journal of Asian Earth Sciences, 32: 102-117

Xiao W J, Huang B C, Han C M, et al.2010. A review of the western part of the Altaids: A key to understanding the architecture of accretionary orogens. Gondwana Research, 18: 253-273

Xiao W J, Kröner A, Windley B F. 2009. Geodynamic evolution of Central Asia in the Paleozoic and Mesozoic. International Journal of Earth Sciences, 98: 1185-1188

Xiao W J, Li S Z, Santosh M, et al. 2012. Orogenic Belts in Central Asia: Correlations and connections. Journal of Asian Earth Sciences, 49: 1-6

Xiao W J, Windley B F, Allen B, et al. 2013. Paleozoic multiple accretionary and collisional tectonics of the Chinese Tianshan orogenic collage. Gondwana Research, 23: 1616-1341

Xu J F, Shinjo R, Defant M J, et al. 2002. Origin of Mesozoic adakitic intrusive rocks in the Ningzhen area of east China: Partial melting of delaminated lower continental crust? Geology, 30(12):1111-1114

Yakubchuk A, Degtyarev K, Maslennikov V, et al. 2012. Tectonomagmatic Settings, Architecture, and Metallogeny of the Central Asian Copper Province. Society of Economic Geologists, Inc. Special Publication 16, 403-432

Yakubchuk A S, Degtyarev K E. 1991. On the style of links between the Chingiz and Boschekul directions in the

Caledonides of northeastern central Kazakhstan. Doklady Akademii Nauk SSSR, 317:957-962

Yakubchuk A S, Seltmann R, Gerel O, et al. 2005. Geodynamic evolution of accreted terranes of Mongolia against the background of the Altaids and Transbaikal-Mongolian collages.In: Seltmann R G, Gerel O, Kirwin D J (eds.). Geodynamics and metallogeny of Mongolia: with special emphasis on copper and gold deposits. London: CERCAMS (Centre for Russian and Central EurAsian Mineral Studies), Natural History Museum Press, 13-24

Yang G X, Li Y J, Gu P Y, et al. 2012. Geochronological and geochemical study of the darbut ophiolitic complex in the west Junggar (NW China): implications for petrogenesis and tectonic evolution. Gondwana Research, 21(4): 1037-1049

Yang G X, Li Y J, Santosh M, et al. 2013. Geochronology and geochemistry of basalts from the karamay ophiolitic melange in west Junggar (NW China): implications for devonian-carboniferous intra-oceanic accretionary tectonics of the southern altaids. Geological Society of America Bulletin, 17(2): 225-228

Yang Y F, Chen Y J, Li N, et al. 2013. Fluid inclusion and isotope geochemistry of the Qian'echong giant porphyry Mo deposit, Dabie Shan, China: a case of NaCl-poor, CO_2-rich fluid systems. Journal of Geochemical Exploration, 124: 1-13

Yuan F, Li X H, Jowitt S M, et al. 2012. Anomaly identification in soil geochemistry using multifractal interpolation: A case study using the distribution of Cu and Au in soils from the Tongling mining district, Yangtze metallogenic belt, Anhui province, China. Journal of Geochemical Exploration, 116-117: 28-39

Yuan F, Li X H, Zhou T F, et al. 2015. Multifractal modelling-based mapping and identification of geochemical anomalies associated with Cu and Au mineralisation in the NW Junggar area of northern Xinjiang Province, China. Journal of Geochemical Exploration, 154: 252-265

Zartman R E, Doe B R. 1981. Plumbotectonics - the model. Tectonophysics, 75: 135-162

Zhang J E, Xiao W J, Han C M, et al. 2011. A Devonian to Carboniferous intra-oceanic subduction system in Western Junggar, NW China. Lithos, 125: 592-606

Zhang X, Zhang H. 2014. Geochronological, geochemical, and Sr-Nd-Hf isotopic studies of the Baiyanghe A-type granite porphyry in the Western Junggar: Implications for its petrogenesis and tectonic setting. Gondwana Research, 25: 1554-1569

Zhou L L, Zeng Q D, Liu J M, et al. 2015. Ore genesis and fluid evolution of the Daheishan giant porphyry molybdenum deposit, NE China. Journal of Asian Earth Sciences, 97: 486-505

Zhou M F, Robinson P T, Malpas J, et al. 2001. Melt/mantle interaction and melt evolution in the Sartohay high-Al chromite deposits of the Dalabute ophiolite (NW China). Journal of Asian Earth Sciences, 19: 517-534

Zhou T F, Tan L G, Fan Y, et al. 2007. SHRIMP U-Pb Zircon Age of the Kaerjiao Intrusion in the Sawuer Region in West Junggar, Xinjiang. Acta Geologica Sinica, 81(2): 322-329

Zhou T F, Yuan F, Fan Y, et al. 2006. Geodynamic significance of the A-type granites in the Sawuer region in west Junggar, Xinjiang: rock geochemistry and SHRIMP zircon age evidence. Science in China (Series D), 49(2): 113-123

Zhou T F, Yuan F, Fan Y, et al. 2008. Granites in the Sawuer region of the west Junggar, Xinjiang Province,

China: geochronological and geochemical characteristics and their geodynamic significance. Lithos, 106(3-4): 191-206

Zhukov N M, Kolesnikov V V, Miroshnichenko L M, et al. 1997. Copper deposits of Kazakhstan, Reference Book Alma Ata, 149 (in Russian)